AF523809

Verlag Podszun-Motorbücher GmbH
Elisabethstraße 23-25, D-59929 Brilon
Herstellung: LUC Medienhaus, Greven
Internet: www.podszun-verlag.de
Email: info@podszun-verlag.de
ISBN 978-3-7516-1028-5

Carsten Bengs

Aus Lübeck in alle Welt

Eimerketten-, Schaufelrad- & Schwimmbagger

Die älteste Baggerbauanstalt Deutschlands

Der Autor dieses Buches hat der „Lübecker Maschinenbau Gesellschaft LMG – später „Orenstein & Koppel", Werk Lübeck – und den Leistungen der vielen Mitarbeiterinnen und Mitarbeitern in 120 Jahren eine hochverdiente und angemessene Anerkennung geschrieben.

Die Erfolgsgeschichte der LMG begann am Anfang der Hochindustrialisierung Deutschlands am 10. April 1873, als die LMG in das Handelsregister des Stadtstaates Lübeck eingetragen wurde. Das vorliegende Buch zeigt in vielen schönen Fotos und akribischen Details in welchen Teilen der Welt die LMG/O&K-Maschinen gegraben, gefördert, gehoben und transportiert haben. Ob Flussregulierungen, Landgewinnung, Küstenschutz, Kanal- und Hafenbauten oder Vertiefungen von Fahrrinnen, ob beim Graben, Gewinnen oder Verstürzen von Abraum, Braunkohle, Erze, Phosphate, Bauxit, Ölsande, Diamantensande, Kreide und Ton: LMG/O&K-Geräte waren dabei! Die ganze Palette der in Lübeck gebauten Maschinen zeigt das vorliegende Buch und auch der bereits erschienene erste Teil über Krane, Radlader und Schiffe mit spannenden Fotos: Schaufelradbagger (seit 1935), Schwimmbagger, Absetzer, Schiffe, Bordkrane, Schiffsentlader, Schwimmkrane etc.

Die LMG startete 1873 mit einem Ingenieur, vier Meistern, 72 Facharbeitern sowie 22 Lehrlingen und einigen Hilfskräften und mit hanseatischem Pioniergeist in die lübsche Industriegeschichte. Zuvor hatte die LMG für 140.000 Taler die in Konkurs gegangene, 1846 gegründete Maschinenfabrik und Eisengießerei „Kollmann & Schetelig" gekauft, welche bereits einige kleine lübsche Schwimmbagger einfachster Bauart mit Ersatzteilen bediente und Reparaturen ausführte. Man begann bei LMG sofort mit der Entwicklung und Konstruktion eines Eimerkettenbaggers nach dem Prinzip des französischen Ingenieurs Couvreux. Damit avancierte die LMG zur ältesten Baggerbauanstalt Deutschlands!

Eine kleine Bemerkung am Rande: Auch ein ehemaliger Lehrling namens Blohm von der Vorgängerfirma wollte bei LMG anfangen, mit dem klaren Ziel, Schiffe bauen zu wollen. LMG wies den Herrn ab. Dieser ging daraufhin nach Hamburg und eröffnete mit einem Herrn Voss in Hamburg eine kleine Werft … Diese hieß dann „Blohm und Voss".

Das Buch schildert den Aufbruch der neuen Firma unter anderem mit Baggeraufträgen für die Kanäle Nord-Ostsee und Elbe-Lübeck sowie für die neue Büchener Eisenbahnstrecke. Es wird deutlich, welche Initiative und welcher Schaffenswille sich bei den Lübeckern nun Bahn brach. 1875 waren es 180 Mitarbeiter, 1912 dann schon 1000 und 1957 bereits 4500.

Zwei bemerkenswerte Ingenieur-Persönlichkeiten des Lübecker Werkes werden im Buch näher vorgestellt: Dr. Dr. Ludwig Rasper („trockene Seite") und Dr. Alfred Welte („nasse Seite"). Beide prägten über Jahrzehnte die innovativen Techniken bei LMG/O&K.

Ein verantwortlicher LMG-Mitarbeiter hat einmal gesagt: „Die 120 Jahre LMG/O&K lassen den Schluss zu, dass erfolgreich gearbeitet worden ist. Das ist aber auf Dauer nur möglich, wenn den Mitarbeitern gegenüber eine partnerschaftliche Unternehmenspolitik geübt wird und ihnen daraus Motivation und der Wille zur Leistungsbereitschaft zufließen. Die Leistungen des Unternehmens über mehr als ein Jahrhundert waren nicht nur von der ingenieurmäßigen Technik geprägt. Andere Bereiche wie Vertrieb, Werkstatt, Labor, Montage, Logistik, Personal und Finanzen trugen ihren Anteil zum Erfolg bei!"

Die Mitarbeiter in Lübeck wussten um dieses Prinzip und haben dadurch technische, maßstabsetzende Leistungen vollbracht. Dieses Buch liefert dafür Zeugnis ab!

Durch LMG/O&K wurde Lübeck weltweit noch bekannter als es schon durch die Hanse, das Marzipan oder Thomas Mann war. LMG/O&K war in Lübeck bis 1993 ein wichtiger Wirtschaftsfaktor. Möge es weiterhin Firmengründer mit Pioniergeist geben, die Aufgaben und Herausforderungen der Technik in zukunftsträchtige Firmen einbringen. So war es bei LMG/O&K 120 Jahre der Fall. Aber dazu bedarf es Risikobereitschaft, Erfolgswille, Durchsetzungskraft und geduldige Bereitschaft zur Überwindung von Schwierigkeiten.

Zum Schluss eine persönliche Bemerkung: Bei vielen Kunden im (englischsprechenden) Ausland hörte ich oft die Worte: „ O and K is okay“!

Es ist eine Freude, dieses Buch zu lesen!

Dipl.-Ing. Joachim F. Rodenberg
Oberingenieur und Mitglied der Geschäftsleitung i. R.
Lübeck im Dezember 2021

Vorwort und Danksagung

Im Jahr 2008 hatte ich das große Glück den im Buch beschriebenen Bagger im kanadischen Ölsand vor Ort zu sehen und war fasziniert. Dort entstand auch das Bild von dem Bagger. Warum ich mich aber danach eher weniger mit den riesigen Tagebaugeräten beschäftigt habe, weiß ich auch nicht.

Denn die gewaltigen Tagebaugeräte, die aus Lübeck in alle Welt gingen, faszinieren in jeder Hinsicht. Und je mehr ich mich im Detail mit den großen kontinuierlich fördernden Geräten beschäftigt habe, umso mehr wuchs die Faszination. Diese Faszination und Begeisterung soll das Buch auch gerade in diesen Zeiten transportieren.

Leider hat die Situation mit Lockdown die Recherchen erschwert und persönliche Gespräche unmöglich gemacht. Aber trotz all dieser Schwierigkeiten war die Unterstützung im Rahmen der Recherchen einfach nur umwerfend und ohne die großartige Hilfe der folgenden Personen wäre das Buch bei weitem nicht so detailliert gewesen.

Daher gilt mein Dank folgenden, sehr hilfsbereiten Personen:

Insbesondere Herr Joachim Rodenberg half mit unzähligen Fotos, Dias, Informationen, Tipps und vielen persönlichen Einblicken in die trockene Seite der LMG. Auch wenn ein persönliches Kennenlernen während der Recherchen leider nicht möglich war und nur durch viele Telefonate und E-Mails erfolgen konnte, seine Faszination und die Begeisterung für die Lübecker Tagebaugeräte konnte ich zu jeder Zeit spüren. Ohne seine Hilfe wären die Einblicke in die spannenden und leider vergangenen Zeiten der LMG so ausführlich mit Details, Bildern, Dias und persönlichen Einblicken nicht möglich gewesen. Aber, aufgeschoben ist nicht aufgehoben ...

Ohne Hans-Georg Thomas vom Historischen Konzernarchiv RWE wäre die Darstellung der Anfänge im rheinischen Braunkohlerevier ebenfalls nicht so ausführlich möglich gewesen. Er stellte nicht nur zahlreiche wundervolle historische Aufnahmen insbesondere der frühen LMG-Bagger zur Verfügung, sondern arbeitete die zeitliche Reihenfolge der Geräte auf und versorgte mich mit historischen Informationen zur Entwicklung der Baggertechnik im rheinischen Revier. Auch die aktuellen Fotos der Sprengung von Bagger 259 hätten ohne seine Unterstützung gefehlt – denn auch das gehört zur Geschichte leider dazu.

Andreas Meier half auch bei diesem zweiten Teil der Lübecker Geräte mit Fotos, Erläuterungen und auch kleineren Geschichten nicht nur zur nassen Seite des Werkes, sondern auch zur trockenen Seite.

Gerald Sittig von thyssenkrupp in Lübeck lieferte herrliche und spannende Einsatzbilder der Lübecker Trockenbagger aus verschiedensten weltweiten Einsätzen außerhalb der rheinischen Braunkohle.

Oliver Thum begleitete die Montage von Baunummer 1420 nicht nur zum Teil selber, sondern vor allem auch mit Kamera und unterstützte mit tollen Bildern der Montage aus seiner Zeit beim Kranverleiher Schmidbauer mit dem legendären Gottwald AK850. Er selber steuerte die LR 1500 bei diesem Einsatz.

Ingo Witsch stand jederzeit in zahlreichen Telefonaten und E-Mails mit Antworten auf meine vielen Fragen zur Verfügung und lieferte ebenfalls beeindruckende Bilder sowie historische Informationen.

Stefan Heintzsch, Ulf Böge, Sven Ullrich, Stefan Materna, Dirk Bömer, Henning Dreyer und Urs Peyer steuerten ebenfalls zahlreiche schöne Bilder bei.

Dem gesamten Podszun-Verlagsteam gilt natürlich auch bei diesem Buch ein großer Dank für die Umsetzung der Texte, Bilder und des Layouts.

Und auch bei diesem zweiten Teil musste meine Frau Manuela mich regelrecht suchen, wenn ich umgeben von hunderten Fotos, Dias oder Prospekten und Druckschriften nur lauter Baunummern im Kopf hatte und kaum Zeit für sie und Bella (unseren Zwergspitzwelpen) hatte. Danke für Deine Unterstützung und Dein Verständnis! Das ist nicht selbstverständlich.

Carsten Bengs
Bochum, im Dezember 2021

Erläuterungen

Abraum-zu-Kohle-Verhältnis (A:K-Verhältnis)

Das Abraum-zu-Kohle-Verhältnis (A:K-Verhältnis) beschreibt im Tagebau das Verhältnis von Abraum zu Kohle. Es gibt also an, wie viele Teile Festkubikmeter Abraum geräumt werden müssen, um eine Tonne Kohle zu gewinnen.

Baunummern

Die Baunummer bezeichnet die interne Laufnummer des Werkes Lübeck der Lübecker Maschinenbau Gesellschaft und Orenstein & Koppel AG für Eimerkettenbagger, Schaufelradbagger, Absetzer und Bandwagen sowie Schiffe und Schwimmbagger. Allen in Lübeck gebauten Baggern, Absetzern, Bandwagen und Schiffen konnten Baunummern zugeordnet werden. Diese stammen aus verschiedenen Bauten- und Referenzlisten des Lübecker Werkes.
Da für die Anfangszeit bis ungefähr 1930 nur kopierte Listen mit handschriftlich und schlecht lesbaren ergänzten Baunummern zur Verfügung standen, kann die Zuordnung der Baunummer stellenweise lückenhaft oder fehlerbehaftet sein oder auch teilweise ganz fehlen.

Nasse und trockene Seite

Der Begriff „nasse" oder „trockene" Seite bezog sich im Werk Lübeck immer auf die Zugehörigkeit der jeweiligen Produktgruppen. Einzelanfertigungen der Großgeräte waren immer der Hauptschwerpunkt und die Serienfertigung (wie die Radlader oder Krane, die im ersten Teil beschrieben sind) entwickelte sich eigentlich nie zu einem Hauptschwerpunkt in Lübeck. So befasste sich die „trockene Seite" mit den Eimerketten- und Schaufelradbaggern oder Absetzern. Die „nasse Seite" kümmerte sich dann um Schiffe, Schwimmbagger und Bordkrane.

RBW-Nummer

Allen Geräten, die im rheinischen Braunkohlerevier zum Einsatz kamen, wurden bei der früheren Rheinbraun und später RWE Power Systems Gerätenummern zugeordnet. Diese Nummer ist neben der LMG-Baunummer in den Texten als RBW-Nummer angegeben. So wird beispielsweise die LMG-Baunummer 1089 als RBW-Nummer 255 oder Bagger 255 bezeichnet. Jeweils maßgebend im Folgenden sind aber immer die LMG-Baunummern, da manche RBW-Nummern fehlten oder doppelt vergeben waren.

Typenbezeichnungen

Die Typenbezeichnungen der Großgeräte folgen einer Formel, über die alle Großgeräte nach einer Norm beschrieben sind. Diese Formel besteht aus einem Buchstabenteil, der auf den Gerätetyp hinweist. So bedeutet beispielsweise „SchRs" Schaufelradbagger auf Raupen, schwenkbar.
Danach folgt eine Formel, anhand derer die wichtigsten technischen Parameter ablesbar sind. Hierzu gehören unter anderem die Größe der Schaufeln (auch als Eimer bezeichnet) oder die Baggertiefe unter Planum. Da alle Geräte – auch die der Wettbewerber Krupp, Demag oder Buckau Wolf – immer auf das jeweilige Projekt spezifisch entwickelt wurden, war eine standardisierte Bezeichnung nicht möglich. Alle Details zu der Typenbezeichnung werden im Text erläutert.

Inhalt

Beginn der Mechanisierung

Kapitel 1

Die Anfänge auf Baustellen und Tagebauen

Die Erde zu bewegen oder das Umgestalten der Oberflächen zu Wohnzwecken oder aus Bergbaugründen gehört seit Jahrhunderten zur menschlichen Kulturgeschichte dazu. Natürlich wurde dies lange direkt durch Menschen durchgeführt und Maschinen waren noch nicht vorhanden. Der Pflug dürfte eines der ältesten Werkzeuge zur Erdbewegung sein.

Handarbeit dominierte lange auf Baustellen und in Tagebauen oder Minen. Erdarbeiten wurden durch eine Vielzahl an Arbeitern durchgeführt, die sich mit Schaufel, Spaten und Spitzhacken durch die Erdmassen quälten. Einzige Hilfsmittel waren im 19. Jahrhundert zunächst Feldbahnen, Loren und kleine Lokomotiven, um das Material zu transportieren.

Orenstein & Koppel bot bereits ab Unternehmensgründung im Jahre 1876 ein umfangreiches Programm an Feldbahnmaterial an. Dieses erfreute sich auch schnell weltweiter Beliebtheit. So wurde es in etliche Länder exportiert. Neben Deutschland gelangten die seinerzeit modernen Baugeräte so nach Nord- und Südamerika oder auch Asien oder Australien. Sie wurden im Bergbau, in Zementfabriken, Tagebauen oder auch auf Baustellen eingesetzt.

Dabei wurden die Loren teilweise per Hand bewegt oder von kleineren Lokomotiven gezogen. Weit verbreitet war auch ein Betrieb mit Ketten- oder Seilzug. Ähnlich wie bei einer Standseilbahn wurden die Loren über Ketten so nach oben gezogen.

Grabmaschinen oder Bagger beginnen ihren Siegeszug im 19. Jahrhundert mit dem Aufkommen der Dampfmaschine. Der „Yankee Geologist" des amerikanischen Unternehmers Otis kann um 1836 als einer der ersten dampfgetriebenen Bagger angesehen werden. So liegen die Anfänge der diskontinuierlich arbeitenden Bagger in Amerika. Kontinuierlich fördernde Bagger treten ihren Siegeszug aber aus einer anderen Region an, nämlich aus Europa. Und die Lübecker Maschinenbau Gesellschaft LMG wird hier Wegbereiter und zugleich Marktführer werden.

Und der anfängliche Weg wird auch nicht einfach sein, denn sie müssen sich erst durchsetzen. Neben den technischen Weiterentwicklungen vom Gleisfahrwerk zum Raupenfahrwerk oder zum schwenkbaren Bagger gab es um 1910 noch ganz andere Hindernisse. Denn in der Braunkohle waren die Vorteile und Ersparnisse der Mechanisierung mit Baggern noch keine Alternative zur noch weit verbreiteten Handarbeit. Somit stellte der Einsatz von

Um 1900 dominierte noch die Handarbeit auf Baustellen, Minen und in Tagebauen. Lediglich Feldbahnen und Loren von Arthur Koppel halfen den Arbeitern auf dieser Bautelle bei Ausschachtungsarbeiten in Südafrika um 1902.

Hölzerne Waggons und Feldbahnloren halfen auf dieser Baustelle ebenfalls um 1902 in Bukarest. Unter tatkräftiger Untertützung von Pferden und Eseln wurden hier Erdarbeiten zur Regulierung des Flusses Dambowitza durchgeführt.

Um die gefüllten und schweren Feldbahnloren über Steigungen zu transportieren, war um 1910 noch die Kettenförderung verbreitet. Bei dieser 600 m langen Anlage mit Bremsberg in einem Basaltsteinbruch in Posen verkehren vier beladene Wagen mit 0,75 m³ Fassungsvermögen den Rohbasalt abwärts und vier leere aufwärts. Die Geschwindigkeit betrug 1,2 bis 1,5 m pro Sekunde, so dass fünf Fahrten pro Stunde möglich waren.

In der oberen Station dieser Dampfziegelei in Österreich wurden die mit Ton beladenen Wagen dann von der Kettenbahn gelöst und per Hand zur Weiterverarbeitung gefahren. Der Antrieb erfolgte natürlich noch per Dampf. Stolz zeigen sich die Mitarbeiter für die Fotoaufnahmen.

Bei Ausschachtungsarbeiten für die Ronsdorfer Talsperre in Wuppertal wurden ebenfalls Feldbahnausrüstungen von Arthur Koppel eingesetzt. Arthur Koppel und Benno Orenstein gingen von 1885 bis zum Tode Koppels getrennte Wege.

Selbst in Südamerika wurden Feldbahnen von Koppel eingesetzt. Koppel hatte bereits eine Vertretung um 1904 in der schönen Küstenstadt Valparaiso in Chile. In diesem Salpeterwerk erfolgte der Materialtransport ebenfalls per Kettenbahn.

Im dänischen Aalborg setzte man um 1904 ebenfalls auf Feldbahnen von Arthur Koppel. Hier wird eine Fabrikbahn zum Kohlentransport eingesetzt.

Baggern zunächst keinen wirtschaftlichen Vorteil dar. Aus heutiger Sicht mag man sich das kaum noch vorstellen können.

Bei Orenstein & Koppel begann der Baggerbau ab 1908 mit ersten dampfbetriebenen Löffelbaggern, die natürlich noch auf Schienen liefen. Die ersten Eimerkettenbagger von Orenstein & Koppel dürften nach 1902 gebaut worden sein, als ein Patent der Lübecker Maschinenbaugesellschaft ausgelaufen war und Wettbewerber ebenfalls Eimerkettenbagger produzieren konnten. Erst 1911 nähern sich die LMG und Orenstein & Koppel an, indem das Berliner Unternehmen die Aktienmehrheit der LMG übernimmt.

Ihr Siegeszug sollte aber nicht mehr aufzuhalten sein und die Bagger von Orenstein & Koppel / Lübecker Maschinenbau Gesellschaft aus Lübeck werden für rund neun Jahrzehnte dann führend im Markt sein.

Im Katalog 805 von etwa 1910 wird dieser Kran unter anderem für Wartungszwecke angeboten. Er verfügte über 5 t Hubkraft und kostete 11.800 Mark, was heute rund 42.000 Euro entspräche. „Diese Kräne sind auf Waggons montiert, welche den Normalien der deutschen Eisenbahnverwaltung für Schmalspurbahnen entsprechen und mit Schienenzangen sowie Stützen versehen sind", heißt es im schönen Schreibstil der damaligen Zeit im Katalog.

Die Typenbezeichnungen der Großgeräte

Bevor die technische Entwicklung der Großgeräte beschrieben wird, soll hier kurz auf die Bezeichnung der kontinuierlich fördernden Bagger eingegangen werden, die ab 1900 entstand. Denn zunächst war kaum eine Typisierung möglich und die Darstellung der Geräte kann ohne diese nicht erfolgen.

Diese kontinuierlich fördernden Bagger wurden in der Regel nicht in Serienfertigung produziert, sondern als Einzelanfertigung speziell für den jeweiligen Tagebau, die Grube oder die Baustelle. Dies lag einfach daran, dass die Anforderungen an die jeweiligen Einsätze immer unterschiedlich waren. So unterschieden sich die Abraumhöhen, die Höhen der Kohleflöze und auch die geforderten stündlichen Produktionsmengen. Hinzu kamen die unterschiedlichen Deckgebirge, Lagerungsverhältnisse und die Ausbildung der Kohlenflöze sowie weitere geologische Gegebenheiten. Dies hatte zur Folge, dass die Reichweiten oder Abtragshöhen der Geräte immer unterschiedlich waren und die Eimerinhalte ebenfalls.

Ab 1908 erfolgte der erneute Zusammenschluss beider getrennt agierenden Unternehmen und es wurden die ersten Dampfbagger präsentiert, wie hier Typ 16. Der Bagger war mit seinen 2 m³ Löffelinhalt sehr erfolgreich. Immerhin wurden 260 Exemplare gebaut.

Links: Type 16 wog um 1908 64 t und kostete 32.500 Reichsmark. Das wären heute rund 117.000 Euro. Ein 64-t-Bagger dürfte heute andere Summen kosten. Rechts: Die ersten Bagger waren noch mit einem Löffel ausgerüstet, der eine Pendelklappe besaß. So polterte das Material dann in die Waggons, was zu erhöhtem Verschleiß führte. Ab rund 1910 verfügte der Bagger dann über einen patentierten Pendelschieber, der ein kontrolliertes Entleeren ermöglichte.

Die Konstruktion und Entwicklung dieser Art kontinuierlich fördernden Geräte erfolgte nach den „Berechnungsgrundlagen für Großgeräte in Tagebauen". Darin sind die zu beachtenden Bemessungsgrundlagen zu Lastannahmen wie dem Fördergut im Gerät oder Windlasten geregelt. Hierzu zählen auch die Fachwerkkonstruktionen oder Seile.

Um also Eimerkettenbagger, Schaufelradbagger und Absetzer größentechnisch einordnen zu können und vergleichbar zu machen und ihre wichtigsten Leistungsparameter darstellen zu können, wurde in der Bundesrepublik eine Kennzeichnung eingeführt, die sich deutlich zu den klaren Typenbezeichnungen der frühen Seilbagger oder späteren hydraulischen Baggerkollegen aus Dortmund und Berlin unterschied.

Die Bezeichnung der Hydraulikbagger bestand aus der Kennzeichnung für Mobil- oder Raupenbagger und einer Zahl. Diese bezeichnete so den Schaufelinhalt geteilt durch 10. Somit hatte der RH 6 einen Schaufelinhalt von 0,6 m^3 oder der spätere RH 300 einen Schaufelinhalt von 30 m^3. Gleiches galt auch für den größten Hydraulikbagger der Welt, den RH 400 mit anfangs 40 m^3.

Diese neue Bezeichnung der kontinuierlich fördernden Maschinen wurde aber auch von Wettbewerbern wie Krupp oder Takraf genutzt und machte die Bagger vergleichbar. Namhafte Wettbewerber der LMG waren seinerzeit Krupp, Demag, Buckau Wolf, Voest und PWH für kleinere Bagger. Takraf kam erst nach der Wende ab 1990 auf den internationalen Markt. Zuvor war dieser ostdeutsche Hersteller lediglich in den sozialistischen Ländern präsent.

Die Bezeichnung entsprach im Wesentlichen einer Formel, die auf den ersten Blick kompliziert wirkt, aber sehr einfach zu verstehen ist. Der erste Teil besteht aus einer Buchstabenkombination, aus der abgelesen werden kann, um was für ein Gerät es sich handelte. Auch ging daraus hervor, ob es auf Schienen lief oder schon auf Raupen fuhr. Aus der sich daran anschließenden Formel ergaben sich die wichtigsten technischen Parameter.

Im Zähler war die Größe der Eimer oder Schaufeln ablesbar. Dies galt auch für Absetzer mit Aufnahmegerät; war dieses nicht vorhanden so bezog sich die Zahl auf die Bandbreite. Im Nenner war dann die Grabtiefe enthalten und im Anschluss die Reichhöhe. Nur bei Absetzern war im Nenner die Länge des Auslegers zu entnehmen.

Bei den anfänglichen Portal- und Seitenschüttern um 1900 entsprach die Bezeichnung der folgenden Formel. Die DIN 1266 von 1926 regelte die Details und listete sieben verschiedene Eimerbagger auf.

Die beschriebene Formel lautete:

$$(Typ)\frac{J}{t}xh$$

oder

$$(Typ)\frac{J}{tbist1}xh$$

Dabei standen die Parameter für: J= Eimerinhalt (l), H = Abtragshöhe im Hochschnitt (m), t = Baggertiefe (m) und t bis t1 = Baggertiefe mit Planierstück (m)

Der 21 t schwere Type D wurde in den frühen Dreißigerjahren vorgestellt. Der Bagger verfügte über einen unsymmetrischen Unterwagen, so dass die Tragkräfte auf der Seite mit der größeren Kippkante höher waren. Zudem war der Drehkranz schon innenverzahnt. Für den Antrieb sorgte ein 45-PS-Dieselmotor.

Wenn die Bezeichnung lediglich ein „t" enthielt, so verfügte die Eimerleiter über ein Umkehrturas und die Eimerkette wurde am Boden sofort wieder umgelenkt. Die Bezeichnung der Baggertiefe mit „t bis t1" bezog sich dann auf ein Planierstück, also eine kurze Verlängerung der Eimerleiter, um eine kurze gerade Strecke abzugraben.

Die ersten Baggertypen waren die Seitenschütter, die Eintor- oder Doppeltorbagger mit verschiebbarem Gegengewicht. Seitenschütter wurden mit „S" bezeichnet, Eintorbagger mit „E" und Doppeltorbagger mit „D". All diese Typen liefen auf Schienen.

So stand dann zum Beispiel „Ds J/t bis t1 x h" für einen Doppeltorbagger mit 300 bis 600 l Eimerinhalt (J), der über ein Planierstück verfügte. Auch war dieses Gerät dann schwenkbar ausgeführt.

Die Raupenbagger kamen in dem Zeitraum ebenfalls dazu und wurden mit dem Buchstaben „R" bezeichnet. Die in den Anfangsjahren um 1900 aufkommenden Kratzbagger wurden mit den Kürzeln „SK", „EK" oder „RK" bezeichnet. Dahinter verbargen sich dann Kratzbagger als Seitenschütter (S), als Eintorgerät (E) oder auf Raupen (R).

Im Hochschnitt zur Kohlegewinnung waren anfangs ausschließlich Kratzbagger zu finden, während Eimerkettenbagger im Tiefschnitt Kohle oder Abraum baggerten.

Seitenschütter hatten nach der DIN-Norm Eimerinhalte von 100 bis 200 l, Eintorbagger von 100 bis 600 l. Doppeltorbagger konnten mit Eimerinhalten von 300 bis 600 l ausgerüstet werden. Bei den Raupenbaggern lag der Eimerinhalt zwischen 50 und 1.900 l und Katzbagger hatten 300 oder 400 l fassende Eimer.

Nachdem die frühen rein schienengebundenen und später auf Raupenfahrwerken fahrenden Eimerkettenbagger mit dem Aufkommen der Schaufelradbagger in den 1930er-Jahren langsam verschwunden waren, erfolgte die Bezeichnung der Geräte nach der neueren DIN-Norm 22266, die aber noch auf dem ähnlichen Prinzip basierte und die wichtigsten Leistungsparameter in einer nach demselben Grundprinzip aufgebauten Formel beschrieb. In Anlehnung an die Norm verwendeten die Hersteller dann die folgenden Formeln und beschrieben die Geräte entsprechend.

Für Schaufelradbagger gilt:

$$SchRs\frac{L}{T}xHxV$$

Für Eimerkettenbagger gilt:

$$E\frac{L}{T}xH$$

Dabei standen diese Kürzel für folgende Bedeutung: Sch = Schaufelradbagger, E = Eimerkettenbagger, R = Raupen, s = schwenkbar, L = Nenninhalt der Schaufel oder Eimer (l), H = Schnitthöhe über Planum (m), T = Schnitttiefe unter Planum (m), V = Vorschub (m).

Als Hochlöffelbagger standen Typ D Löffelinhalte von 0,4 m³ oder 0,5 m³ zur Verfügung. Der Löffelstiel war bereits aus gewalzten Rohren hergestellt, die Zeit genieteter Stiele war damit vorbei. Dieses Gerät arbeitete in der Trümmerbeeitigung.

In den Anfangsjahren findet sich hinter dem „H" bei der Bezeichnung von Schaufelradbaggern noch eine weitere Zahl „V"; hierbei handelt es sich dann um einen Schaufelradbagger mit Vorschub und die Länge des Vorschubweges wird angezeigt. Auch die Eimerkettenbagger waren später schwenkbar und auf Raupen ausgeführt; sie trugen dann die Bezeichnung ERs.

Die Absetzer trugen ebensolche Typenbezeichnungen und unterscheiden sich dadurch, wie die Materialübergabe erfolgte.

$AsE \frac{l}{L} h$ $\qquad ARs \frac{b}{L1+L2} h$

Für Bandwagen gilt:

$$BRs \frac{b}{L1 + L2} xH$$

Dabei standen diese Kürzel für folgende Bedeutung bei den Absetzern: A = Absetzer, B = Bandwagen, s = schwenkbar, E = Eimerkette, G = Separates Graben-Aufnahmegerät, R = Raupen; bei Schienenbetrieb erfolgte keine Bezeichnung, l = Eimerinhalt des Aufnahmegerätes, h = Abwurfhöhe (m), b = Bandreite des Förderbandes (m), L1 = Abwurfauslegerlänge (m), L2 = Zuführungsauslegerlänge (m)

Stellenweise kamen bei Absetzern auch separate Geräte zur Aufnahme des Materials aus Gräben zum Einsatz. Diese wurden dann mit einem zusätzlichen „G" gekennzeichnet.

Nach diesem etwas theoretischen Ausflug in die Bezeichnung der Geräte soll nun die Entwicklung dieser Großgeräte in den folgenden Kapiteln beschrieben werden. Dabei wird auf diese Typenbezeichnung dann immer zurückgegriffen werden.

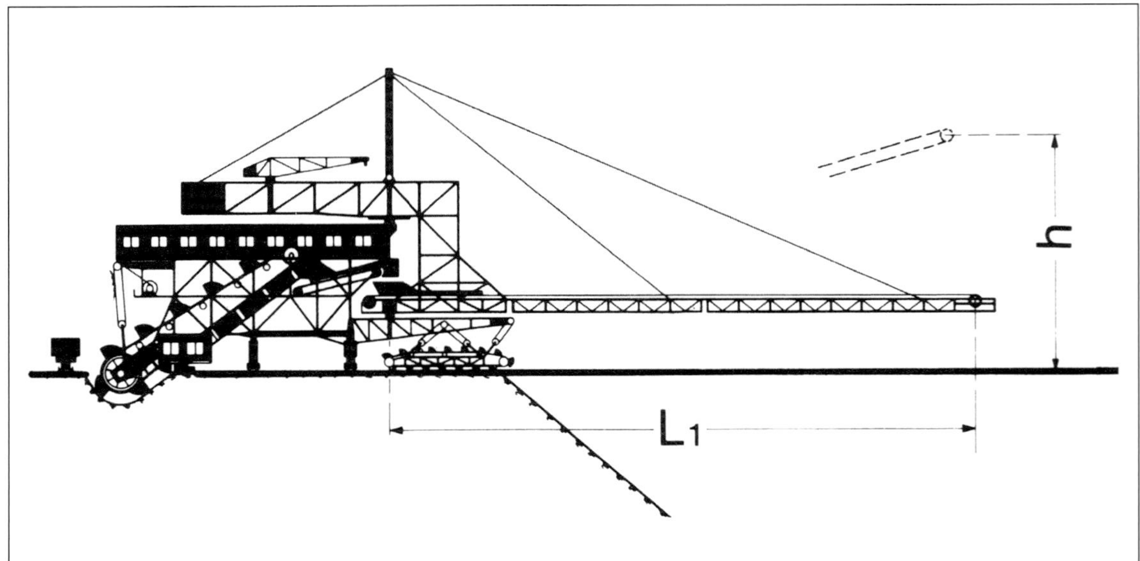

Die schematische Zeichnung zeigt einen frühen Absetzer auf Schienen und mit Aufnahmegerät. Anfangs war eine Eimerkette vorhanden, später ein Schaufelrad. L1 bezeichnet die Länge des Abwurfauslegers, h die maximale Abwurfhöhe. (Dirk Bömer)

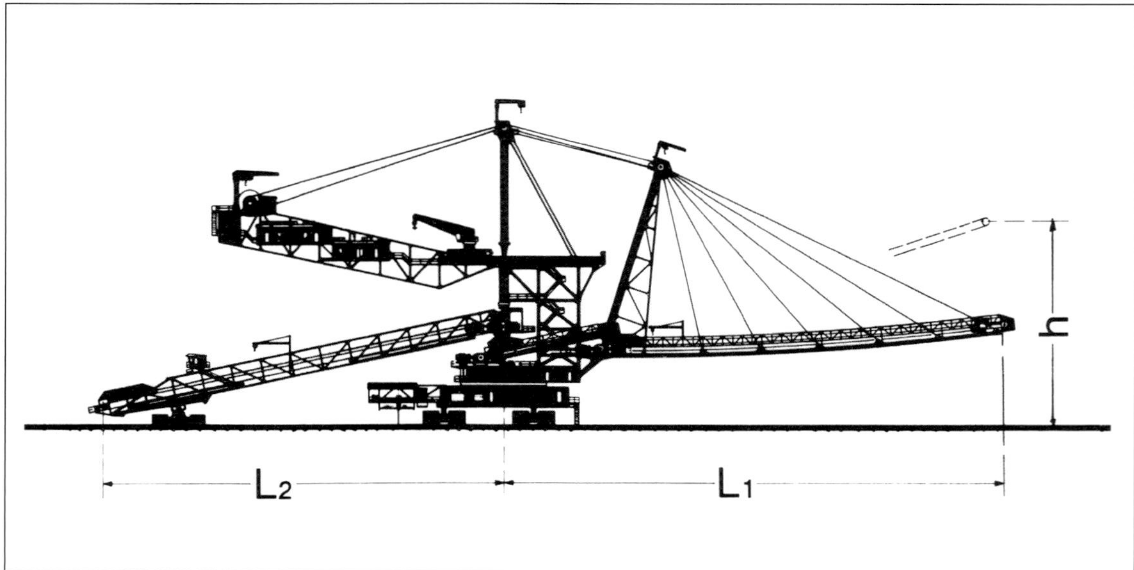

Später dominierten natürlich Absetzer auf Raupen und ohne Aufnahmegerät die Tagebaue. L1 bezeichnet ebenfalls die Länge des Abwurfauslegers und L2 die Länge des Zuführungs-Auslegers. (Dirk Bömer)

Eimerkettenbagger aus Lübeck

Kapitel 2

Die ersten kontinuierlich fördernden Bagger

Die Wiege der kontinuierlich fördernden Bagger oder Excavatoren, wie diese auch bezeichnet wurden, liegt in Europa. Genauer gesagt wurden die ersten Maschinen in Frankreich entworfen. Allererste Spuren von Baggern lassen sich sogar bis ins 16. Jahrhundert zurückverfolgen, als Leonardo da Vinci den Urahn aller Bagger vorstellte.

Bei diesem Gerät waren an einem großen Tretrad zwei Eimer mit je 3.000 Pfund befestigt, die dann über ein Seil nach oben gezogen wurden. Anschließend wurden die beiden Arme zur Seite gedreht und der Inhalt der Eimer als Böschung aufgeschüttet. Verwendet wurde ein solch frühes Gerät um 1500 beim Bau des Arnokanals zwischen Florenz und Pisa.

Der Franzose Poivot de Valcourt lässt sich 1827 einen Bagger mit umlaufender Kette in Paris schützen. Doch erst 1858 und 1859 entwickelt der Bauunternehmer Couvreux einen Eimerkettenbagger, der auch die konstruktiven Ansprüche für festen Boden erfüllte. Die Maschine wird in Lizenz gebaut, so z.B. in Frankreich von Weyer et Richmond oder 1870 auch von F.A. Smulders in Utrecht. Smulders liefert 1890 in die Gruben Treue und Concordia zwei Geräte, die auch als Holländer-Bagger bezeichnet wurden.

Dieser Bagger war noch ein Hinterschütter-Bagger. Das Material wurde auf die Rückseite des Baggers befördert und dort in Kipploren geschüttet. Diese fuhren auf hinter dem Bagger laufenden Gleisen.

Den Durchbruch brachte dann aber 1863 der Einsatz des Baggers beim Bau des Suezkanals; seit 1859 wurde hier ausschließlich per Hand gearbeitet. Bis 1868 waren bis zu sieben dieser Bagger eingesetzt. So konnte der Bau des Kanals deutlich schneller voranschreiten.

So ist es nicht verwunderlich, dass dieser Baggerbau schnell an Bedeutung gewann und zahlreiche große Erdbauaufträge nicht ohne diese neuen Baumaschinen auskamen, so wie zum Beispiel 1884 der Hauptbahnhof Frankfurt oder 1885 der Freihafen Hamburg. Prägend werden hier die Bagger aus Lübeck gewesen sein. Von 1887 bis 1895 waren die Lübecker „Excavatoren" am ersten Ausbau des Nordostseekanals beteiligt.

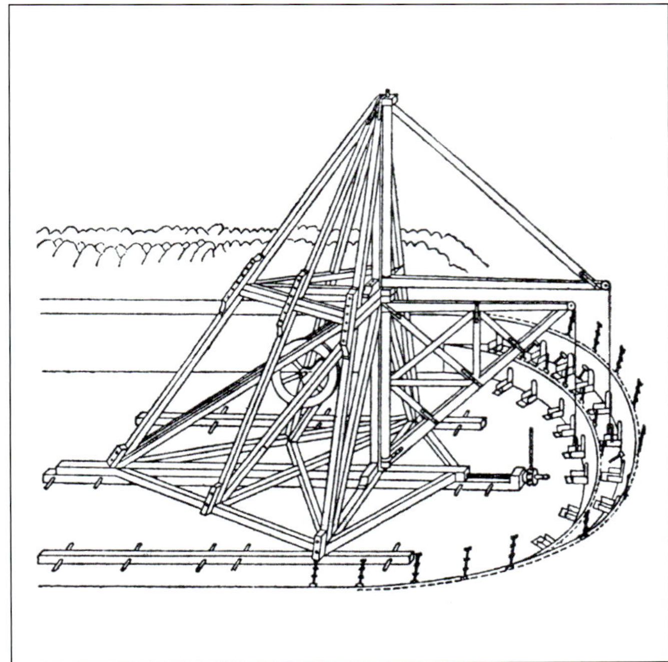

Urahn aller Konstruktionen der Lübecker Maschinenbau Gesellschaft dürfte dieser frühe Bagger von Leonardo da Vinci sein. Ein großes Tretrad zog zwei Eimer mit je 3.000 Pfund an einem Holzgerüst nach oben. Dann wurden beide Arme gedreht und das Material aufgeschüttet. Der Bagger wurde beim Bau des Arnokanals zwischen Florenz und Pisa eingesetzt.

Um 1890 erfolgte die Arbeit im Tagebau natürlich ebenfalls händisch mit mit Pferdekarren. Der Stundelohn betrug um 25 Pfennig, was heute rund 1,40 Euro entsprechen würde. Auch damals gab es bereits Wettbewerb und obwohl dieser Lohn aus heutiger Sicht fast nichts ist, so war die Höhe für damalige Verhältniss zu hoch. Aus diesem Grunde war die Senkung durch Maschineneinsatz unvermeidbar.

Handarbeit dominierte in Tagebauen lange Zeit. Dies lag auch daran, dass sich zunächst der Einsatz von Maschinen aufgrund der billigen Arbeitskraft gar nicht lohnte. Aus heutiger Sicht scheint dies schier unglaublich. Auf dieser Baustelle kämpften sich rund 50 Arbeiter mit Hacken und Schaufeln durch die Erde.

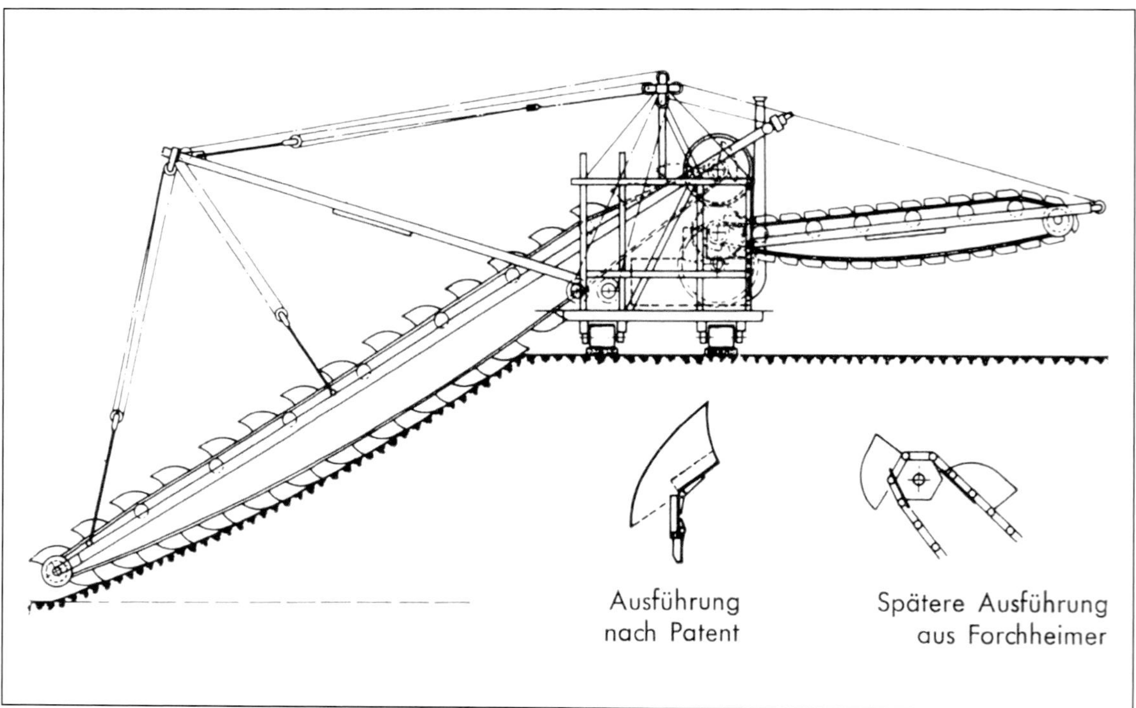

Im Februar 1827 lässt sich in Paris der Ingenieur Poivot de Valcourt einen Bagger mit umlaufender Kette schützen. Aber erst der Bauunternehmer Couvreux entwickelte daraus einen Baggertyp, der auch in schwerem Boden einsetzbar war. Die Zeichnung zeigt diesen Bagger.

Mehrere europäische Unternehmen beginnen, den Bagger in Lizenz zu bauen. Um 1885 bringt der französische Hersteller Weyer et Richmond diese Version auf den Markt.

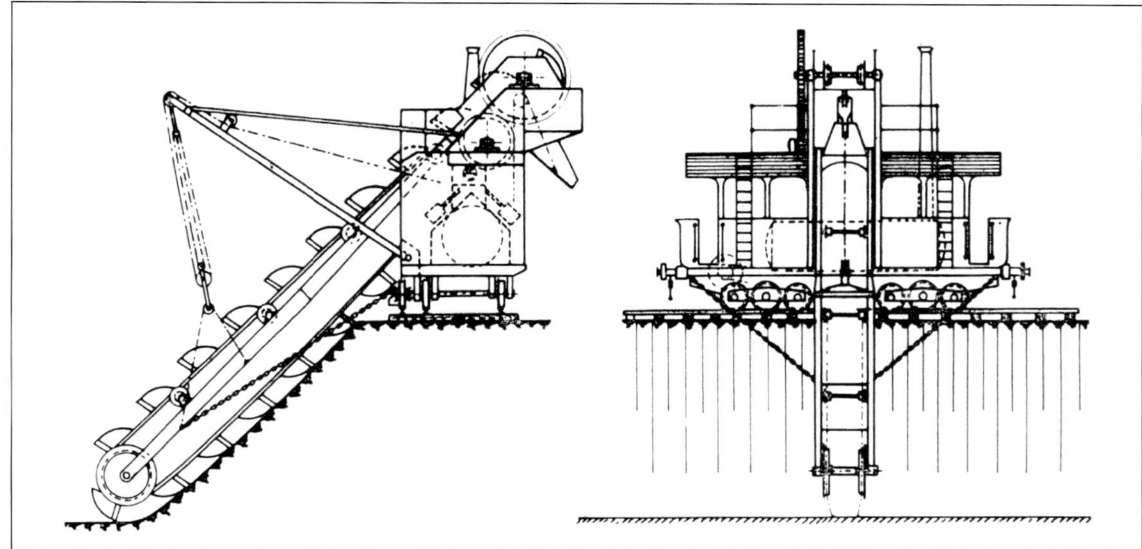

Links: Um 1870 übernimmt auch der holländische Hersteller F.A. Smulders aus Utrecht eine Lizenz und liefert um 1890 Geräte in die Tagebaue Grube Treue und Concordia. Aufgrund der Herkunft entstand in der Tagebausprache so der Name „Holländer Bagger".

Unten: Im Jahr 1859 begann der Bau des Suez Kanals, zunächst mit qualvoller Handarbeit. 1863 setzten die Bauunternehmen dann den Couvreuxschen Bagger ein und der Erfolg war beachtlich. Ab 1878 wurde dann die Lübecker Maschinenbau Gesellschaft zum führenden Wegbereiter kontinuierlicher Bagger.

LMG-Eimerkettenbagger

Die Sternstunde für die LMG waren die Achtzigerjahre des 19. Jahrhunderts, als die Lübecker Ingenieure um den damaligen Vorstand Wilhelm Vollhering entschieden, dass auch der Trockenbaggerbau gut zum Firmenportfolio passen würde. Anstoß für diesen ersten Eimerkettenbagger aus dem Hause LMG war der Durchstich der Trave an der Teerhofinsel sowie der Herrenbrücke in den Jahren 1878 bis 1883. Der Vertrag des Bauunternehmers Vering aus Hannover sah vor, dass Reparaturen und Geräteneubauten bei einer in Lübeck ansässigen Unternehmung zu erfolgen hatten.

So entstand um die Konstrukteure Wilhelm Vollhering und Carl Bernhardt 1881 der erste Eimerkettenbagger, der in den folgenden Jahren Ruhm erlangen sollte. Es handelte sich dabei um einen Hochschnittbagger mit vorwärtsschneidenden geschlossenen Eimern, wie sie seit 1876 für Schwimmbagger gebaut wurden.

Maßgeblich beeinflusst wurden die Eimerkettenbagger aus dem rheinischen Braunkohlenrevier. In den Brikettfabriken um Brühl und im Bereich der südlichen Ville erfolgte die Abtragung des Deckgebirges bis in die 1890er-Jahre noch per Hand. Dies lag zumeist an der geringen Abraumüberdeckung. Auch war dieser Schritt vergleichbar mit größeren Tiefbaumaßnahmen, wie der Bau von Kanälen oder Hafenbecken.

Dies dürfte auch der Grund gewesen sein, die Abraumarbeiten um 1880 an spezielle Bauunternehmen zu geben, die in diesem Bereich über viel Erfahrungen verfügten. Diese Art der Abraumbeseitigung wird in den kommenden 40 Jahren bis zum Ersten Weltkrieg so bleiben. Danach beginnen die Bergbauunternehmen diesen Schritt selbst durchzuführen.

Mit der Ausweitung der Brikettproduktion und dem steigenden Kohlebedarf begann auch die Suche nach effizienteren Abbaumethoden zur Leistungssteigerung und mehr Wirtschaftlichkeit. Der bereits erwähnte Holländer-Bagger oder Hinterschütter spielte hier eine zentrale Rolle und seine Bedeutung begann zu wachsen. Die Geräte bewegten sich noch auf Gleisrosten mit zwei Schienen.

1882 scheidet der bisherige technische Vorstand Hespe aus und Wilhelm von Vollhering folgt ihm von 1882 bis 1900. Sein langjähriger Vorstandskollege Bernhardt ist bereits seit 1871 als Konstrukteur und späterer Bürochef bei der LMG tätig. 1883 wird noch ein Bagger des Typs Vering mit Tiefbaggerleiter und rückwärtsschneidenden Eimern gebaut.

1884 entsteht dann der erste Bagger mit durchgehender Eimerkette und Durchfahrt für Loren; der Typ B für den Unternehmer Brauns in Goslar; er hatte die Baunummer 3. Die Lübecker Bagger wurden bis weit ins folgende Jahrhundert auch als „Excavatoren" oder Lübecker Trockenbagger bezeichnet.

Für diesen Bagger erhielt die LMG 1884 auch ein Patent, das ihr über 18 Jahre einen deutlichen Vorsprung beim Bau großer Bagger ermöglichte. Zielte der Absatzmarkt zunächst nur auf große Bauunternehmen, folgten dann aber auch die Braunkohlenbergbaubetriebe.

Insgesamt war Type B für die frühe Zeit sehr erfolgreich. Zwischen 1880 und 1914 wurde der Bagger rund 200-mal verkauft. Allein der Bauunternehmer Vering übernahm sechs Maschinen. Und sogar die Arthur Koppel AG wird in den Lieferlisten als Kunde aufgeführt. In der Zeit von 1885 bis 1908, als Benno Orenstein und Arthur Koppel getrennte Wege gingen, bezog Koppel acht Einheiten des Typs B mit unterschiedlichen Baunummern.

Type B lief auf drei Schienen und der Hauptunterschied zum Hinterschütter-Bagger war das Gehäuse mit Durchfahrtsprofil. Das Gehäuse überbaute das Fördergleis als Tor und die

Unter den Vorständen Willhelm Vollhering und Carl Bernhardt wird die LMG den Bau von zunächst Eimerketten- und Kratzbaggern vorantreiben. Sternstunde der LMG ist der Travedurchstich an der Teerhofinsel von 1878 bis 1883; ein Vertrag mit dem Bauunternehmer Vering sah vor, dass Reparaturen und Geräteneubauten bei einer in Lübeck ansässigen Firma zu erfolgen hatten.

(VOSTA LMG)

Basierend auf den seit 1876 gebauten Schwimmbaggern, entsteht 1883 dann ein erster „Excavator" nach Vering. Der Bagger hatte vorwärtsschneidende Eimer.

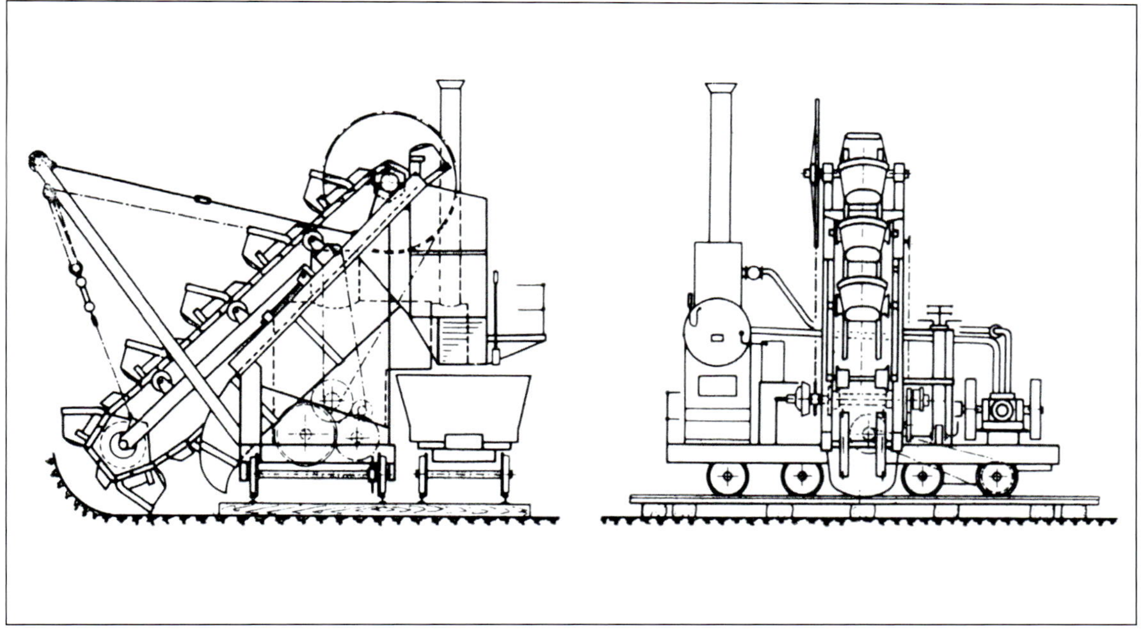

Abraumzüge konnten durch den Bagger wie durch ein Portal fahren. Daher wurden diese Bagger auch als Portalschütter bezeichnet. Bagger- und Zuggleise waren auf durchgehenden Schwellen angeordnet. Die Antriebsdampfmaschine, Kessel und Wassertank des Baggers lagen auf der gegenüber der Leiterseite liegenden, rückwärtigen Baggerseite und wirkten somit zum Teil auch schon als Gegengewicht.

Erste Exportaufträge ließen auch nicht auf sich warten. Ein Bagger vom Typ B wurde 1887 bereits nach London geliefert und dürfte die Baunummer 13 gehabt haben. Als Empfänger des Gerätes listet die Referenzliste Thomas Walker. Zwei Jahre später folgten weitere Geräte nach Prag und Padua. 1894 folgten dann zwei Geräte nach Bangkok. Neun Jahre später ging der erste Bagger vom Typ C nach Buenos Aires.

Frühe Referenzlisten der LMG zeigen fünf verschiedene Trockenbagger Normaltypen um 1900. Kleinster war Type L mit einer maximalen Stundenleistung von 48 m^3. Am anderen Ende der frühen Produktpalette war Type B mit 300 m^3 Leistung pro Stunde angesiedelt. Die Daten im Einzelnen zeigt die Tabelle rechts.

Und der erste Bagger der LMG für den Bauunternehmer Vering trug natürlich die Baunummer 1 und war ein Bagger vom Typ A mit 240 m^3 Leistung pro Stunde und somit der zweitgrößte LMG-Bagger der Zeit.

Das bedeutet, dass der Bagger pro Minute überschaubare 4 m^3 förderte. Vergleicht man das mit den späteren 240.000-m^3-Geräten der Siebzigerjahre, so liegt deren Fördermenge bei 360 m^3 pro Minute oder 21.600 m^3 pro Stunde.

Die Bagger hatten um 1885 bis 1910 dann Dienstgewichte von 50 t bis 70 t und die Förderleistungen betrugen zwischen 180 und 260 m^3 pro Stunde bei Eimerinhalten von 180 bis 275 l. Das Dienstgewicht wurde auf zwei bis vier Schienen mit acht bis 15 Laufrädern verteilt. Die Betriebsweise der Bagger erfolgte als Tiefschnitt- oder Hochschnittbagger. So wurde das Material dann entweder unterhalb oder oberhalb des Schienenprofils abgegraben.

Angetrieben wurden die Bagger noch durch Dampfmaschinen mit bis zu 190 PS. Die Dampferzeugung erfolgte durch Wellflammrohrkessel mit Heizrohren und Rosten für Steinkohle, Braunkohle oder außerhalb des Bergbaus auch für Holzfeuerung. Der Dampfdruck lag zwischen 8 und 12,5 atü. Die Triebwerke hatten bis in die 1920er-Jahre sogar zum Teil noch Holzzähne.

So ersetzten diese Portalschütter zunehmend den Hinterschütter-Bagger. Zwischen 1890 und 1910 wurden Portalschütter als Dreischienenbagger auf zwölf Laufrädern mit bis zu 250 l großen Eimern ausgeführt.

Schnell erarbeiteten sich die Maschinen einen zuverlässigen Ruf und wurden bald in viele Länder exportiert. Der erste Exportauftrag kam 1886, diesem folgen in den nächsten Jahren weitere, so z.B. nach England, Südamerika oder Siam.

Typ	B	A	C	F	L
Theoretische Leitung (m³/h)	300	240	120	70	48
Max. Baggertiefe (m)	15	10	8	6	5
Max. Abtragshöhe (m)	10	10	8	6	5

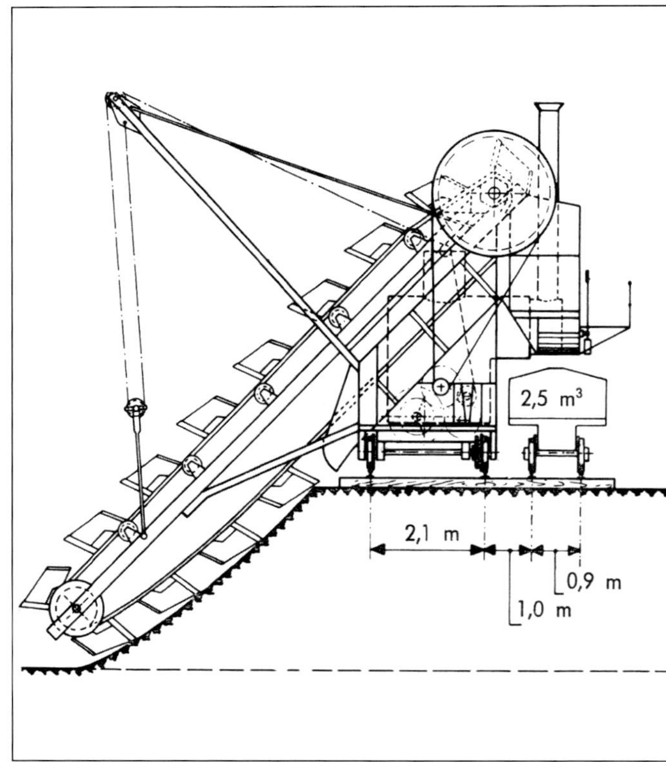

Links: Die technischen Daten des Baggers sind noch übersichtlich. Er wog 26 t und konnte pro Stunde 90 m³ baggern. Anhand der Größe des Geländers unter der Eimerleiter kann die Größe des Baggers erahnt werden. Der Antrieb erfolgte natürlich noch mit Dampf und einer Leitung von 11 kW. Rechts: Für einen Einsatz um 1886 bei Warnemünde wird noch ein Bagger des Typs Vering für den Tiefschnitt mit rückwärtsschneidenden Eimern geliefert.

1884 entsteht der erste Bagger mit Durchfahrt und wird zu einem Erfolgsmodell der LMG. Der erste Bagger mit Baunummer 3 geht an den Bauunternehmer Brauns aus Goslar; Type B wird wird zu einem LMG-Erfolgsbagger und kommt 1887 sogar beim Bau des Manchester Kanals in England zum Einsatz. Die berühmteste Baustelle dürfte aber der Ausbau des Nord-Ostsee-Kanals gewesen sein, bei dem die Bagger des Typ B zum Einsatz kamen. Insgesamt 76 Millionen m³ Erdaushub waren von 1887 bis 1895 zu bewegen. 39,5 Millionen m³ oder mehr als die Hälfte wurden dabei durch die Lübecker Bagger bewegt.

Um 1900 kamen diese Geräte bei der Abdeckung des Abraums einer Braunkohlengrube zum Einsatz. In zwei Tiefschnitten gruben sich die Bagger bis 17 m Tiefe und verfügten über Eimerinhalte von 250 bis 300 l.

Diese stürmische Verbreitung der Maschinen sorgte für weitere Großbauprojekte. Die Bagger kamen 1885 beim Bau des Hamburger Freihafens zum Einsatz und auch beim ersten Ausbau des Nord-Ostsee-Kanals 1887 bis 1895 gruben sie ihre gefräßigen Eimer in die Erde.

Es wurde berichtet, dass von den insgesamt 76 Millionen m^3 zu baggerndem Material des Nord-Ostsee-Kanals rund die Hälfte von Lübecker Baggern bewältigt wurden. Davon fielen 33 Millionen m^3 auf Type B und 6 Millionen m^3 wurden durch Schwimmbagger bewegt. Wenn man von einem standardmäßigen dreiachsigen Sattelkipper mit 25 m^3 Nutzlast ausgeht, so wären dies dann rund 1,6 Millionen Lkw-Ladungen gewesen.

1888 werden dann Kontakte zur Braunkohleindustrie geknüpft und zwei Jahre später finden wir den ersten Lübecker Bagger der Type B im Abraum

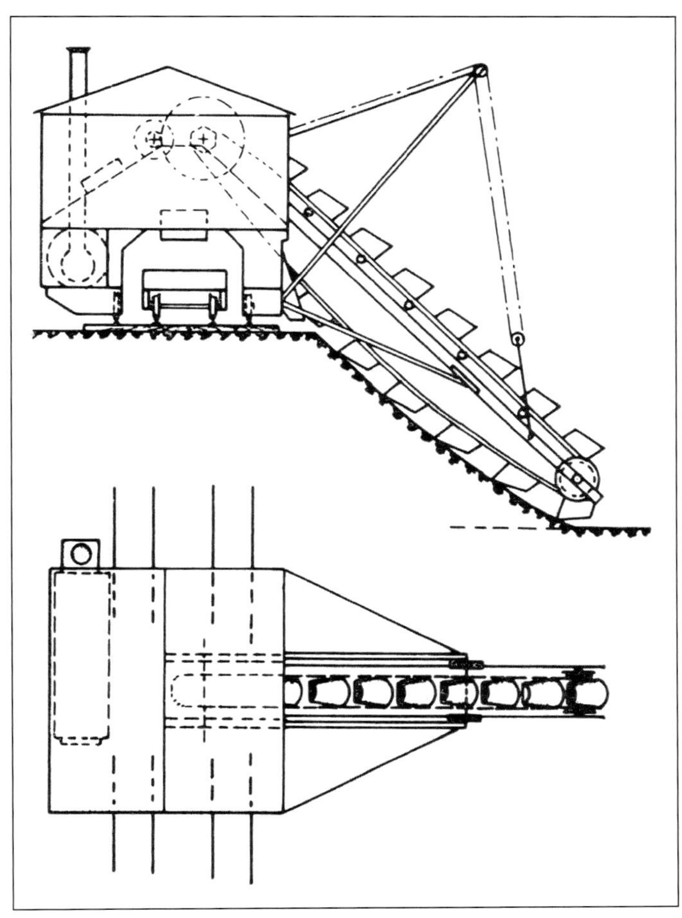

Type B ging auf die Vorstände Vollhering und Bernhardt zurück. Die Zeichnung verdeutlicht den Aufbau des Baggers mit Dampfmaschine, Eimerleiter und Abwurfstelle.

Der Bagger fuhr auf elf Laufrädern und wog 55 t. Seine Antriebsleistung betrug 80 bis 90 PS. Gut zu erkennen sind auch die Stützräder für die Eimerkette.

Das Foto zeigt sehr schön den Beginn der Baggerarbeiten. Die Eimerkette beginnt den Boden abzugraben und der Bagger fährt dabei nach links, während das Material in die Waggons fällt. Die Dampflokomotive ist dann für die Loren verantwortlich.

der mitteldeutschen Braunkohlengrube Luise bei Sandersdorf. 1889 fand der Bagger Type B auch Einzug in den rheinischen Braunkohlenbergbau.

Anfangs war lediglich ein Zug vorhanden, mit den Doppelschüttern erhöhte sich dann die Förderleistung, weil ein zweites Gleis für Züge zur Verfügung stand. Um 1910 betrug die stündliche Förderleistung so 1.000 m^3 pro Stunde und 240 t Gewicht.

Der erste Auftrag der Rheinischen Braunkohle wurde dann 1891 für die Gewerkschaft Brühl erteilt, ein dampfbetriebener Hochbagger mit Kurzeimerleiter des Typ C. Die Förderleistung betrug damals 130 m^3 pro Stunde.

1895 wurde auch auf der Grube Donatus ein Bagger dieses Typs eingesetzt. Das Gerät soll seinerzeit gebraucht erworben worden sein und hatte seinen Ersteinsatz beim Bau des gerade fertig gestellten Kaiser-Wilhelm-Kanals.

Der elektrische Antrieb wurde erstmals 1898 an einem Typ C verwendet. Und diese guten Beziehungen zur rheinischen Braunkohle sollten später auch zu den größten Baggern weltweit führen.

1902 lief dann das LMG-Patent aus und weitere Hersteller stiegen in den Bau von Eimerkettenbaggern ein. Dazu gehörten Orenstein & Koppel, die Maschinenfabrik Dresden-Uebigau oder auch die Maschinenfabrik Buckau. Zu diesem Zeitpunkt waren die LMG und O&K ja auch noch getrennte Unternehmen, die zueinander im Wettbewerb standen und erst 1911 hatte Orenstein & Koppel die Aktienmehrheit der Lübecker Maschinebau Gesellschaft übernommen.

Mit dem insgesamt stärker werdenden Wettbewerb hielten neue innovative Ideen Einzug in die Bagger. 1905 nahm auch die Magdeburger Maschinenfabrik Buckau R. Wolf den Bau von Trockenbaggern auf. Durch neue Ideen – wie z.B. Bagger mit schwenkbarem Aufbau – wurde die LMG ebenfalls zu neuen Innovationen gezwungen. 1908

Bei den frühen Geräten wurde die Eimerleiter noch über Ketten verstellt. Interessant ist auch der Aufstieg in den Maschinenraum. Die kleinen Stufen der Leiter ohne Geländer dürften aus Arbeitsicherheit heute sicher keine Zulassung bekommen.

Dieser Eimerkettenbagger arbeitete beim Bau eines Entwässerungskanals in Buenos Aires um 1902. Arthur Koppel wirbt in einem Katalog mit diesem Einsatz eines Lübecker Baggers Type B. In der Zeit der getrennten Wege von Orenstein und Koppel bezog Arthur Koppel knapp zehn Bagger zwischen 1901 und 1908 aus Lübeck.

Beim Bau des Hafens Thorn bei Danzig kamen um 1900 Kastenkipper von Arthur Koppel zum Einatz. Es galt rund 3 Millionen m³ Erdreich zu bewegen. Mit dabei war auch dieser Type B aus Lübeck.

Der Arbeiter in der Durchfahrt dieses Typ B verdeutlicht die Größe des Baggers. Offensichtlich war gerade Pause oder es wurde nicht gearbeitet, denn aus dem Schornstein ist kein Rauch der Dampmaschine zu sehen. (Historisches Konzernarchiv RWE)

1913 wurde dieser Type B an die Roddergrube geliefert. Der Bagger hatte die Baunummer 611 und die RBW-Nummer 169. Schön zu erkennen sind auch die Flaschenzüge der Eimerleiter mit Ketten. (Historisches Konzernarchiv RWE)

Als Ersatz für den erfolgreichen Typ B erschien um 1916 der Typ E. Die erste Version erschien 1916 und wurde mit der Baunummer 657 in die Grube Fortuna geliefert. Mit dem beweglichen Gegengewicht wurde die Schwerpunktlage bei unterschiedlichen Grabtiefen optimal ausgeglichen. Ein dünner Prospekt informierte vor über 100 Jahren über das Gerät.

Ein erster Dampfbagger kam um 1899 im Tagebau Beisselsgrube zum Einsatz. Der kleine Bagger hatte noch eine hölzerne Verkleidung. Die beiden Arbeiter geben einen guten Größenvergleich. (Historisches Konzernarchiv RWE)

präsentierte Buckau einen Doppelschütter als Tiefbagger. Dieser wurde auch als Doppelportalbagger bezeichnet und verfügte über ein Doppelportal, also ein zweigleisiges Durchfahrtsprofil. Der Vorteil lag darin, dass beim Wechsel des Zuges die Beladung einfach bei dem anderen weitergehen konnte und es keine Zugwechselpausen gab. Durch die Nutzung einer sogenannten Hosenschurre konnte so einfach auf den auf dem zweiten Gleis wartenden Zug umgeschaltet werden.

Der Anreiz zu der Entwicklung des schwenkbaren Eimerkettenbaggers ging von dessen Einsatz als Hochbagger und seiner an den Gleisbetrieb auf der Strosse gebundenen Arbeitsweise aus. Als Strosse bezeichnet man die Stufen eines Tagebaus. Die Eimerleiter war in der Mitte des Maschinenhauses angebracht. Gelangte der Bagger dann auf den Schienen an das Ende der Strosse, so konnte der Bereich von der Maschinenhausmitte bis zum Strossenende nicht abgegraben werden. Dies entsprach ungefähr der halben Breite des Maschinenhauses. So verkürzte sich die nutzbare Strossenlänge um eine halbe Baggerbreite. Der schwenkbare Eimerkettenbagger brachte hier eine Abhilfe und die gesamte Strossenlänge konnte abgebaggert werden.

Im selben Zeitraum um 1900 erfolgte der Einsatz von Eimerkettenbaggern im Braunkohlenbergbau noch ausschließlich im Abraumbetrieb. Es lag eigentlich nahe, die Bagger auch bei der Kohlegewinnung einzusetzen. Einlagerungen in der Braunkohle wurden aber als Problem angesehen, da sie die Eimer der Bagger hätten beschädigen können. Nach langen Zögerungen wurde um 1901 in der Grube Giersberg Fortuna ein Kohlenpflug eingesetzt, der sich aber nicht bewährte und kurz darauf wieder abgebaut wurde. Die Maschinenbaufabrik Hilgers lieferte hier insgesamt zwei Geräte. Diese nicht erfolgreichen Versuche sorgten dafür, dass die namhaften Maschinenfabriken wie LMG oder Buckau ebenfalls an Lösungen arbeiteten.

So entwarf der Bergrat Carl Gruhl aus dem Rheinland 1905 mit seinem Betriebsingenieur und der LMG das Konzept für ein neuartiges Gerät zum Kohleabbau. Während sich der maschinelle Abraumbetrieb bereits durchgesetzt hatte, so war der maschinelle Einsatz im Kohleabbau zu dieser Zeit noch rückständig. Diese neuartige Abbauvorrichtung wurde dann im Januar 1907 auf der Grube Gruhlwerk bei Brühl in Betrieb genommen. „Dieser Kohlenbagger ist durch Vereinigung vorhandener und erprobter Konstruktionen und unter Benutzung vorhandener Modelle der Einzelteile konstruiert und geliefert von der als Spezialfirma im Baggerbau bekannten Lübecker Maschinenbau Gesellschaft“, so beschreibt Bergrat Carl Gruhl 1907 in einer Veröffentlichung seinen Bagger.

Das Konzept basierte auf einem Eimerkettenbagger im Hochschnitt. Der

Mit der Baunummer 76 wurde dieser Typ C 1898 an die Gruhl'schen Braunkohlen- und Brikettwerke geliefert. Der Bagger mit rund 120 m³ stündlicher Leistung entsprach noch dem Konzept der Hinterschütter und war somit ein Holländer Bagger. *(Historisches Konzernarchiv RWE)*

Dieser Tiefbagger als Eintorbagger hatte die RBW-Nummer 131 und wurde in der Grube Fortuna eingesetzt. Der Bagger des Typs E wurde 1922 bei LMG mit Baunummer 741 produziert. Der Arbeiter an der Tür zum Maschinenhaus lässt auch hier die Größe erahnen. *(Historisches Konzernarchiv RWE)*

In der Grube Fortuna erfolgte der Kohlenabtransport auch über Loren, die von Kettenbahnen gezogen wurden. Zu erkennen ist auch die Brikettfabrik sowie der Kohlehauer von 1910. Dieser kam ab 1910 zum Einsatz und wurde von Hilgers konstruiert und von Muth-Schmidt in Berlin gebaut. Über den Pflug konnte die Kohle regelrecht abgefräst werden und fiel nach unten, wo sie aufgenommen wurde. Die Aufnahme stammt aus dem Jahr 1912. *(Historisches Konzernarchiv RWE)*

Der Transport des Materials erfolgte auch bei diesem Einsatz per Kettenbahn. Leider waren zu Details dieser Aufnahme keine Informationen vorhanden. Aufgenommen wurde sie um 1914 in der Grube Clarenberg und es dürfte sich vermutlich um Baunummer 539 gehandelt haben. *(Historisches Konzernarchiv RWE)*

Dieser Bagger des Typs C wurde mit der Baunummer 230 ebenfalls an die Gruhl'schen Braunkohlen- und Brikettwerke im Jahr 1906 geliefert. Auch hier sind die Größenverhältnisse gut erkennbar. Die Aufnahme entstand um 1910. Interessant ist auch der kleine Montagekran am Gerät.

(Historisches Konzernarchiv RWE)

1907 gelang dieser Typ A in die Grube Gruhlwerk der Gruhl'schen Braunkohlen- und Brikettwerke. Bei diesem Gerät müsste es sich auch um den „Eisernen Bergmann" gehandelt haben. Ein Baggermeister und drei Förderleute bedienten den Bagger.

(Historisches Konzernarchiv RWE)

Hier zeigte sich im Jahr 1907 auch das damalige Management der Grube um Carl Gruhl vor dem Bagger, der fortan den Braunkohlenbergbau maßgeblich beeinflusste. (Historisches Konzernarchiv RWE)

Ebenfalls im Jahr 1906 lieferte die LMG diesen Bagger des Typs A mit elektrischem Antrieb an die Roddergrube AG. Der Bagger hatte die Baunummer 255. (Historisches Konzernarchiv RWE)

Dieser Tiefbagger des Typs A wurde 1907 an die Gewerkschaft Clarenberg geliefert. Der Bagger war elektrisch angetrieben und verfügte über ein Planierstück. Er hatte die Baunummer 289. (Historisches Konzernarchiv RWE)

Die Eimerleiter von Baunummer 289 wurde noch über Ketten bewegt. Ebenfalls gut erkennbar ist auf dem Foto auch die Kettenbahn zum Materialtransport. (Historisches Konzernarchiv RWE)

Stolz zeigen sich die Arbieter eines baugleichen Gerätes in der Grube Sibylla. Die Aufnahme von Baunummer 295 entstand um 1914.

(Historisches Konzernarchiv RWE)

Ohne Datum ist diese Aufnahme eines Kratzbaggers. Aufgrund der moderneren Waggons zum Materialtransport dürfte sie den Kratzbagger auch um das Jahr 1945 zeigen. Es dürfte sich vermutlich um Baunummer 352 oder Bagger 164 gehandelt haben.

(Historisches Konzernarchiv RWE)

Hauptunterschied bestand darin, dass an der Baggerkette keine Eimer vorgesehen waren, sondern Schrämzähne. Diese wurden am Kohlestoß von oben nach unten bewegt und kratzten die Kohle so ab.

Nach Gruhls Plänen baute die LMG den als „Kratzbagger“ oder „Schrämbagger“ bezeichneten Bagger. Der Vorteil lag zudem darin, dass durch das Abkratzen die gefährliche Arbeit der Hauer erspart wurde. Denn die Betriebskosten reduzierten sich von rund 9,5 Pfenning im Schippenbetrieb auf 7 Pfenning mit dem Bagger, wie Carl Gruhl schreibt.

Weitaus geläufiger als der Name Kratzbagger war aber die Bezeichnung „Eiserner Bergmann“. Er bewährte sich sehr gut und es folgte bereits kurze Zeit später ein zweiter Bagger mit 20 m Abtragshöhe, was 5 m mehr waren. Die Bagger vom Typ C und A hatten die Baunummern 230 und 242.

Jedoch wurden die Bagger in der Kohlengewinnung zunächst nur eingesetzt, um die beim Rolllochbetrieb im unteren Flözbereich übrig gebliebenen harten Kohlerippen zu gewinnen. Deren arbeitsintensiver Abbau in Handarbeit stellte einen hohen Kostenfaktor dar. Beim Rollloch- oder Schurrenbetrieb wurden trichterförmige Schurren am Kohlenflöz angebracht, über diese fiel die losgehackte Kohle dann in die darunter stehenden Förderwagen. Der Kohlenstoß konnte so in schräger Böschung gewonnen werden.

Der Übergang vom Kohlenhochschnitt zum Kohlentiefschnitt erfolgte im Jahr 1909 auf der Grube Vereinigte Ville. Ein Lübecker Bagger Type B wurde mit geführter Eimerkette im Tiefschnitt zum Kohleabbau eingesetzt. Erstmalig waren die Eimer auch mit Zähnen versetzt.

Dieser Typ F mit Baunummer 370 wurde um 1909 nach Berlin Charlottenburg geliefert. Als Kunde ist lediglich „Ziegeleibesitzer“ aufgeführt.

Aber egal, wo der Einsatz jetzt war, das Foto zeigt doch schön die frühe Technik. Das Material wurde über Kettenbahnen abtransportiert und der Bagger verfügte über einen separaten Wagen mit Rückführungsausleger. Beides wurde später in einem Gerät umgesetzt.

1909 wurde mit dem Kohlenschrämturm „Typ Vischow" eine neue Idee zur Kohlengewinnung umgesetzt. Das Gerät kam im Tagebau Vereinigte Ville der Roddergrube zum Einsatz und wurde nach dem damaligen Chefkonstrukteur der LMG Emil Vischow benannt.

(Historisches Konzernarchiv RWE)

Aufgrund von sicherheitstechnischen Bedenken wurde der Turm zu einem herkömmlichen Kratzbagger umgebaut. Es blieb bei dem einen Gerät. Die Aufnahme des umgebauten Baggers datiert um das Jahr 1912.

(Historisches Konzernarchiv RWE)

Baunummer 410 verließ um 1909 die Lübecker Werkshallen. Schön zu erkennen ist bei diesem Eintorbagger auch der verschiebbare Ballast. Leider konnte die Baunummer aufgrund der Lesbarkeit in der Bautenliste nicht zugeordnet werden.

(VOSTA LMG)

Im Parallelschnitt arbeitet dieser Typ E in einer frühen Version. Die Verstellung der Eimerkette erfolgt durch eine Kette an beiden Punkten. In dieser Grube war die Elektrifizierung bereits weit vorangeschritten. Leider war anhand des Foto keine Baunummernzuordnung möglich.

Type E ist hier im Tiefschnitt im Einsatz. Maximal 16 m waren hier möglich. Gut zu erkennen ist auch das Planierstück am Ende der Leiter. Ebenfalls zu sehen ist auch der verschiebbare Ballast dieses Eintorbaggers. Auch hier ließ sich die Baunummer nicht zweifelsfrei identifizieren.

Aus den Bildern ist auch gut zu erkennen, welchen Aufwand es bedeutete, die Gleise zu verrücken. Die langen Stränge mussten mit Hilfsgeräten gerückt werden und dann wieder eben verlegt werden. Zudem war nah an der Böschung auch auf Sicherheit zu achten.

Oben: Der Eintorbagger Type E der LMG ist hier im Hochschnitt im Einsatz. Abtragshöhen von 13 bis 16 m waren hier möglich. Der Eimerinhalt betrug maximal 300 l.

Links: Dieser modernisierte Bagger des Typs B II wurde 1911 ausgeliefert. Baunummer dürfte die 486 gewesen sein und Kunde die RAG in Köln.

Die Aufnahme um 1930 zeigt auch schön den Einsatz der Kettenbahnen zur Waggonförderung. Dieser Typ A mit Baunummer 539 wurde um 1911 in die Grube Sibylla der Gewerkschaft Clarenberg geliefert.

(Historisches Konzernarchiv RWE)

Die Aufnahme zeigt den Tagebau Beisselsgrube im Jahr 1931. Im Abraum ist ein Eimerkettenbagger und zwei Kratzbagger gewinnen Kohle. Mit jedem Abbaufortschritt waren dann die Schienen der Kratzbagger aufwändig zu verlegen.
(Historisches Konzernarchiv RWE)

Aus einer anderen Perspektive ist der Alltag des damaligen Tagebaus Beisselsgrube erkennbar. Eimerkettenbagger im Tiefschnitt und ein schöner Dampfbagger Menck G vermitteln einen Eindruck vergangener Tagebauzeiten.
(Historisches Konzernarchiv RWE)

Diese alten Fotos sind einfach nur schön anzuschauen. Auch hier ist die Unterbrechung der Böschung erkennbar, da dort der untere Bagger arbeitet. Im Abraum oben arbeiten Eimerkettenbagger und die Kohle wird bereits von Kratzbaggern gefördert.
(Historisches Konzernarchiv RWE)

Diese Detailaufnahme aus dem Jahr 1912 zeigt gut den Übergabebereich des Materials in die Loren dieses Hinterschütterbaggers. Einsatzort ist die Grube Vereinigte Ville und es müsste sich um Baunummer 556 handeln. *(Historisches Konzernarchiv RWE)*

Gleich vier Bagger des verstärkten Typs B II wurden 1912 in den Tagebau der Grube Louise geliefert. Dieser Bagger hatte die Baunummer 585. *(Historisches Konzernarchiv RWE)*

Dieser Type E war ausschließlich für eine feste Böschungsneigung bestimmt; dies ist gut an der fest montierten Eimerleiter zu sehen. Die Verstellung war nur minimal möglich. Auch ist gut der Servicekran für kleinere Montagearbeiten zu erkennen.

Die Wirtschaftlichkeit dieser Bagger war in den Anfangsjahren um 1910 im Vergleich zur Handarbeit noch nicht so groß, sodass sie keine ernsthafte Alternative zum Handbetrieb darstellten – aus heutiger Sicht kaum zu glauben.

Die Suche nach weiteren Kohleabbauvorrichtungen ging trotz dieser vielversprechenden Bagger weiter. Die LMG nahm beispielsweise 1909 auf der Grube Vereinigte Ville der Roddergrube einen 260 t schweren Kohlenschrämturm „Typ Vischow“ in Betrieb; in der Referenzliste der LMG wird hier keine Typenbezeichnung aufgeführt und die Baunummer war ebenfalls nicht gelistet. Hier kann nur vermutet werden, dass es sich bei dem Turm um eine Sonderkonstruktion gehandelt hat. Ein zweites Gerät kam nicht zur Ausführung.

Emil Vischow war der LMG-Chefkonstrukteur und folgte auf Bernhardt. An einem 40 m hohen Turm konnte eine Fräse zur Bearbeitung des Kohlenstrosses auf und ab bewegt werden. Aufgrund sicherheitstechnischer Bedenken wurde der Turm allerdings zu einem Schrämbagger umgebaut.

1909 erfolgte dann der Durchbruch der Eimerkettenbagger zur Kohlengewinnung im rheinischen Revier. Der Generaldirektor der Roddergrube, Gustav Wegge, setzte sich über die anfänglichen Bedenken hinweg und beschloss einen LMG-Eimerkettentiefbagger in der Grube Vereinigte Ville einzusetzen. Der Bagger war eigentlich zur Abraumbeseitigung angeschafft worden; seine Baunummer aus den Lieferlisten könnte die 352 gewesen sein. Er ließ die 250-l-Eimer in versteifter Ausführung bauen und versah sie mit kräftigen Stahlzähnen; ähnlich wie bei heutigen Baggerschaufeln.

Weiteren Auftrieb erlangten die Bagger in der rheinischen Braunkohle kurz vor dem Ersten Weltkrieg. Paul Silverberg (Generaldirektor der For-

Auch bei diesem Kratzbagger war eine Zuordnung leider nicht möglich. Die Aufnahme müsste auch vor 1920 entstanden sein. Denn die Verladung und der Transport des Materials erfolgt noch über Kettenbahnen.

Leider war auch zu diesem Typ B keine Baunummer ersichtlich. Gut zu erkennen ist die vordere, doppelte Schiene samt Laufrad sowie die kettengeführte Eimerleiter. Anhand der Arbeiter in den Fenstern lässt sich die Größe des Baggers gut erahnen. (Historisches Konzernarchiv RWE)

Im Hochschnitt kamen dann Kratzbagger zum Einsatz. Diese kratzten die Kohle von oben nach unten. Der hier gezeigte Bagger hatte die Baunummer 588 und ging in den rheinischen Braunkohlebergbau. Kunde war die Roddergrube AG.

Hier ist gut die Funktionsweise des Baggers erkennbar. Der Abraum ist beseitigt und der Kratzbagger fährt entlang der Kohle und kratzt diese langsam ab. Der Abtransport erfolgt natürlich durch Loren. Baunummer 588 war Bagger 170 bei der RAG. (Historisches Konzernarchiv RWE)

Die Aufnahme um 1912 zeigt eine Ansicht des Tagebaus Ville mit der Brikettfabrik im Hintergrund. Das Klackern der Ketten zur Wagonförderung dürfte sicher gut hörbar gewesen sein. Bagger 170 ist im Vordergrund zu sehen. (Historisches Konzernarchiv RWE)

Baunummer 595 gehörte 1912 zu einer Lieferung über vier Geräte und trug bei der RAG die Nummer 123. Das Foto zeigt den Bagger 1931.

(Historisches Konzernarchiv RWE)

Die vier Geräte waren verstärkte Bagger des Typs B II. Sie wurden im Kohlenabbau eingesetzt. Zu sehen ist Baunummer 595 in der Grube Gruhlwerk.

(Historisches Konzernarchiv RWE)

Auch Baunummer 596 gehörte zu der Lieferung mehrerer Kohlenbagger an die RAG. Der Bagger kam im Tagebau Louise zum Einsatz und baggerte Kohle. Das Foto entstand um 1913.

(Historisches Konzernarchiv RWE)

RBW Nummer 124 wurde bei LMG als Baunummer 596 im Jahr 1913 ausgeliefert. Der Bagger war ein E 250/12,5 - 14,9 und wurde in der Grube Louise eingesetzt.

(Historisches Konzernarchiv RWE)

Aus der Gesamtansicht der Grube Louise um 1948 sind auch schöne Details erkennbar. Im Vordergund ist die Kurvenstation der Kettenförderung erkennbar ebenso wie die Führung der Stromleitungen für den Bagger.

(Historisches Konzernarchiv RWE)

Dieser Eimerkettenbagger wurde in die Grube Donatus geliefert. Ab etwa 1907 gehörte die Grube Donatus zum Gruhlwerk. Der Arbeiter neben den Waggons in der Bildmitte vermittelt auch hier einen Größeneindruck. (Historisches Konzernarchiv RWE)

Der Tagebau Berrenrath wurde ab 1914 von der Roddergube aufgeschlossen. Aufgrund einer kleinen Deckgebirgsschicht von 13 bis 15 m war der Abbau der Kohle lukrativ. Der Bagger mit der Rheinbraun-Nummer 125 und der LMG-Nummer 597 war ein Bagger des Typs E mit 430-l-Eimern und maximal 17,5 m Grabtiefe. (Historisches Konzernarchiv RWE)

tuna AG für Braunkohlebergbau und Brikettfabrikation; aus dieser geht später die Rheinische AG für Braunkohle und Brikettfabrikation [ehemalige Rheinbraun] hervor) bestellt 1913 drei Bagger dieses Typs für eine damals hohe und ungewöhnliche Abtragshöhe von 30 m. Die Bagger wurden noch vor Kriegsbeginn in Betrieb genommen und bewährten sich.

So war vor dem Ersten Weltkrieg der Braunkohlebergbau in Deutschland zu einem der bedeutendsten Baggerabnehmer geworden. Die Braunkohleunternehmen gaben auch die Impulse, größere und leistungsfähigere Geräte zu entwickeln. Damit wurden längere Eimerleitern konstruiert, was zwangsläufig zu höheren Dienstgewichten führte und höheren Laufraddrücken. Bis etwa 1910 vervierfachte sich die theoretische Förderleistung gegenüber den ersten Maschinen.

Die Weiterentwicklung der auf Gleisen laufenden Eimerkettenbagger ist fortan also den größeren Abraummächtigkeiten der mitteldeutschen Braunkohle vorbehalten. Parallel zur steigenden Förderleistung der Bagger geht dann auch die Entwicklung der Abraum- und Kohletransportwagen. Um 1918 betrug die Kapazität von zweiachsigen Kastenkippern noch 5 bis 8 m^3. Zwischen 1925 und 1928 stieg diese dann auf zunächst 16 m^3 und dann später sogar 25 m^3 – für damalige Verhältnisse ein Meilenstein. 1939 waren dann sogar 50 bis 60 m^3 machbar. Diese Menge sollte bis Mitte der Fünfzigerjahre sogar auf 96 m^3 steigen.

Dieser Typ E 430/13,5-17,5 wurde um 1913 in den Tagebau Berrenrath bei Frechen geliefert. Gut zu erkennen ist auch die Stromzufuhr über die Kabelrolle hinten sowie das riesige Gegengewicht von Bagger 125. (Historisches Konzernarchiv RWE)

1942 lieferte die Maschinenfabrik Buckau diesen Eimerkettenbagger unter der RBW-Nummer 154 in den Tagebau Frechen. Der Bagger war ein Ds 800/23 x 21 und wog 1.000 t. Buckau zählte zu der Zeit zu den bedeutenden Herstellern kontinuierlich fördernder Bagger und war somit ein starker Wettbewerber zur LMG. 1981 erfolgte die Verschrottung. *(Ingo Witsch)*

RBW-Nummer 152 folgte 1947 in den Tagebau Frechen für 20.000 m³ Förderleistung am Tag. Der 1.000 t schwere Bagger war ein Ds 800/22-24,5 und wurde ebenfalls von Buckau geliefert. *(Historisches Konzernarchiv RWE)*

Nahe der Grube Sibylla war auch die Grube Wachtberg gelegen. Dort kam dieser Schrämbagger zum Einsatz. Die Aufnahme entstand um 1949. *(Historisches Konzernarchiv RWE)*

Links: Diesen 250 t schweren Bagger des Typs B II lieferte das Werk Lübeck 1914 an die Roddergrube. Der Bagger wurde unter der Nummer 611 in Lübeck gebaut und war bei Rheinbraun als Bagger 169 gelistet. Einsatzort war ebenfalls die Grube Berrenrath. Rechts: Auch dieser Bagger des Typs B II ging um 1914 an die Roddergrube in Brühl. Der Bagger mit Baunummer 620 kam im Tagebau Berrenrath zum Einsatz. *(Historisches Konzernarchiv RWE)*

Links: Baunummer 635 war ein neuerer Typ B als Kratzbagger. Der Bagger lief unter der RBW-Nummer 160 und wurde 1915 in den Tagebau Ville geliefert. (Historisches Konzernarchiv RWE)

Unten: Gut zu erkennen sind hier an Bagger 160 auch das massive Schienenfahrwerk sowie der untere Teil der Eimerleiter. Die Aufnahme entstand Mitte der Siebzigerjahre vor der Verschrottung der letzten Eimerketten- und Kratzbagger. (Historisches Konzernarchiv RWE)

Farbaufnahmen der frühen Geräte waren relativ selten zu finden. Umso schöner ist diese Aufnahme von Bagger 160 oder Baunummer 635. Wann sie entstanden ist, war nicht zu ergründen, sie dürfte aber deutlich vor Mitte der Siebzigerjahre entstanden sein. Gut zu sehen ist das vordere Doppelgleis des Baggers, danach das Gleis der Waggons und dahinter das rückwärtige des Baggers. (Historisches Konzernarchiv RWE)

Links: Baunummer 673 war ein Tiefbagger vom Typ A und wurde um 1918 in die Grube Berrenrath geliefert. Die Stromzufuhr ist hinter dem Bagger zu erkennen.

(Historisches Konzernarchiv RWE)

Rechts: Bagger 161 hatte die LMG-Baunummer 679 und wurde 1917 an die Roddergrube geliefert. Der Bagger des Typs D wurde im Tagebau Vereinigte Ville eingesetzt. Die RBW-Nummern 160, 161 und 121 waren auch die letzten Eimerkettenbagger, die dann Mitte der Siebzigerjahre verschrottet wurden. *(Historisches Konzernarchiv RWE)*

Von Baunummer 679 existierte ebenfalls eine der wenigen Farbaufnahmen. Der Bagger vom Typ EK 400/30,6 arbeitete hier an einem mächtigen Kohlenstoss. Gut zu erkennen ist die Eimerleiter des Kratzbaggers im Parallelschnitt sowie das aufwändige Fahrwerk dieses Eintorbaggers. Interessant ist auch die doppelte Ausführung des Flaschenzuges für die Kratzleiter.

(Historisches Konzernarchiv RWE)

1917 erhielt die Roddergrube einen Bagger des Typs D als Tiefbagger. Der Bagger hatte die LMG-Baunummer 680 und wurde bei Rheinbraun unter der Nummer 124 gelistet. Der Bagger war somit auch ein Doppeltorbagger. Die Aufnahme entstand um 1920.
(Historisches Konzernarchiv RWE)

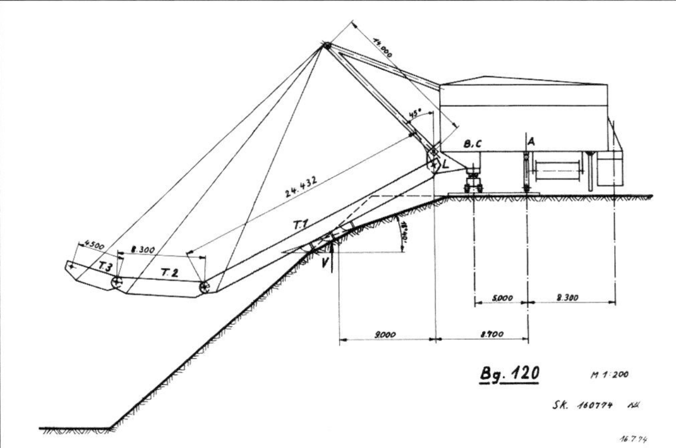

Links: Die Schnittzeichnung zeigt einige Maße von Bagger 120 mit Baunummer 681. Für die Stromzufuhr war im rückwärtigen Bereich eine Kabelrolle installiert. (Historisches Konzernarchiv RWE)

1916 wurde dieser Kratzbagger des Typs D an die Roddergrube ausgeliefert. Die Aufnahme zeigt Bagger 120 etwas heruntergekommen kurz vor der Verschrottung um 1976.
(Historisches Konzernarchiv RWE)

Die ebenfalls schöne Farbaufnahme von Baunummer 681 verdeutlicht die gewaltige Größe des Baggers. Der Fahrer der Lok in der Türöffnung wirkt regelrecht winzig.
(Historisches Konzernarchiv RWE)

Auch Bagger 162 war ein Kratzbagger. Er wurde 1914 mit der LMG-Nummer 683 ebenfalls in den Tagebau Vereinigte Ville geliefert. Er war ein Bagger vom Typ D und verfügte somit über ein Doppeltor zum Materialabtransport.
(Historisches Konzernarchiv RWE)

Ein baugleiches Gerät wurde mit der LMG-Nummer 684 ebenfalls 1916 ausgeliefert. Es trug bei der RAG die Nummer 121. Bei der Anschaffung kostete der 250 t schwere Bagger um die 176.000 Mark.
(Historisches Konzernarchiv RWE)

Dieser Eintorbagger des Typs E kam als Bagger 167 im Tagebau Neurath zum Einsatz. Er wurde mit der LMG-Nummer 701 im Jahr 1918 ausgeliefert. Ersteinsatz des elektrisch betriebenen Baggers war die Grube Prinzessin Victoria, die später zum Tagebau Neurath gehörte.
(Historisches Konzernarchiv RWE)

Anfang 1918 lieferte die LMG diesen Bagger des Typs E in die Grube Louise. Der Arbeiter am rechten Fenster vedeutlicht die gewaltige Größe des Kratzbaggers des Typs E und Baunummer 705. Die Aufnahme datiert um 1948.
(Historisches Konzernarchiv RWE)

Baunummer 721 wurde 1921 ausgeliefert und im Tagebau Berrenrath unter der RBW-Nummer 171 geführt. Der Kratzbagger wog beachtliche 240 t. (Historisches Konzernarchiv RWE)

Der Tiefbagger E III wurde um 1921 an die Grube Brühl geliefert. Der Bagger hatte die Baunummer 742 und war elektrisch angetrieben. Das Foto entstand um 1925.
(Historisches Konzernarchiv RWE)

Mit der Baunummer 815 lieferte die LMG 1927 einen Bagger vom Typ E II in den Tagebau Neurath. Der Kohlentiefbagger hatte die Rheinbraun-Nummer 136 und war elektrisch betrieben. Er verfügte über ein Rückführungsförderband für nicht benötigten Abraum.
(Historisches Konzernarchiv RWE)

Diese Aufnahme von 1933 zeigt den Bagger aus einer anderen Perspektive. Zutritt erhielten die Maschinisten über die kleine Tür am rechten Gleis. Das Material wurde hier per doppelter Kettenbahn abtransportiert.
(Historisches Konzernarchiv RWE)

Links: Baunummer 828 wurde 1928 in den Tagebau Berrenrath geliefert. Die Aufnahme datiert um 1928. Gut zu erkennen sind die beiden vorderen Gleise des Baggers und dahinter das Waggongleis.

(Historisches Konzernarchiv RWE)

Unten: 1928 wurde auf der Grube Elise dieser Kohlentiefbagger mit der Baunummer 850 in Betrieb genommen. Er trug die offizielle Bezeichnung D 750/30-32,5. Es war somit ein Doppeltorbagger mit 750-l-Eimern. Er konnte bis zu 32,5 m tief baggern bzw. bei Einsatz des Planierstückes 30 m. Sein Dienstgewicht betrug 640 t und er konnte theoretisch 810 m³ stündlich fördern. (Stefan Materna)

1929 wurde dieser Doppeltorbagger D 750/37-40 ausgeliefert. Seine größte Baggertiefe bei 45 Grad Leiterneigung betrug 40 m und er konnte pro Stunde 900 m³ Abraum graben. Sein Dienstgewicht betrug 640 t. Leider lagen keine Baunummernlisten zur Identifikation vor, es könnte sich aber um Baunummer 878 gehandelt haben.

(Stefan Materna)

Das offene Getriebe befand sich in Lübeck gerade in der Endmontage. Es gehörte zu Baunummer 896 und wurde später in der Eimerleiter verbaut.
(thyssenkrupp)

Rechts: Baunummer 904 war ein D 500/22-26 und wurde 1936 in den Tagebau Zukunft der BIAG geliefert. Der Bagger wog 510 t und konnte pro Tag 10.000 m³ fördern. Unter der RBW-Nummer 186 wurde er durch Buckau Wolf in Neuss umgebaut. Das Foto entstand um 1953. (Historisches Konzernarchiv RWE)

Unten: Im Jahr 1948 hatten sich mittlerweile schwenkbare Eimerkettenbagger auf Schienen und Raupen durchgesetzt. In der Grube Brühle arbeiten zu dieser Zeit ein LMG-Eimerkettenbagger, der die Kohle freilegt. Der Kratzbagger gewinnt anschließend die Kohle. Zu sehen ist vorne Baunummer 934 und hinten Bagger 193.
(Historisches Konzernarchiv RWE)

Oben: Im Tagebau Borken der Preußischen Elektrizitäts AG arbeitete dieser Schienenbagger E 800/27,5-30. Der riesige 1.400 t schwere Bagger wurde 1950 mit der Baunummer 1032 ausgeliefert und konnte 1.060 m³ pro Stunde fördern.

Mitte: 1952 lieferte die LMG diesen Eimerkettenbagger an die Breitenburger Portland Cementfabrik in Lägerdorf in die dortige Kreidegrube. Das Gerät mit der Baunummer 1087 hatte die Bezeichnung E250/24.

Unten: Der 175 t schwere Bagger konnte stündlich 225 m³ baggern. Gut zu erkennen ist auch das vordere Doppelgleis, um die großen Kräfte auf der Leiterseite besser abzuleiten.

Eimerkettenbagger werden mobil

Aufgrund der Entwicklung der Eimerkettenbagger auf Gleisen in Richtung größerer Fördermengen und damit verbundener hoher Dienstgewichte, kamen die Schienenfahrwerke an ihre Grenzen. Auch der Aufwand, die Gleise mit dem Tagebaufortschritt zu verschieben, war zeitlich und kostenmäßig beträchtlich. Hinzu kam, dass mit den steigenden Baggergewichten das Betriebsgewicht auch gleichmäßig auf alle einzelnen Achsen und Laufräder zu verteilen war, um den Verschleiß zu verringern und vor allem aber einen gleichmäßigen Bodendruck zu ermöglichen.

Zunächst wurden daher Drehgestelle verwendet. Das Baggergewicht wurde so auf der Eimerleiterseite auf zwei Drehgestelle verteilt und auf der gegenüberliegenden Seite auf eines. Die LMG-Bagger verteilten ihr Gewicht so auf bis zu 16 oder 20 Räder, die auf drei Schienen liefen. Bereits um 1910 hatten sich die Raddrücke von anfänglich 3 t auf über 12 t erhöht, was auch zur Folge hatte, dass die Anzahl der Laufräder ständig wuchs. Ende der 1930er-Jahre wogen die Bagger bis zu 2.650 t und besaßen Drehgestelle mit sogar bis zu 288 Laufrädern.

Insgesamt war der Gleisbetrieb dennoch unflexibel, weil das Gleisrücken zudem sehr aufwändig war. Daher setzte in den frühen 1920er-Jahren bereits eine starke Suche nach neuen Lösungen ein. Ab 1926 erfolgte die Loslösung der Bagger vom Gleis hin zu Raupenketten, jedoch zunächst nur in der Kohleförderung. Bereits 1911 soll Orenstein & Koppel in Berlin einen Entwurf für einen Eimerkettenbagger auf Raupenfahrwerk präsentiert haben.

Bei O&K begann der Bau von Eimerkettenbaggern im Jahr 1902 im Berliner Werk. Sechs Jahre später – im Jahr 1908, dem Todesjahr von Arthur Koppel – begann auch der Bau von dampfbetriebenen Seilbaggern auf Schienen.

Und so verfügten die Lübecker Maschinenbau Gesellschaft und die Orenstein & Koppel AG über zwei Produktlinien, die sich gut ergänzen würden. Die Annäherung beider Gesellschaften erfolgte dann auch im Jahr 1911, als O&K rund 93 Prozent der LMG-Aktien übernahm.

Das Raupenfahrwerk bot gegenüber dem unflexiblen Gleisbetrieb entscheidende Vorteile. Der Wegfall der Gleise bedeutete eine deutliche Ersparnis an Kosten für Gleise und vor allem Betriebskosten bei der Gleisunterhaltung und dem Gleisrücken. Nicht zu unterschätzen war auch die deutlich verringerte Produktion während des Gleisrückens.

Zudem waren die Bagger auf Raupen auch deutlich mobiler und flexibel. Ein Nachteil war allerdings der höhere Bodendruck, weswegen der Einsatz anfangs nur in der Kohle erfolgte und erst nach Verbesserungen auch in der Abraumbeseitigung.

Erstmals soll ein Eimerkettenbagger auf Raupen um 1919 auf der Grube Prinzessin Victoria in Neurath zum Einsatz gekommen sein. Frühe Prospekte der LMG sprechen hier vom Übergang vom Gleisfahrwerk zu den Gleisketten. Diese frühe Bezeichnung meinte nichts anderes als Raupenketten. Auch findet sich der Begriff Raupenbänder als Bezeichnung sehr häufig. Die Bagger lernten somit das schnellere Laufen, könnte man behaupten.

Im Jahr 1936 wurde dieser schwenkbare Eimerkettenbagger ERs 150/8,2-12 x 9-12,5 ausgeliefert. Die maximale Baggertiefe von 12 m bezog sich auf eine 60-Grad-Böschung. Die Förderleistung des 320 t schweren Baggers betrug 315 m³ pro Stunde. Leider ließen sich die Baunummer und der Kunde nicht identifizieren.

(Stefan Materna)

Links: In einem speziellen Prospekt warb die LMG auch für den Umbau von früheren Eimerkettenbaggern auf Schienen. Die Fahrwerke wurden auch als „Lübecker Raupenfahrwerke" bezeichnet. Der Prospekt zeigte auch einige Beispiele durchgeführter Umbauten.

Oben: Etliche Eimerkettenbagger auf Schienen wurden nachträglich umgebaut und erhielten ein Raupenfahrwerk. So entfiel zumindest das komplizierte Schienenfahrwerk für den Bagger. Zu sehen ist Baunummer 704 vor dem Umbau noch auf Schienfahrwerk.

(Historisches Konzernarchiv RWE)

Unten: Nach dem Umbau auf Raupenfahrwerk war der Bagger wesentlich mobiler. Gut zu erkennen ist auch die Eimerleiter für den Parallelschnitt sowie die Kettenbahn zum Materialabtransport. Die Aufnahme nach dem Umbau entstand um 1932.

(Historisches Konzernarchiv RWE)

Der Vorteil der neuen Bagger auf Raupen lag im geringeren Dienstgewicht bei gleicher Förderleistung und vor allem der deutlich höheren Mobilität. Zudem entfielen die Kosten für den Bau und die Unterhaltung der aufwändigen Gleise. Für die im Feld befindlichen Eimerkettenbagger auf Schienen bot die LMG dann auch nachrüstbare Raupenunterwagen an. Ein Prospekt informierte hier über den „Umbau von Baggergeräten durch Einbau von Lübecker Raupenfahrwerken".

Raupenfahrwerke sind deutlich weniger anfällig für Verschleiß und Betriebsstörungen im Vergleich zu Gleisfahrwerken. Weiter heißt es: „Ein mit Erfolg beschrittener Weg zur Verbesserung dieser Geräte und zur Erhöhung ihrer Förderleistung ist der Einbau von neuzeitlichen Raupenfahrwerken." Aus heutiger Sicht klingt der Begriff neuzeitlich etwas amüsierend, war aber ein großer Meilenstein für die damalige Zeit. Denn dies bedeutete eine große Erleichterung für das damalige Personal, da das aufwändige Gleisrücken damit der Vergangenheit angehörte.

1926 wurde auf der „Vereinigten Ville" ein vorhandener Lübecker Abraumbagger des Typs A auf ein dreipunktgestütztes Raupenfahrwerk mit Schwingausgleich aller Laufräder gesetzt. Dabei verwendeten die damaligen Ingenieure zum ersten Mal zwei lenkbare LMG-Raupenfahrgestelle – der Siegeszug der Großraupen auch im deutschen Großbaggerbau war nicht mehr aufzuhalten.

Da die Eimerkettenbagger immer schwerer wurden, mussten auch die Raupenfahrwerke mitwachsen und dem höheren Gewicht standhalten können. So fuhren die Bagger dann auf drei, fünf oder sogar sechs Raupen. Dadurch war auch die Lenkbarkeit besser. Die Dreipunktabstützung wie auch zuvor bei den Schienenfahrwerken wurde beibehalten.

Die Detailaufnahme gibt schöne Einblicke in die genietete Bauweise des frühen Raupenfahrwerkes und die Kettenführung für den Lorentransport. Am rechten Bildrand sind zudem die Kratzer der Eimerleiter zu sehen. (Historisches Konzernarchiv RWE)

Um 1932 befindet sich dieses Raupenfahrgestell in der Montage der Lübecker Werkshallen. Es gehörte zu Baunummer 633, die um 1915 an Döhring & Lehrmann in Halle geliefert wurde. Es handelte sich um einen elektrisch betriebenen Tiefbagger. (Historisches Konzernarchiv RWE)

Ende 1927 dominierten Eimerkettenbagger noch den deutschen Braunkohlebergbau. Insgesamt rund 380 Eimerkettenbagger waren im Abraumbetrieb im Einsatz und rund 270 in der Kohlengewinnung. Im selben Jahr lag die Braunkohleförderung in Deutschland bei 150 Millionen t. Damit einher ging auch eine verstärkte Zusammenarbeit der zu diesem Zeitpunkt führenden Hersteller kontinuierlich fördernder Bagger, der Maschinebau Buckau R. Wolf AG, der Lübecker Maschinenbau Gesellschaft LMG und der Friedr. Krupp AG.

Dennoch, die in den Dreißigerjahren aufkommenden Schaufelradbagger setzten sich stärker durch und wurden zum größten Konkurrenten des Eimerkettenbaggers. Durch die sich verän-

Dieser Bagger vom Typ A wurde 1914 mit der Baunummer 615 als elektrisch betriebener Bagger ausgeliefert. Kunde war die Roddergrube, Einsatzort war die Grube Berrenrath. Der Bagger wurde später als Raupenbagger umgebaut. Das Foto datiert um 1935. (Historisches Konzernarchiv RWE)

dernden Tagebaue wurden Eimerkettenbagger zunehmend unwirtschaftlicher, da sie deutlich schwerer waren und aufgrund des Schienenfahrwerkes weniger mobil waren. Nicht alle Bagger wurden auf Raupenfahrwerke umgebaut.

Ende der Siebzigerjahre hatte sich das Angebot an Eimerkettenbaggern bei Orenstein & Koppel/Lübecker Maschinenbau Gesellschaft dann auch merklich verringert. Die schiere Vielfalt von knapp 4 t Dienstgewicht der kleineren Bagger von O&K aus Berlin bis zu den ganz großen Geräten aus Lübeck war verschwunden.

Im Jahr 1976 wurden dann die letzten sich noch im Betrieb befindlichen Eimerkettenbagger in Frechen und Ville zusammen mit dem letzten Exemplar eines Schrämbaggers verschrottet. Die Schrämhochbagger 160 und 161 sowie

Obwohl der Bagger über ein Raupenfahrwerk verfügt, kann er seine Herkunft als Hinterschütterbagger nicht verleugnen. Auf jeder Seite neben der Eimerleiter war jeweils ein Raupenpaar montiert. Gut zu erkennen ist auch die Stromzufuhr für den Bagger. (Historisches Konzernarchiv RWE)

Dieser Bagger vom Typ B II wurde 1915 mit der LMG-Baunummer 630 ausgeliefert, er hatte die Rheinbraun-Nummer 183. Der Bagger wog 358 t und konnte 15.000 m³ am Tag fördern. Interessant ist hier, dass Bagger 183 1957 auf Raupenfahrwerk umgebaut wurde. Seine alte Schienenherkunft ist erkennbar.
(Historisches Konzernarchiv RWE)

Die ersten Raupenbagger waren natürlich noch nicht schwenkbar. Der Antrieb erfolgte elektrisch. Die Eimerleiter für den Tiefschnitt konnte über zwei Winden verstellt werden und besaß zudem ein Planierstück; dieses ist hier allerdings für die maximale Grabtiefe eingestellt.

1926 lieferte die LMG diesen Eimerkettenbagger des Typs ERs 100/3,4 x 5,4 mit Baunummer 750 in den Tagebau Vereinigte Ville als Bagger 100. Der Bagger war elektrisch angetrieben und verfügte über ein rückwärtiges, schwenkbares Förderband. Nach fast 40 Dienstjahren wurde er 1965 verschrottet.
(Historisches Konzernarchiv RWE)

Die kleineren Geräte hatten Eimerinhalte von bis zu 100 l. Anhand der Arbeiter auf und vor dem Gerät lässt sich die Größe auch hier erkennen. Es könnte sich um Baunummer 603 handeln, die 1913 ursprünglich an die Gewerkschaft Wilhelma in den Tagebau Frechen geliefert wurde.

Rheinbraun bzw. der Vorläufer RAG erhielt Bagger 180, der bei der LMG unter der Baunummer 818 lief. Der Raupenbagger wurde in der Grube Donatus eingesetzt und das Bild zeigt ihn um 1930. (Historisches Konzernarchiv RWE)

der Eimerkettentiefbagger 121 waren im Ersten Weltkrieg geliefert worden und baggerten insgesamt rund 500 Millionen t Rohbraunkohle. Eimerkettenbagger wurden zwar noch vereinzelt eingesetzt, wenn besondere Einsatzerfordernisse dies verlangten.

So werden nur noch zwei Eimerkettenbagger in den Produktübersichten um 1975 aufgeführt. Der E450/36-39 wog 706 t und hatte eine stündliche Förderleistung von 810 m^3. Er konnte bis zu 39 m tief baggern. Es handelte sich hier um einen auf Schienen fahrenden Bagger, der nicht schwenkbar war.

Der kleinere ERs 250/16,2 x 15 wog 644 t und konnte stündlich 615 m^3 baggern. Es handelte sich hier um einen

Auch bei diesem Bagger des Typs ER 320/10,5 war die Herkunft der früheren Hinterschütter ebenfalls klar erkennbar. Baunummer 818 wurde 1927 geliefert. Für die Zeit typisch, erfolgte die Verladung des Materials in Züge und Loren auf den Gleisen. Die Aufnahme von Bagger 180 datiert um 1934. (Historisches Konzernarchiv RWE)

schwenkbaren Bagger für eine Abtragstiefe von bis zu 16 m und eine Abtragshöhe von 15 m.

Die vermutlich letzten Eimerkettenbagger aus Lübeck dürften mit den Baunummern 1348 und 1372 zwei Geräte gewesen sein, die 1976 und 1978 nach Jugoslawien und Mali geliefert wurden. Baunummer 1348 war ein elektrisch betriebener ERs 1000/20 mit 1.580 t Dienstgewicht und drei Doppelraupen. Baunummer 1372 war ein kleiner dieselbetriebener ER 100/5,7 x 6,7 und wog 73 t. Beides waren also Raupenbagger mit 1.000-l- bzw. 100-l-Eimern und 20 m Baggertiefe bzw. 5,7 m Baggertiefe. Dabei war Baunummer 1372 ein Bagger, der nicht schwenken konnte.

Anschließend wurde Baunummer 818 offensichtlich umgebaut und als Hochbagger eingesetzt. Er erhielt einen stärkeren und höheren A-Bock, an dem die Eimerleiter aufgehangen war. Eingesetzt wurde der Bagger nun in der Abraumbeseitigung. (Historisches Konzernarchiv RWE)

Oben links: Die Roddergrube erhielt 1927 einen Eimerkettenbagger ER 400/16,8, der über 400-l-Eimer und eine maximale Grabtiefe von 16,8 m verfügte. Der Baunummer 845 war die Rheinbraun/RAG-Nummer 185 zugeordnet. Wann der Bagger verschrottet wurde, war nicht bekannt. *(Historisches Konzernarchiv RWE)*

Oben rechts: Der elektrisch betriebene Tiefbagger 185 verfügt über ein Rückführband, mit dem nicht benötigtes Material in den Abbaubereich zurückgeführt werden konnte. Eine Kettenbahn sorgte für den Materialabtransport. Die Aufnahme stammt aus dem Jahr 1927. *(Historisches Konzernarchiv RWE)*

Links: Anhand der Arbeiter an den rechten Raupen kann die Größe von Baunummer 845 erahnt werden. Im Vergleich zu den früheren Schienenbaggern war der Fahrweg des Baggers hier nicht sonderlich glatt. Im Hintergrund arbeitet hier um 1927 zudem ein weiterer früher Kratzbgger. *(Historisches Konzernarchiv RWE)*

Baunummer 848 wurde Ende 1920 an die Riebeckschen Montanwerke in Halle ausgeliefert. Bei der Montage halfen hier noch Derrickkrane. Diese waren zu der damaligen Zeit für schwere Lasten weit verbreitet. *(thyssenkrupp)*

Links und unten: Baunummer 848 war elektrisch angetrieben, die Stromzufuhr ist hinter dem Gerät erkennbar. Als Hinterschütter erfolgte die Beladung noch über Züge hinter dem Gerät. Die Eimerleiter des Gerätes verfügte über ein Planierstück. Schön zu erkennen auch das LMG-Logo. *(thyssenkrupp)*

Unten: Baunummer 853 ging kurze Zeit später an die Anhaltischen Kohlenwerke AG in Halle. Der Materialabtransport erfolgte hier noch über Kettenbahnen. Im Hintergund ist auch zu erkennen, wie sich die Loren an der Kette nach oben bewegen. *(thyssenkrupp)*

Oben: Von der Rückseite fotografiert ist die Materialübergabe an die Loren und die Kettenführung gut zu erkennen. Das Foto lässt ebenfalls einen guten Blick auf die Gitterkonstruktion der Eimerleiter zu. *(thyssenkrupp)*

Rechts: Die Niederlausitzer Kohlenwerke erhielten ebenfalls Ende 1920 diesen Raupenbagger vom Typ R VII s. Der Bagger mit Baunummer 855 war ebenfalls elektrisch angetrieben. Interessant ist auch das Planierstück, das über mehrere Flaschenzüge verstellbar war.
(thyssenkrupp)

Oben: Die Verladung des Materials erfolgte über ein schwenkbares Förderband mit Übergabe-Schurre. Auf diesem Foto ist gerade ein Zug hinter dem Bagger zur Beladung. Die Stromversorgung erfolgte über das erkennbare Kabel. *(thyssenkrupp)*

Links: Die Perspektive aus der Luft zeigt den Abbaufortschritt. Wesentlich mobiler war der Bagger mit den Raupen, aber die Gleise für die Züge blieben. *(thyssenkrupp)*

Oben links: Die Montage von Baunummer 858 (RBW-Nummer 103) erfolgte Ende der 1920er-Jahre bei der Gewerkschaft Gustav. Im Einsatz waren auch hier natürlich noch einfache Derrickkrane. (Historisches Konzernarchiv RWE)

Oben rechts: Unterstand erhielt das Montageteam in der Wellblechhütte vorne. Der Bagger wurde auf der tieferen Sohle montiert, so dass der höhere Rand zur Stützung des Baggers bis zur Inbetriebnahme half. Gut zu sehen ist auch das LMG-Logo. (Historisches Konzernarchiv RWE)

Mitte: Bagger 103 war im Tagebau Brühl im Einsatz. Gut zu erkennen ist auch die mehrfach knickbare Eimerleiter. (Historisches Konzernarchiv RWE)

Unten: Baunummer 858 war ein ERs 300/13,3 x 13,3; somit war der Bagger bereits schwenkbar. Der Antrieb erfolgte elektrisch. (VOSTA LMG)

Oben: Baunummer 863 wurde nach Afrika geliefert. Kunde war die Regierung vom damaligen Französisch Westafrika, zu dem die heutigen Gebiete Senegal, Niger, Mauretanien und Guinea gehörten. Der Bagger war noch dampfbetrieben. *(thyssenkrupp)*

Mitte: Anhand der Arbeiter lässt sich die Größe des Baggers gut erahnen. Der Bagger war ein Typ R V s. *(thyssenkrupp)*

Unten: Für den Fototermin von Baunummer 880 hatte sich der Arbeiter vorne in Schale geworfen. Wer der Herr vor RBW-Nummer 196 in der Grube Neurath war, ließ sich nicht herausfinden. Der Bagger verfügte ebenfalls über ein Rückführungband. *(Historisches Konzernarchiv RWE)*

Der Tagebau Fortuna/Frimmersdorf erhielt diesen Bagger mit der Gerätenummer 190 im Jahr 1936. Bei der LMG hatte er die Baunummer 886 und war ein ERs 250/8-10 x 10-12.

(Historisches Konzernarchiv RWE)

Beim Bagger mit der Baunummer 895 war die Lieferliste leider ebenfalls lückenhaft und enthielt keine Informationen. Von der Größe und vom Typ her dürfte er aber ähnlich wie die Baunummer 1080, 1081 oder 1065 gewesen sein.

Dieser Rs 150/8,2-12 x 9-12,5 war ein Eimerkettenschwenkbagger auf lenkbaren Raupenfahrwerken. Der Bagger hatte eine theoretische Förderleistung von 315 m³ pro Stunde mit seinen 150-l-Eimern. Das rückwärtige Verladeband des 320 t schweren Baggers hatte eine Länge von 24 m. Zudem konnte der Bagger Steigungen von 1 zu 7 durch seinen waagerecht einstellbaren Oberbau ausgleichen. Baunummer 906 wurde 1936 gebaut, die Lieferliste wies hier leider auch Lücken auf.

(Stefan Materna)

Bagger 191 wurde mit der Baunummer 915 im Jahr 1936 in den Tagebau Vereinigte Ville geliefert. Leider war auch hier die Geräteliste lückenhaft. (Historisches Konzernarchiv RWE)

Auch Bagger 192 (LMG-Baunummer 928) ist mittlerweile verschrottet. Er wurde 1939 als ERs 450/15,4-18 x 15-17,4 in den Tagebau Fortuna geliefert. Er verfügte somit über 450 l fassende Eimer und konnte bis 18 m tief oder 17,4 m hoch baggern. (Historisches Konzernarchiv RWE)

Auch diese Aufnahme aus den frühen vierziger Jahren zeigt den Zeitgeist der vergangenen Tagebautechnik. Bagger 193 (LMG Baunummer 934) war ein ERs350/8-10,5 x 10-13. Er wurde 1939 in den Tagebau Ville geliefert, wo er dann den Abraum wegbaggerte.

(Historisches Konzernarchiv RWE)

1942 wurde Baunummer 938 in den Tagebau Ville geliefert. Unter der RBW Nummer 198 zeigt ihn die Aufnahme im benachbarten Tagebau Berrenrath. (Historisches Konzernarchiv RWE)

Da Farbfotos relativ selten waren, soll Baunummer 938 auch in Farbe gezeigt werden. Dennoch, die Großgeräte trugen meist keine Farben wie ihre Berliner Baggerkollegen.

(Ingo Witsch)

Unter der RBW-Nummer 199 wurde Baunummer 950 im Tagebau Ville ab 1942 eingesetzt. Die Aufnahme zeigt den 460 t schweren Bagger im Jahr 1983.

(Historisches Konzernarchiv RWE)

LMG-Baunummer 950 war ein ERs 350/11-14 x 16,5. Der Bagger für 8.000 m³ tägliche Förderleistung konnte also 11 m bis 14 m tief graben und verfügte über ein Planierstück. Im Hochschnitt waren 16,5 m möglich.

(Historisches Konzernarchiv RWE)

Im Tagebau Fortuna/Frimmersdorf ging 1948 Bagger 105 mit der LMG-Baunummer 979 in Betrieb. Der Bagger hatte 350-l-Eimer und war ein ERs 350/9-11,5 x 14. Der 475 t schwere Bagger konnte 430 m³ pro Stunde mit seinen 26 Eimern fördern. 1964 erfolgte die Verschrottung. *(Historisches Konzernarchiv RWE)*

Mit der Baunummer 1029 wurde dieser ERs 500/13-15 x 13-16 in den Tagebau Gotteshülfe geliefert. Der Bagger hatte bei Rheinbraun die Baunummer 101 und trat 1949 seinen Dienst an. *(Historisches Konzernarchiv RWE)*

Rheinbraun Bagger 104 hatte die LMG-Baunummer 1065 und wurde 1950 geliefert. Der Bagger vom Typ ERs 500/13-15 x 15-16 kam im Tagebau Frimmersdorf zum Einsatz und wog 970 t. Seine Förderleistung lag bei 840 m³ pro Stunde.

Immer schön anzusehen sind die alten Aufnahmen der Bagger. Hier arbeitet Bagger 194 (LMG-Nummer 1068) bei der Abraumbeseitigung. Er wurde 1949 in den Tagebau Frechen geliefert und war ein ERs 250/8-10 x 8-10. Auch dieser Bagger existiert nicht mehr.

(Historisches Konzernarchiv RWE)

Bagger 102 war ebenfalls ein ERs 500/13-15 x 13-16 und wurde mit der Baunummer 1069 1950 in den Tagebau Theresia/Gotteshülfe geliefert. Der 970 t schwere Bagger konnte 9.000 m³ am Tag baggern. Das Bild zeigt ihn als Abraumbagger im Tagebau Gotteshülfe im Jahr 1951.

(Historisches Konzernarchiv RWE)

In der Regel waren die LMG-Großgeräte aber alle in einfachem Grau gehalten und selten farblich lackiert. 32 Jahre später erfolgte 1983 die Verschrottung.

(Historisches Konzernarchiv RWE)

Der Raupenbagger mit der Baunummer 1064 verfügte ebenfalls über ein rückwärtiges Abwurfförderband. Zusätzlich war ein seitliches Verladeband für die Rückverladung nicht verwendeter Deckschicht vorhanden.

Baunummer 1069 wurde unter der RBW-Nummer 102 im Jahr 1950 in den Tagebau Gotteshülfe geliefert. Der 970 t schwere Bagger konnte pro Stunde 840 m³ fördern und war ein ERs 500/13-15 x 13-16. Im Tiefschnitt konnte somit zwischen 13 und 15 m tief gebaggert werden und im Hochschnitt entsprechend 13 bis 16 m. (Historisches Konzernarchiv RWE)

Links: 1951 wurde dieser Eimerkettenbagger, ein ERs150/17,5 x 17,5 mit der Baunummer 1080, an die Bauaktiengesellschaft Negrelli in Köflach geliefert. In der Braunkohlengrube Köflach kamen gleich zwei Geräte dieses 325 t schweren Bggers zum Einsatz. Das andere Gerät trug die Baunummer 1081. Beide Geräte waren für 190 m³ stündlicher Förderleistung ausgelegt. Rechts: Das Foto zeigt beide Geräte 1080 und 1081 im Braunkohlentagebau Köflach. Ein Gerät arbeitet in der Abraumbeseitigung, während das andere Kohle baggerte.

Rechts: 1929 erhielt der Tagebau Gotteshülfe den ERs 500/13-15 x 13-16 mit der Baunummer 1129. Der Bagger wurde bei Rheinbraun unter der Nummer 106 geführt und wog 970 t. Seine Förderleistung lag bei 840 t. Mitte der Siebzigerjahre erfolgte die Verschrottung.

(Historisches Konzernarchiv RWE)

Links: Auch wenn diese Aufnahme ähnlich ist, in Farbe ist der Eindruck vom Bagger gleich ein anderer und sein kleiner Bruder RH14 aus Berliner Produktion macht auch in Gelb einen schönen Eindruck. Die Aufnahme dürfte daher vermutlich in den 1970er-Jahren entstanden sein.

(Historisches Konzernarchiv RWE)

Krupp gehörte ebenfalls zu den Wettbewerbern und lieferte 1935 einen ERs 1640/0,55-14,4 in den Tagebau Ville. Der 1.060 t schwere Bagger konnte 1.640 m³ pro Stunde fördern und hatte die RBW-Nummer 197.

(Ingo Witsch)

Eimerketten und ihre Technik

Eimerkettenbagger werden entweder in der Tief- oder Hochbaggerung eingesetzt. Bei der Tiefbaggerung in lose gelagertem, steinigem Boden empfiehlt sich eine durchhängende Kette, bei der die grabenden Eimer nicht seitlich geführt werden. Dadurch können sie größeren Steinen oder anderen Hindernissen ausweichen. Um auch dieses Material abtragen zu können, muss eine zwangsläufig geführte Kette eingesetzt werden.

Die Hochbaggerung erfolgt durch vorwärts- oder rückwärtsschneidende Eimer. Vorwärtsschneidende Eimer greifen von unten an und sind mit geschlossenen Eimern ausgerüstet. Diese greifen die untere Materialwand an, so dass das höherliegende Material nachstürzen kann. Hochbagger mit rückwärtsschneidenden Eimern schneiden die Wand von oben mit offenen Eimern an. Ihr Vorteil liegt bei tonigem, lehmigem und klebrigem Material. Dadurch setzt sich das Grabgut nicht in den Eimer fest, als Option konnte der Kunde aber auch ein Ausschneidemesser bekommen, das am Oberturas angebracht wurde.

Das Material wurde anschließend an Transportfahrzeuge übergeben, dies waren am Anfang des letzten Jahrhunderts natürlich noch Feldbahnen. Anfangs erfolgte deren Transport mittels Kettenbahnen und später mit Lokomotiven.

Auch die Eimerleitern wurden mit den steigenden Anforderungen an den Einsatz und die Leistung weiterentwickelt. Anfangs waren sie noch mit Ketten aufgehangen und wurden so verstellt. Ab 1910 standen dann hochwertige Stahlseile zur Verfügung und die Ketten verschwanden.

Die ersten Eimerkettenbagger wie Typ B verfügten über einfache Tiefbaggerleitern. Im Einsatz wurde die Baggerleiter dann leicht gesenkt, so dass sich die Eimer langsam füllen konnten. Dabei fuhr der Bagger langsam über das gesamte Gleis und stellt so den ersten Schnitt her.

Nach dem Zurückfahren des Baggers wurde die Eimerleiter dann leicht gesenkt und stellte den zweiten Schnitt her. So wurde das Material bis zu einem bestimmten Winkel abgebaggert. Dieser richtete sich nach der Beschaffenheit und Tragfähigkeit des Materials und lag bei etwa 45 bis 50 Grad. War dieser Winkel erreicht, musste das Baggergleis rückversetzt werden.

Die Tiefbaggerleiter mit Parallelschnitt war an zwei Punkten aufgehangen und konnte dort verstellt werden. Beide Seile waren dann mit einer Winde verbunden, so dass beide Teile der Leiter parallel bewegt wurden. Die untere Eimerleiter führte dann beim Heben und Senken eine Parallelbewegung aus und die Eimer schnitten den Boden in

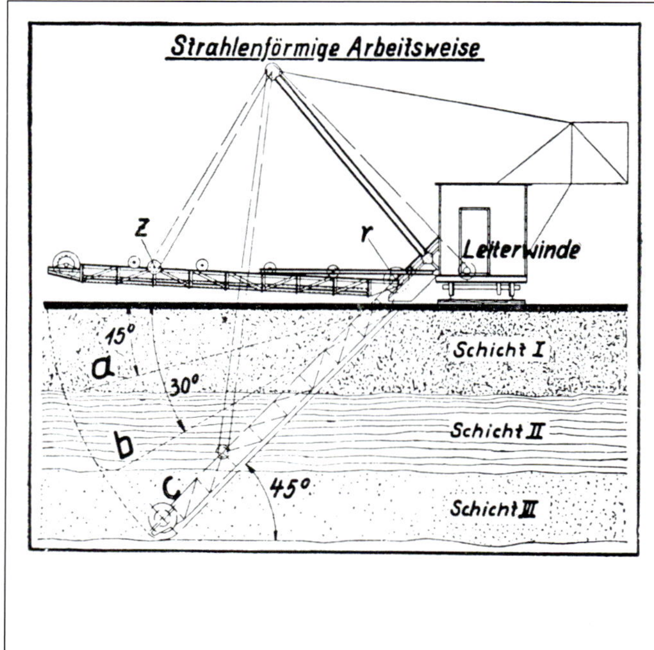

Die einfache Eimerkette ist im Punkt r gelagert und bei z an Drahtseilen aufgehangen. Beim Beginn des Baggerns werden die Eimer in Gang gesetzt und der Bagger fährt langsam über die Länge des Bahngleises. Nach Zurückfahren wird die Eimerleiter ein Stück gesenkt und der Grabvorgang beginnt erneut. Um genug Stabilität in der Böschung zu erhalten, sollte der letzte Schnitt bei rund 45 Grad enden.

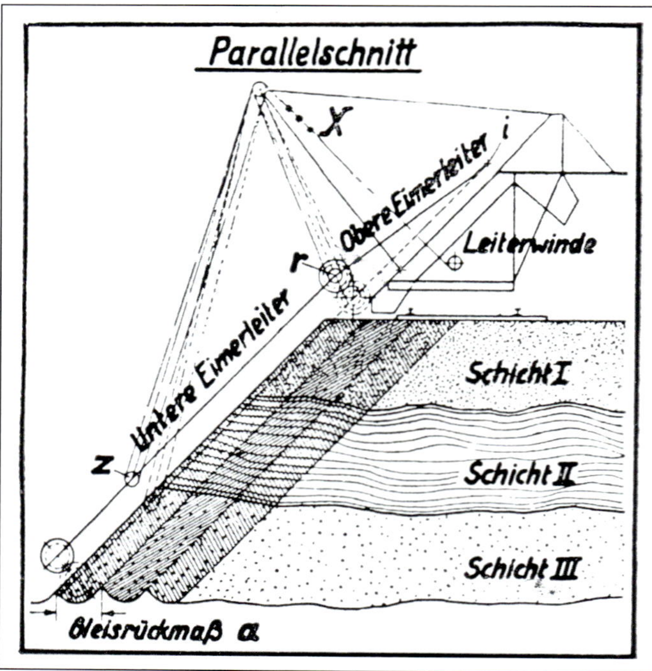

Die Tiefbaggerleiter im Parallelschnitt war an den Punkten r und z an Seilen aufgehangen. Am Punkt x waren beide Seile mit der Winde verbunden. Dadurch bewegten sich beide Aufhängungspunkte der Eimerleiter gleichmäßig und führten eine Parallelbewegung aus. Die Neigung der Leiter blieb dabei immer gleich und sorgte für eine gleichmäßige Mischung der verschiedenen Bodenarten. Solche Leitern kamen oft bei kleineren Baggern im Kiesabbau zum Einsatz.

parallele Streifen. Bevor der Parallelschnitt jedoch beginnen konnte, musste der Bagger mit einfacher Eimerleiter zunächst einen Winkel von rund 45 Grad erreichen.

Tiefbaggerleitern mit Planierstück verfügten über ein unteres, kurzes Planierstück. Dies wurde benötigt, wenn mit dem Bagger eine vollkommen ebene Sohle herzustellen war. Dieses Planierstück konnte manuell im Winkel verstellt werden und auch als gerade Verlängerung der Eimerleiter für mehr Baggertiefe eingesetzt werden.

Dieser Eimerkettenbagger Typ 15a aus der Berliner O&K-Produktion begann hier den Schnitt bei Baggerarbeiten in China. Der Bagger wog 53 t und lief auf zwei Schienen. Im mittelschweren Boden wurden 1.000 m³ bei zehn Stunden erreicht.

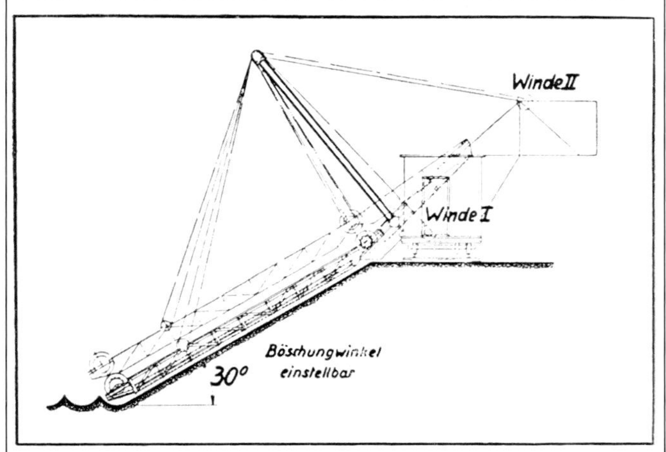

Links: Die schematische Skizze zeigt den Eimerkettenbagger wie zuvor, jedoch mit zwei Winden. So kann der Böschungswinkel über die zweite Winde der unteren Eimerleiter eingestellt werden. Diese kleinen Bagger kamen aus dem O&K-Werk in Berlin. Die zweite Winde konnte für Hand- oder Motorbetrieb bestellt werden. Rechts: Dieser Eimerkettenbagger verfügt ebenfalls über eine einfache Eimerleiter, die zu Beginn der Baggerentwicklung noch üblich war. Die Eimerleiter des dampfbetriebenen Baggers wurde noch über Kettenzüge verstellt.

Links: Typ 20 arbeitet hier in Deutschland mit 14 m Baggertiefe. Die Eimerleiter ist ebenfalls einfach ausgeführt. Typ 20 legt hier ein Braunkohlefeld frei. Rechts: Dieser Bagger des Typs B wurde bei der RAG in der Grube Sibylla eingesetzt. Der Bagger hatte die Baunummer 583 und verfügte ebenfalls über ein Planierstück. Gut zu erkennen ist auch die manuelle Verstellung des Planierstückes. Beachten wollen wir auch den Arbeiter, der uns einen Größenvergleich ermöglicht.

(Bild rechts: Historisches Konzernarchiv RWE)

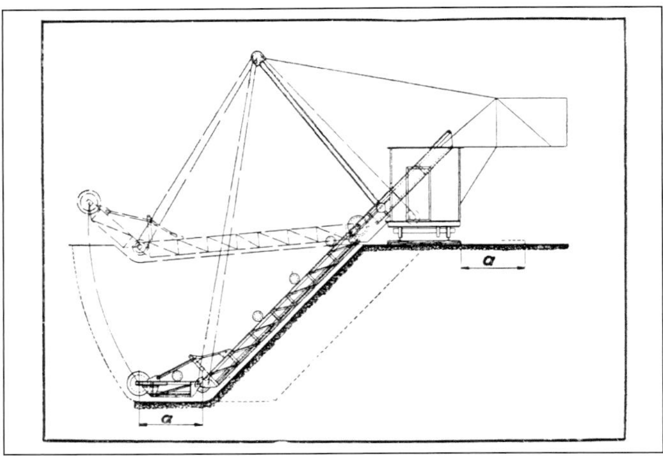

Geknickte Eimerleitern verfügten über eine, zwei oder gar drei Winden. Mit einer Winde wurde der Bagger ebenfalls im Parallelschnitt eingesetzt. Bei diesen mehrfach geknickten Eimerleitern bestimmte der Einsatz die entsprechende Ausführung. Bei drei Winden und dreifach geknickter Eimerleiter konnte der Bagger verschiedene Schichten leichter abgraben.

Tiefbaggerleitern mit Planier- oder Horizontalstück werden eingesetzt, um eine vollkommen ebene Sohle herzustellen. Dieses Endplanierstück wird derart im Winkel an der Eimerleiter befestigt, dass es waagerecht ist, sobald die gewünschte Baggertiefe erreicht ist. Es ist von Hand verstellbar und kann auch als geradlinige Verlängerung der Eimerleiter festgestellt werden.

Links: Auch in der Schweiz wurden die Bagger von Orenstein & Koppel eingesetzt. Hier arbeitet ein Typ 3 bei der Kanalerstellung. Gut zu sehen ist auch das Planier- oder Horizontalstück an der Eimerleiter. Rechts: Dieser Bagger des Typs B wurde 1913 mit der Baunummer 611 an die Roddergrube geliefert. Die Aufnahme zeigt den Bagger um 1913. Auch bei diesem Gerät kommt ein Planierstück zum Einsatz. (Historisches Konzernarchiv RWE)

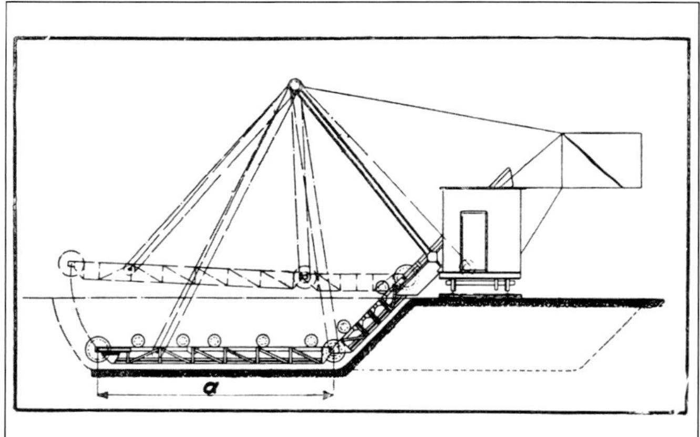

Links: Bei geknickten Eimerleitern sind die einzelnen Elemente an einer, zwei oder mehreren Winden angebracht und können so an die jeweiligen Einsatzerfordernisse angepasst werden. Die Verstellung im Bild erfolgt durch eine Winde und somit immer parallel. So lassen sich verschiedene Schichten abgraben. Mit einer zweiten Winde lässt sich dann aber das Horizontalstück weiter absenken und eine zweite Schicht abbaggern.
Rechts: Der 6 t schwere Typ Z aus der O&K-Produktion ist hier mit einer gecknickten Eimerleiter ausgerüstet. Zumindest eine Winde scheint hier von Hand verstellbar zu sein; der Arbeiter gibt nicht nur einen schönen Größenvergleich, sondern dreht auch die Kurbel.

Hochbaggerleitern funktionierten ähnlich wie die Tiefbaggerleitern. Bei der Hochbaggerung wurde stets Parallelschnitt mit geführter Kette und einer Winde angewendet. Dann blieb der Böschungswinkel allerdings immer gleich. Auf Wunsch konnte eine zweite Winde als Option installiert werden, so dass beliebige Böschungswinkel ausführbar waren.

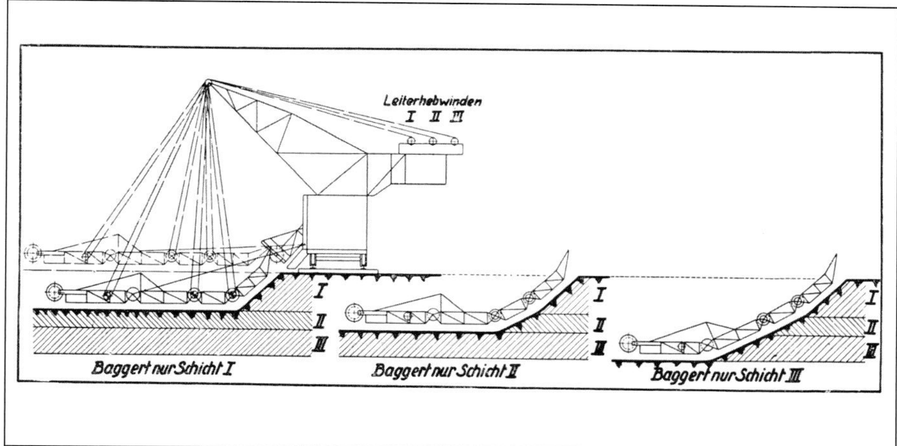

Als weitere Möglichkeit kann eine dreifach knickbare Eimerleiter eingesetzt werden. Diese wird über drei Winden verstellt und ermöglicht es, mehrere Bodenschichten getrennt abzubaggern. So lässt sich dann anhand der Skizze nur Schicht I, Schicht II oder Schicht III abbaggern.

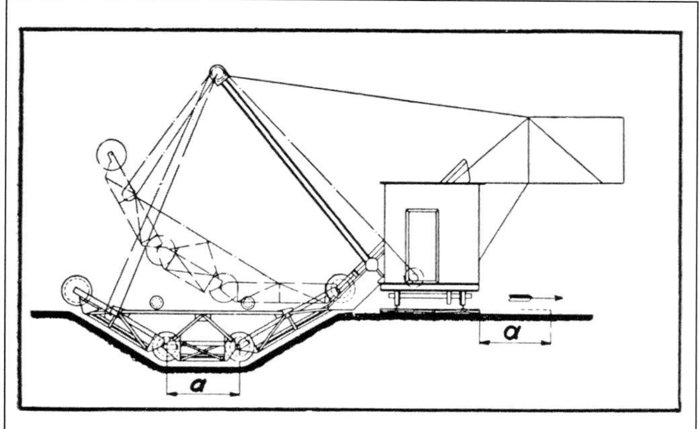

Links: Eine spezielle Bauform war die feststehende Knickleiter, die besonders zum Bau von Kanälen oder Gräben mit gleichbleibender Baggertiefe geeignet war. Die Eimerleiter blieb dabei immer mit dem vorgegebenen Knick und die Länge des unteren Horizontalstückes a ergab sich aus der Breite der Kanalsohle und den anschließenden Böschungen. Rechts: Auch der kleine 3,5 t schwere Typ K aus Berliner Produktion konnte mit einer geknickten Eimerleiter zum Ausgraben von kleineren Kanälen eingesetzt werden. Heute wäre ein kleiner Minibagger in derselben Gewichstklasse sicher wesentlich effizienter.

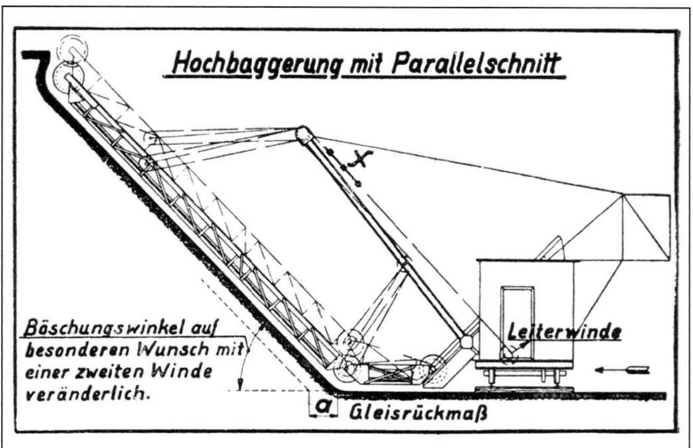

Links: Bei der Hochbaggerung wurde der Parallelschnitt mit geführter Kette eingesetzt. In dieser Normalausführung war dann auch nur eine Winde vorhanden. Natürlich war eine zweite Winde optional lieferbar, wenn verschiedene Böschungswinkel erforderlich waren. Eimerleitern für Hochbaggerung konnten oftmals auch für die Tiefbaggerung bei geringer Modifikation eingesetzt werden. Rechts: Dieser Typ 15a aus Berliner Produktion wurde in Bulgarien bei Bahnbauarbeiten eingesetzt. Der Bagger war für die Hochbaggerung vorgesehen und verfügte über rückwärtsschneidende Eimer an einer geführten Eimerkette. Der dampfbetriebene Bagger belud hinterrücks die Loren auf dem zweiten Gleis.

Schaufelradbagger aus Lübeck

Kapitel 3

LMG-Schaufelradbagger starten ihren Siegeszug

Neben dem Eimerkettenbagger auf Raupen kam im Ersten Weltkrieg langsam ein weiterer Baggertyp zum Einsatz, der sich in den folgenden Jahren zum schärfsten Konkurrenten des Eimerkettenbaggers entwickelte und dessen Markt deutlich verkleinerte. Eimerkettenbagger sollten fortan reine Nischengeräte für besondere Aufgaben sein. Dieser ebenfalls kontinuierlich fördernde Bagger verfügte statt über eine Eimerleiter nun über ein Schaufelrad.

Das Prinzip, Grab- oder Schöpfgefäße an einem Rad zu montieren, war schon seit dem Altertum bekannt. Erste Versuche amerikanischer Ingenieure, Schaufelradbagger zu bauen, scheiterten 1881. 1916 wurde dann in der Braunkohlegrube Bergwitz bei Bitterfeld der erste auf Schienen laufende Schaufelradbagger in Betrieb genommen; erbaut von der Maschinenbau-Anstalt Humboldt in Köln. Der Durchbruch des Schaufelradbaggers zum bevorzugten Gerät mit hohen Förderleistungen erfolgte aber erst durch die Lübecker Maschinenbau Gesellschaft.

Untrennbar mit den Lübecker Excavatoren verbunden ist Ludwig Rasper. Er hat die Entwicklung dieser Maschinen wie kein anderer maßgeblich vorangetrieben und wurde ehrenvoll und völlig zu Recht auch als „Baggerpapst" bezeichnet.

Das Jahr 1926, genauer gesagt der 1. April, ist für den 26-jährigen Ludwig Rasper der erste Arbeitstag bei der LMG. Er wird später sogar Vorstandsmitglied im Konzern und kann 1966 auf vierzig Jahre bei der LMG zurückblicken. Ludwig Rasper hat einen erheblichen Teil der Geschichte des „Lübecker Trockenbaggers" mitgestaltet – wie es in einer Veröffentlichung heißt. Zuvor war er zwei Jahre beim seinerzeit führenden Hersteller von Seilbahnen und Kabelkranen Adolf Bleichert (Abteilung Kabelkranbau) in Leipzig beschäftigt, bevor er bei der LMG als Chefstatiker begann. Alle folgenden Konstruktionen wurden durch ihn maßgeblich und erfolgreich beeinflusst und das weltweit. So wird er 1945 zum Maschinenbaudirektor der Abteilung Trockenbaggerbau ernannt und 1953 in den Vorstand des Unternehmens berufen.

1980 gab Orenstein & Koppel zu Ehren von Dr. Ludwig Rasper an seinem 80. Geburtstag am 8. Juni in einem historischen Lübecker Restaurant einen großen Empfang. Viele Geschäftsfreunde und -partner aus dem In- und Ausland reisten nach Lübeck, um dem „Bucket Wheel Pope" zu gratulieren. So wurde der Baggerpapst auch in Australien genannt.

Unter seiner 42-jährigen Ära bei O&K und LMG wurden immerhin mehr als 400 Großgeräte gebaut. Auch

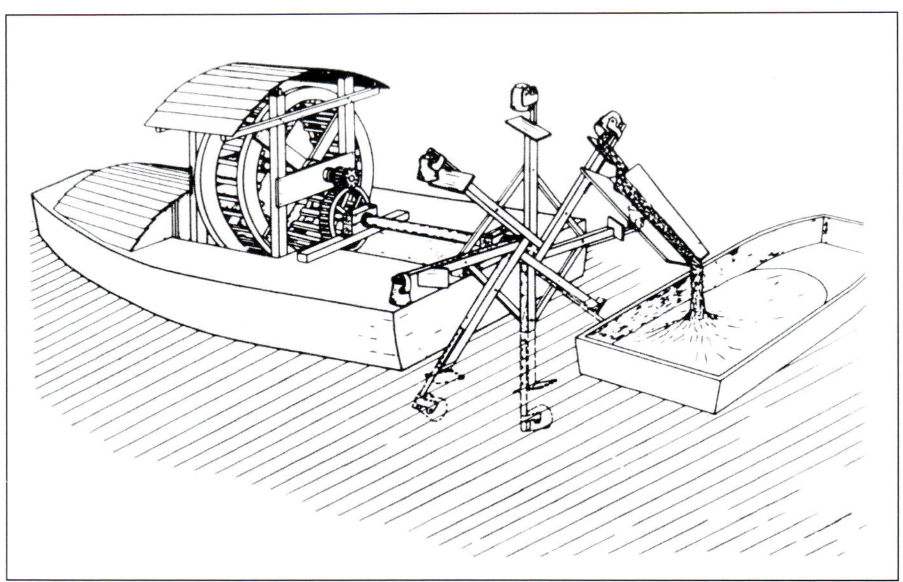

Das Prinzip, Grab- oder Schöpfgefäße an einem Rad zu montieren, war schon seit dem Altertum bekannt. Um 1816 wurde dieser Bagger bei der Vertiefung eines Flussbettes eingesetzt. Der Bagger wurde durch Wasserkraft angetrieben und die Baggertiefe konnte durch die Länge der Eimergestänge verändert werden.

Der „Baggerpapst" Ludwig Rasper prägte den Lübecker Schaufelradbagger der LMG weltweit wie kein anderer.

heute ist Ludwig Rasper immer noch eine sehr geschätzte LMG-Persönlichkeit. Ludwig Rasper verstarb im Alter von 84 Jahren am 24. Oktober 1984.

Einen wesentlichen Beitrag zum weltweiten Erfolg der Tagebautechnik von Orenstein & Koppel und Lübecker Maschinenbau Gesellschaft leistete auch Joachim Rodenberg. Er begann seine Lehre in Lübeck im April des Jahres 1957 und montierte die riesigen Getriebe der Schaufelradbagger. Als technischer Zeichner begann er anschließend mit kleineren Arbeiten und hat die kompakten Geräte projekttechnisch bearbeitet.

Seinen ersten Kontakt mit Ludwig Rasper hatte der engagierte Joachim Rodenberg bereits nach kurzer Zeit und berichtete ihm über einen kleinen kompakten Schaufelradbagger für Surinam. Ludwig Rasper war sehr zufrieden und förderte ihn dann in seiner weiteren beruflichen Entwicklung. Er absolvierte neben der Arbeit noch erfolgreich ein Abendstudium von 1961 bis 1963 und machte 1968 an der Ingenieurschule Lübeck seinen Abschluss als Diplom-Ingenieur.

Es kamen die ersten größeren Projekte, die er erfolgreich zu Ende brachte. Ludwig Rasper klopfte ihm auf die Schulter und sagte mit seiner tiefen sonoren Stimme: „Rodenberg, Sie haben das Zeug, hier mal Spiritusrektor zu werden."

Und so sollte es dann auch kommen. Als späterer Konstruktionsgruppenleiter verantwortete er die Konstruk-

Oben: Ein spezieller Prospekt warb in den späten 1930er-Jahren für die neuen Schaufelradbagger aus Lübeck. Anfangs verfügten alle noch über einen komplizierten Vorschub des Schaufelradauslegers.

Rechts oben: Erster Schaufelradbagger aus Lübeck war 1934 der SchRs 250/0,5 x 13 x 3,5 mit Baunummer 896. Der 354 t schwere Bagger wurde an die Deutsche Grube AG in Halle/Saale geliefert und wurde in der Braunkohleförderung eingesetzt. Der Bagger verfügte über ein Schaufelrad mit übersichtlichen 3,5 m Vorschub.

Rechts unten: 1938 konnte mit Baunummer 918 bereits der achte Bagger ausgeliefert werden. Der SchRs 500/0,5 x 20 x 10 verfügte bereits über 10 m Vorschub und wog 875 t. Kunde waren die Braunkohlenwerke Leonhard AG in Zipsendorf im mitteldeutschen Braunkohlerevier nahe Leipzig.

Dieser Bagger war ein SchRs 850/2 x. 20 x 12. Der 1.370 t schwere Bagger konnte pro Stunde 1.734 m³ fördern und verfügte somit über 850-l-Eimer.

(Stefan Materna)

Diese Aufnahme zeigt den Bagger aus einer anderen Perspektive. Gut zu erkennen ist der linksseitige Teil des Fahrwerks. Der Bagger fuhr auf insgesamt zehn einzelnen Raupenträgern.

(Stefan Materna)

tion aller Raupenfahrwerke in zwei- bis zwölffacher Raupenanordnung und die Entwicklung der kompakten vollhydraulischen Schaufelradbagger. Diverse Kundenberatungen weltweit oder das komplette Projektmanagement über fünf Jahre für mehrere Großschaufelradbagger (u.a. vier Geräte in Polen und je zwei in Australien und Neuseeland) folgten. Im kanadischen Ölsand war er für das komplette Projektmanagement zweier Großprojekte mit fünf Geräten verantwortlich. 1978 wurde er zum Oberingenieur befördert; zu LMG-Zeiten war dies eine besondere Auszeichnung.

Zu Ehren des 80. Geburtstages von Ludwig Rasper im Jahr 1980 erhielt Joachim Rodenberg auch eine Einladung zu dem erwähnten großen Empfang und gratulierte seinem verehrten Mentor persönlich.

Ab 1984 verantwortete er als Leiter die Projektabteilung und war weltweit für Projekt- und Vertragsverhandlungen sowie weitere technische Beratungen zuständig. Ab 1990 war er dann Bereichsleiter Technik für die Produktgruppen Tagebau, Schwimmbaggertechnik und Bordkrantechnik sowie Mitglied der Geschäftsleitung des Werkes Lübeck.

Nach seinem Ausscheiden in Lübeck im Jahr 1993 hatte er noch weitere Positionen als Geschäftsführer inne, bis er ab 1998 als selbstständiger beratender Ingenieur tätig war. Er war u.a. in Indien beratend für McNally beim Bau eines Schaufelradbaggers für den Tage-

Die Deutsche Grube AG in Halle/Saale erhielt 1938 ebenfalls diesen SchRRs 600/0,5 x 16,5 x 4 mit rund 822 t Gewicht. Der Bagger mit Baunummer 937 konnte 50 cm unter Planum baggern, was an der komplexen Vorschubkinematik lag. *(Stefan Materna)*

Im mitteldeutschen Braunkohlerevier kam ab 1950 bei der Braunschweigischen Kohlen-Bergwerke AG im Tagebau Helmstedt dieser SchRs 400/3,9 x 24 x 11,8 zum Einsatz. Der 980 t schwere Bagger konnte 1.260 m³ stündlich fördern. Gut zu erkennen ist die komplexe Vorschubkinematik von Baunummer 962. *(thyssenkrupp)*

bau Neyveli und konnte seine fachliche Kompetenz auch für die Europäische Union im Kosovo beim Wiederaufbau des im Krieg schwer beschädigten Tagebaus und der dortigen Tagebaugeräte einbringen.

Natürlich waren am weltweiten Erfolg des Lübecker Werkes und seinen Produkten neben Ludwig Rasper, Walter Durst, Alfred Welte, Werner Krüger, Joachim Rodenberg und Siegfried Steinkühler auch viele weitere Mitarbeiter und Mitarbeiterinnen beteiligt, die mit ebenso viel Herzblut, Begeisterung und Faszination jahrzehntelang für den traditionsreichen Namen aus Lübeck standen. Auch wenn sie namentlich im Buch nicht erwähnt werden können, ihre Leistung verhalf den Lübecker Baggern erst zum weltweiten Erfolg. Und so ist dieses Buch natürlich auch allen anderen Mitarbeitern und Mitarbeiterinnen gewidmet.

In den Dreißigerjahren mit der damaligen Entwicklung der Braunkohleindustrie begann es zudem notwendig

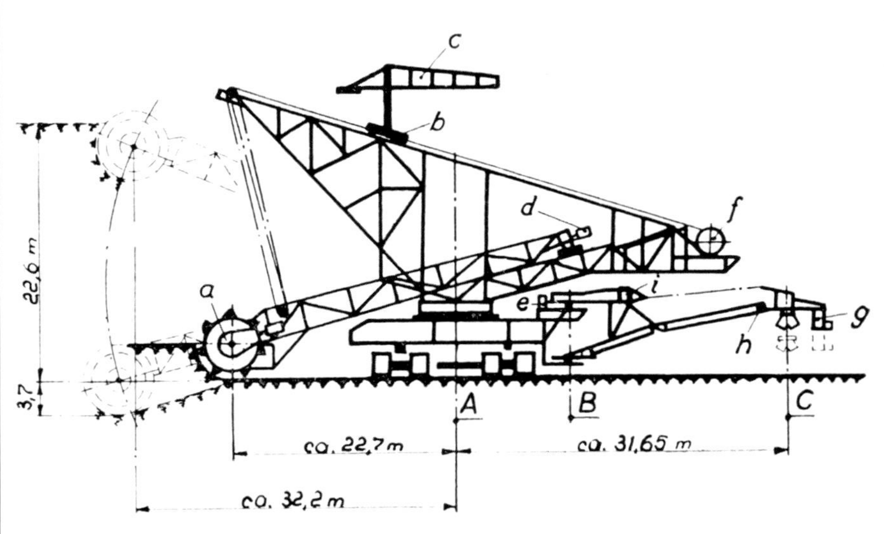

Oben: Das Gleichgewicht des Baggers war über den Vorschub des Auslegers sowie den Ballast ausgeglichen und jeweils so berechnet, dass die Standsicherheit des 1.190 t schweren Baggers selbst dann nicht beeinträchtigt war, wenn sich bis zu 5 m³ Material entweder im Schaufelrad verkrustet hatten oder die Schaufelradschurre verstopften. Das entsprach rund 10 t zusätzlichem Material.

Mitte: Aus der Zeichnung sind einige Abmessungen von Baunummer 1030 ersichtlich. Der Bagger war ein SchRs 700/3,7 x 26,5 x 9,5 und konnte stündlich 2.200 m³ baggern.

Unten: Baunummer 1066 war dann der erste Auftrag für einen Schaufelradbagger aus dem Ausland. 1950 orderte die State Electricity Commission of Victoria in Melbourne einen SchR 400/0,5 x 18 x 3. Der 630 t schwere Bagger wurde hier ebenfalls in der Braunkohlenförderung eingesetzt. (thyssenkrupp)

Oben: Baunummer 1070 war ein SchRs 200/0,5 x 12, der 1950 an die Bayerische Braunkohlenindustrie aus Schwandorf für den Tagebau Wackersdorf geliefert wurde. Die Aufnahme zeigt das Gerät kurz nach Inbetriebnahme. (thyssenkrupp)

Mitte: Mit einem Dienstgewicht von 180 t war der Bagger relativ leicht. Seine Förderleistung lag bei 830 m³ pro Stunde. (thyssenkrupp)

Unten: Der Materialabtransport erfolgte bei Baunummer 1070 bereits modern, mittels Band. Gut zu erkennen ist der Trichter zur direkten Beladung über das Förderband des Baggers. (thyssenkrupp)

zu werden, auch Flöze mit eingelagerten Sand- oder Tonmitteln abzubauen. Diese selektive Abbaumethode wird später für die Hydraulikbagger ein Leichtes sein, zur damaligen Zeit war dies aber noch problematisch. Eimerkettenbagger wurden daraufhin mit mehrfach knickbaren Eimerleitern ausgestattet. Dennoch, diese zunehmende Selektierung veranlasste die LMG zur Entwicklung neuer Lösungen.

Und so markiert das Jahr 1934 einen wichtigen Meilenstein im Lübecker Werk der Orenstein & Koppel und Lübecker Maschinenbau Gesellschaft, denn der erste Lübecker Schaufelradbagger, vorangetrieben von Ludwig Rasper, verlässt die Werkshallen. Der Bagger trug die Bezeichnung SchRs 250/0,5 x 13 x 3,5 mit der Baunummer 896 und 354 t Gewicht bei 750 m³ stündlicher Förderleistung. Der Bagger verfügte somit über 250-l-Schaufeln, eine maximale Baggertiefe von 0,5 m sowie eine maximale Abtragshöhe von 13 m. Aus der Bezeichnung ist auch erkennbar, dass der Vorschub des Schaufelradauslegers 3,5 m betrug. Kunde war die Deutsche Grube AG in Halle/Sachsen. Bis in die 1950er-Jahre sollte der Eimerkettenbagger aber noch das am meisten eingesetzte Gewinnungsgerät bleiben.

Das mitteldeutsche Braunkohlerevier wird in der Zeit von 1934 bis Mitte der Vierzigerjahre zu einem wichtigen Einsatzgebiet der Lübecker Bagger. Insgesamt rund 32 Geräte werden ab 1934 bis 1944 in die Region geliefert.

So bezog die Deutsche Grube AG in Halle insgesamt zehn verschiedene Schaufelradbagger zwischen 1934 und 1943. Das Dienstgewicht der Geräte variierte von 160 t bis 822 t.

Ein weiterer wichtiger Kunde war seinerzeit auch die Riebeckschen Montanwerke AG aus Halle, die zwischen 1936 und 1943 insgesamt sechs Geräte geliefert bekam. Nach dem Krieg folgten keine weiteren Lieferungen der LMG mehr in das mitteldeutsche Revier und das Kombinat Takraf wurde zu einem der Lieferanten für Schaufelradbagger auf dem Gebiet der früheren DDR.

Nahezu alle Geräte, die bis Ende der Vierzigerjahre vor allem in die mitteldeutsche Braunkohle ausgeliefert wurden, waren Schaufelradbagger mit Vorschub; das heißt der Schaufelradausleger konnte auf einer bestimmten Länge verschoben werden.

Bei diesem Konzept mit Vorschub blieb das Gerät feststehend, während der Abstand des Schaufelrades vom Drehmittelpunkt in einem gewissen Be-

Wie auch Baunummer 1070 ging dieser SchRs 200/0,5 x 12 an die Bayerische Braunkohlenindustrie AG. Dieser Bagger mit Baunummer 1077 wurde 1950 ausgeliefert und war mit 223 t deutlich schwerer. Er konnte pro Stunde 970 m³ baggern.

Der erste Bagger aus der 100.000er Generation war im Jahr 1955 Baunummer 1089. Der SchRs 3600/5 x 48 war für eine stündliche Förderleistung von 7.300 m³ ausgelegt und wog beeindruckende 5.550 t. Einsatzort war der Tagebau Fortuna.

reich verändert werden konnte und somit ohne ein Verfahren des Gerätes das Material abgebaggert werden konnte. Der Vorschubweg betrug dabei anfangs nur rund 4 m. Der zweite Schaufelradbagger mit Vorschub, Baunummer 903 von 1935 für die Braunkohlen und Brikett Industrie AG Bubiag, besaß dagegen schon 21,5 m Vorschub und wog 868 t.

Ein ausgeklügeltes System an Seilen, Gegenballast und Schienen sorgte für diesen Vorschub unter Beibehaltung der Schwerpunktlage. In der Regel war dabei der Fahrweg des Ballastes doppelt so hoch gewählt wie der Verschiebeweg des Schaufelradträgers. So konnte Ballastgewicht reduziert werden. Bei vielen Baggern war auch der Montage- und Servicekran in den Ballast integriert, um Gewicht zu sparen und den Kran für notwendige Wartungsarbeiten zu nutzen.

Eine Sonderform des Baggers mit Vorschub war ein teleskopierbarer Ausleger. Dabei war ein Teil des Schaufelradauslegers fest mit dem Oberbau verbunden und ließ so die Heb- und Senkbarkeit des Auslegers zu. Auch die Übergabe des Materials konnte so einfacher erfolgen. Der Teil des Auslegers mit Schaufelrad war dann auf diesem Träger verschiebbar gelagert. Dies hatte wiederum zur Folge, dass dieser Übergabeteil aufwändiger ausgeführt werden musste. Ein solches Gerät wurde beispielsweise von Krupp für einen Tagebau der bayerischen Braunkohlen-Industrie AG gebaut; während ein solches Gerät von der LMG nie gebaut worden sein dürfte.

Nachteil dieses Konzeptes waren neben der komplizierten Konstruktion zudem auch auftretende Seitenkräfte. Man versuchte diesen entgegenzuwirken, indem die Seilrollen am Schaufelradträger relativ weit auseinander standen und direkt hinter dem Schaufelrad nah beieinander standen. So entstand ein Dreieck und den Seitenkräften konnte entgegengewirkt werden.

Ein weiterer Nachteil der Bagger mit Vorschub war eine deutlich aufwändigere Konstruktion, da beim Übergabepunkt vom Schaufelradausleger ein zusätzliches Förderband notwendig war und aufgrund dessen eine deutlich größere Konstruktionshöhe notwendig war.

Das Material wurde hier erst vom Förderband im Schaufelradausleger auf das anschließende Förderband zum Ausgleich des Vorschubweges befördert und änderte somit kurz die Förderrichtung zurück in Richtung des Schaufelrades. Von dort erfolgte die Übergabe des Materials auf das Band zur Verladung in Waggons.

Dieses Zwischenband musste den Bereich des Vorschubs abdecken. Zudem waren die Schaufelradträger für entsprechende Grabtiefe auch deutlich länger auszuführen. Somit waren diese Geräte auch erheblich schwerer.

Für den Vorschubbagger sprach allerdings zunächst die gleichbleibende Förderleistung über den Schwenkbereich, da die horizontale Schnitttiefe in die Böschung und die Schnittbreite hier

Nächster Auslandsauftrag des Lübecker Werkes war 1952 die Baunummer 1105, ein SchrS 200/0,5 x 12. Der 215 t schwere Bagger wurde in Griechenland bei der The Ptolemais Lignite Mining and Industrial Co. Ltd in der Braunkohle eingesetzt. (thyssenkrupp)

Bei seinem Ersteinsatz in Griechenland hatte er eine große Zuschauermenge, durch die die Baggergröße schön erkennbar ist. Das Material wurde vom Bagger in Lkw geladen. (thyssenkrupp)

Baunummer 1121 war 1955 ein weiterer Auslandsauftrag. Der SchRs 250/5 x 12 mit 295 t Gewicht wurde auf die indonesische Insel Sumatra geliefert. Die Aufnahme zeigt ihn bei der Montage im Lübecker Werk. (thyssenkrupp)

aufgrund des Vorschubes konstant blieben. Schnitttiefe und Schnittbreite werden auch als Spantiefe und Spanbreite bezeichnet.

Bei Geräten ohne Vorschub entsprach der Grabbereich einer Sichel. Der erste Schnitt erfolgte auf einer Kreisbahn und am Ende der Böschung fuhr der Bagger dann ein Stück vor, so dass das Schnittmuster einem sichelförmigen Schnitt entsprach.

Beim vorschublosen Bagger nahm die horizontale Schnitttiefe (oder Spantiefe) in die Böschung so mit zunehmendem Schwenkwinkel von der Fahrtrichtung ab. Bei einem Schwenkwinkel von 90 Grad war die Schnitttiefe dann sogar gleich null.

Der Bagger mit Vorschub konnte diesen Nachteil über den Vorschub kompensieren, so dass die Schnitttiefe hier immer konstant bleiben konnte. So wurde eine horizontale Scheibe abgegraben, ohne den Bagger zu verfahren. Daraus resultierte beim Bagger mit Vor-

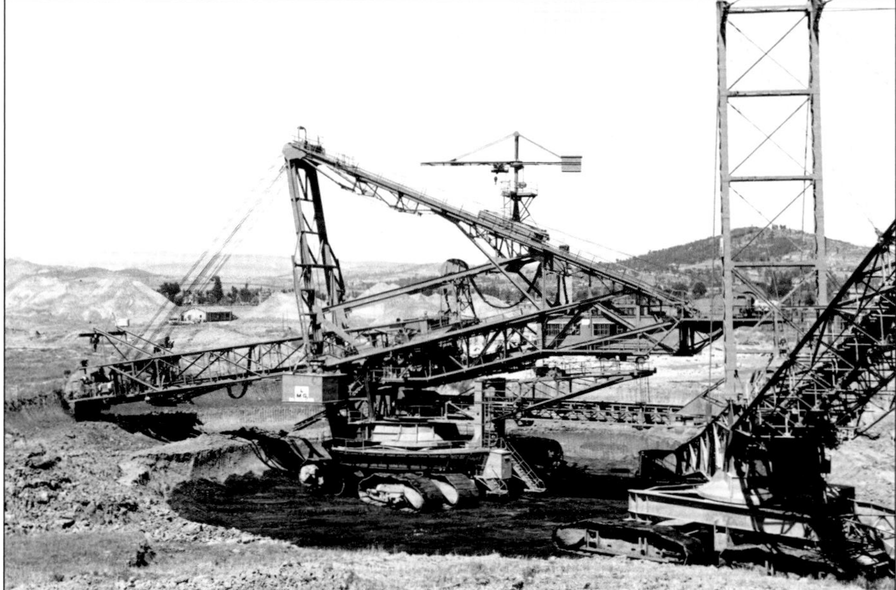

Oben: Ein weiterer Bagger mit Vorschub wurde 1956 nach Italien geliefert. Baunummer 1125 war ein SchRs 300/5 x 21 x 6 und wog 900 t. Er ging an ein italienisches Braunkohleunternehmen. (thyssenkrupp)

Mitte: Die Förderleistung des Baggers betrug 1.620 m³ pro Stunde. Gut zu erkennen ist der komplizierte Vorschub sowie der verschiebbare Gegenballast samt Montagekran. (thyssenkrupp)

Unten: Der Tagebau lag nahe der Stadt Pietrafitta in Umbrien. Kunde des Baggers war das italienische Unternehmen ENEL aus Rom. ENEL wird später auch hydraulische Schaufelradbagger aus Lübeck einsetzen. Der Bagger für ENEL war zudem auch der letzte Schaufelradbagger mit Vorschub, der in Lübeck gebaut wurde. (thyssenkrupp)

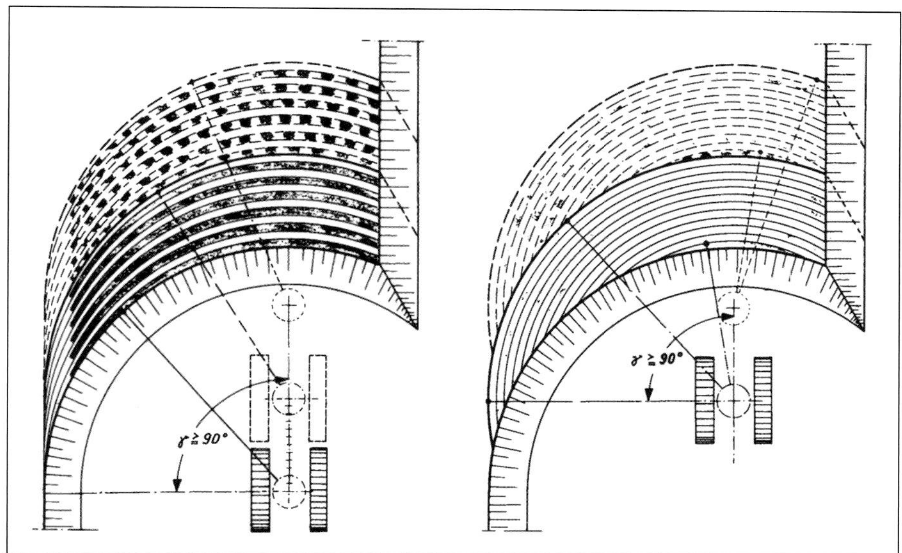

Bei Geräten ohne Vorschub (linke Zeichnung) entsprach der Grabbereich einer Sichel. Die horizontale Schnitttiefe in die Böschung nahm mit zunehmendem Schwenkwinkel von der Fahrtrichtung ab. Bei einem Schwenkwinkel von 90 Grad war die Schnitttiefe dann sogar gleich null. Der Bagger mit Vorschub (rechte Zeichnung) konnte diesen Nachteil über den Vorschub kompensieren, so dass die Schnitttiefe hier immer konstant bleiben konnte.

schub eine konstante Fördermenge, während diese beim Bagger ohne Vorschub abnahm. Diese Tatsache stellte eigentlich einen Vorteil für den Schaufelradbagger mit Vorschub dar.

Dennoch, dieser Vorteil des Vorschubbaggers war nicht so groß, dass er die komplexe Bauweise des Vorschubes kompensieren konnte. Zudem wurde auch an Lösungen gearbeitet, die sinkende Fördermenge des Baggers ohne Vorschub zu beseitigen.

Und die Lösung lag hier in der Veränderung der Schwenkgeschwindigkeit. Es galt also, die Förderleistung während des Schwenkens konstant zu halten und die kleiner werdende Schnitttiefe oder Spantiefe zu kompensieren. Die wurde durch eine Erhöhung der Schnittbreite aufgrund einer konstanten Erhöhung der Schwenkgeschwindigkeit erreicht.

Durch eine elektrische Steuerung konnte dann der komplizierte Vorschub entfallen. Dabei wurde die Schwenkgeschwindigkeit elektrisch so erhöht, dass die geringere Schnitttiefe in die Böschung durch eine größere

Im Tagebau Zülpich setzte die Victor Rolff KG ab 1965 diesen SchRs 700/7 x 29 ein. Das Schaufelrad verfügte über 700 l fassende Schaufeln. So konnte der Bagger 2.800 m³ pro Stunde fördern. (thyssenkrupp)

Der kleine Dozer links neben dem Schaufelrad verdeutlicht gut die Größe des gewaltigen Baggers. Sein Dienstgewicht betrug 1.710 t.
(thyssenkrupp)

Die elektrische Ausrüstung des Baggers wurde von der Baugesellschaft für elektrische Anlagen (BEA) aus Düsseldorf installiert. Insgesamt verfügten alle Elektromotoren über eine Gesamtleistung von 2.036 kW.
(thyssenkrupp)

Das Schaufelrad hatte einen Durchmesser von 11,2 m, an dem dann zehn Schaufeln montiert waren. Das Schaufelrad war zudem als zellenloses ausgeführt.
(thyssenkrupp)

Schnittbreite kompensiert werden konnte und die Förderleistung nicht mehr geringer war (dies wird auch als „Kosinus Phi“ – Erhöhung der Schwenkgeschwindigkeit bezeichnet, wobei hier auf die genauen mathematischen und technischen Hintergründe verzichtet wird; mit Phi wird der Schwenkwinkel des Baggers bezeichnet). Die maximale Schwenkgeschwindigkeit lag hier dann bei 25 bis 35 m/min. Diese Grenze war auch dadurch bedingt, dass bei Schwenkrichtungswechseln oder Hindernissen im Erdreich statische oder dynamische Probleme für die Geräte auftraten.

All diese Nachteile waren dann auch der Grund dafür, dass sich Bagger mit Vorschub endgültig nicht durchgesetzt haben und zunehmend vom Markt verschwanden.

Ein letzter Schaufelradbagger mit Vorschub des Typs SchRs 300/5 x 21 x 6 (Baunummer 1125) wurde 1956 an die Ente Nazionale per l'Energia Elettrica (ENEL) in Italien geliefert. Letzter Vorschubbagger in den rheinischen Braunkohletagebau war 1955 Baunummer 1124, ein SchRs 600/10 x 28 x 18,8 in den Tagebau Neurath.

Danach finden sich keine Vorschubbagger mehr in den Lieferlisten und vorschublose Schaufelradbagger hatten sich endgültig durchgesetzt. Bei diesen erfolgt das Graben dann ähnlich wie bei den Baggern mit Vorschub. Soll jedoch ein anderer Bereich oder Böschung abgegraben werden, muss der Bagger über sein Raupenfahrwerk verfahren werden.

Im Jahr 1950 konnte die Lübecker Maschinenbau Gesellschaft dann den ersten Exportauftrag erzielen. Die LMG entwickelte sich so zu einem Marktführer im Bereich der kontinuierlichen Bagger. Ein 630 t schwerer Schaufelradbagger des Typs SchRs 400/0,5 x 18 x 3 wurde an die State Electricity Commission of Victoria in Melbourne nach Australien geliefert. Ein weiterer folgte

Baunummer 1191 war ein 2.410 t schwerer SchRs 1500/6 x 24. Eingesetzt wurde der Bagger mit einer stündlichen Förderleistung von 5.700 m³ in einer russischen Manganerzmine.

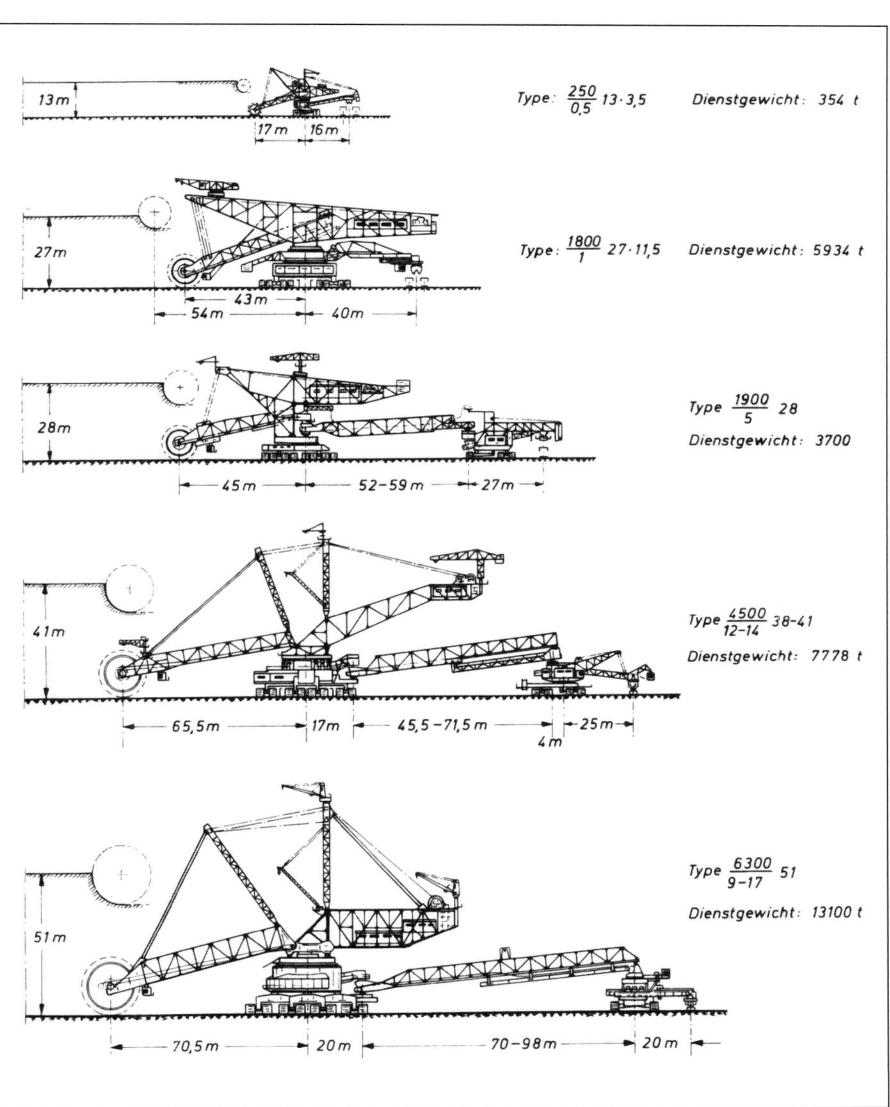

Aus der Zeichnung geht die schnelle Entwicklung der Schaufelradbagger vom ersten Gerät 1934 mit 354 t Dienstgewicht bis hin zu der 240.000er Generation und Dienstgewichten von über 13.000 t schön hervor. (Joachim Rodenberg)

Oben: Krupp zählte zu einem der Hauptwettbewerber der Lübecker Bagger. Das Bild zeigt RBW-Bagger 254, einen SchRs 1350/1,5 x 25 x 28. Der 1.630 t schwere Bagger wurde 1953 in den Tagebau Frechen geliefert und 1987 verschrottet. *(Ingo Witsch)*

Mitte links: Einen sehr interessanten Einsatzort erreichte ab 1967 Baunummer 1246. Das Gerät wurde in einer Bauxitmine auf Jamaica eingesetzt. Sicherlich war dies kein schlechter Ort für Dienstreisen zu dem Gerät. *(thyssenkrupp)*

Mitte rechts: Der Bagger war eigentlich ein Aufnahmegerät, zu erkennen am komplett ausgeführten Ausleger und Schienenbetrieb. Die Typenbezeichnung des mit 140 t relativ leichten Baggers lautete SchRs 200/1 x 5. Pro Stunde konnten 1.000 m³ gefördert werden. *(thyssenkrupp)*

Die Demerara Bauxite Comp. setzte ab 1966 diesen SchRs 600/2 x 20 in einer Bauxitmine in Georgetown (Guyana) ein. Der Bagger wog 875 t und konnte 2.430 stündlich fördern. *(Joachim Rodenberg)*

noch im selben Jahr. Beide Geräte zu dieser Zeit waren noch mit Vorschub ausgeführt, der mit 3 m jedoch sehr übersichtlich war.

1952 kam der erste Auftrag aus Griechenland, drei Jahre später kam Italien dazu. 1955 und 1956 wurden dann drei 295 t schwere Geräte des Typs SchRs 250/5 x 12 nach Indonesien in den Braunkohleabbau geliefert. Indien, der Congo, Namibia und Togo folgten dann auch. Der erste Auftrag aus Südamerika kam 1949. Baunummer 1149, ein SchRs 200/2 x 15, ging nach Surinam in den Bauxitabbau.

1945 ist O&K/LMG der einzige lieferfähige Hersteller und wird schnell zu einem der wichtigsten Lieferanten des rheinischen Braunkohlereviers. Beinahe mit jedem Auftrag geht es in größere Dimensionen. Da das Lübecker Werk keine Produktion für den Zweiten Weltkrieg hatte, konnte es so nach Kriegsende gleich wieder voll durchstarten.

Diese stürmische Entwicklung führte dann dazu, dass 1955 in der Grube Fortuna der erste von vier Baggern mit 8.500 m³ stündlicher Förderleistung und 5.600 t Gewicht seine Arbeit aufnahm. So markierte diese 100.000 m³ Größenordnung als tägliche Förderleistung lange Zeit eine wichtige Größe bei der Klassifikation von Schaufelradbaggern.

Dieser Bagger trug die Bezeichnung SchRs 3600/5 x 48 und hatte die Baunummer 1089 bzw. im Einsatz bei Rheinbraun die Bezeichnung Bagger 255. Im Jahr 1975 wurde der Bagger nach Garzweiler umgesetzt und bekam elf Jahre später ein neues Schaufelrad. 1992 erfolgte die Verlegung in den Tagebau Inden, wo 2010 das 135 t schwere Schaufelrad erneut ersetzt wurde. Dieser erste große Schaufelradbagger ist somit mit seinen 65 Dienstjahren einer der ältesten noch im Dienst befindlichen Schaufelradbagger der Welt.

Kunde von Baunummer 1345 war 1975 die Rudarsko Energetsko Industrijski im früheren Jugoslawien. Der SchRs 630/6 x 25 wog 1.453 t und konnte stündlich 6.100 m³ fördern. *(Joachim Rodenberg)*

Auch Baunummer 1350 ging 1975 an denselben Kunden. Der baugleiche Bagger wurde dort ebenfalls in der Braunkohleförderung eingesetzt. *(Joachim Rodenberg)*

So werden dann ab 1955 Großschaufelradbagger für 50.000 bis 100.000 m³ täglicher Förderleistung und Gesamtabtragshöhen von 90 m realisiert. Hier wird auch oft von der 100.000er Klasse oder Generation gesprochen. Ihr Vorteil ist die pausenlose Förderung bei kontinuierlichem Materialabtransport.

1972 entsteht in Zusammenarbeit mit Krupp ein wirklicher Gigant für 200.000 m³ Förderleistung. Der Bagger hört auf den Namen SchRs 6300/9-17 x 51 und wiegt 12.550 t. Hier wird auch von der 240.000er Klasse gesprochen, die das maximal technisch machbare beschrieb.

Am Schaufelrad mit 21,6 m Durchmesser sind 18 Schaufeln mit je 5 m³ Fassungsvermögen installiert. Der Bagger kann dabei bis auf 51 m Höhe und 17 m Tiefe baggern, jeweils gemessen zum Schaufelraddurchmesser.

Die Entwicklung der Geräte innerhalb von nahezu 50 Jahren ist regelrecht beeindruckend und wenn man vom

Die Goonyella Mine im fernen Australien setzte ab 1980 diesen SchRs 1800/2,5 x 25 in der Abraumbeseitigung ein. Der Bagger wog 2.580 t und konnte stündlich 5.200 m³ fördern. *(Joachim Rodenberg)*

Gewaltig sind die Dimensionen des Schaufelrades. Gut zu erkennen ist hier auch die Materialübergabe von den Schaufeln in die Schurre. Das Rad ist als zellenloses aufgebaut. *(Joachim Rodenberg)*

Links: Gewaltig waren die Dimensionen des Baggers. Die gigantischen Abspannstangen hielten den Schaufelradausleger sicher. Kunde war die Utah Developement Company in Brisbane. Rechts: Anhand dieser Luftaufnahme ist auch die Arbeitsweise gut erkennbar. Der Bagger gräbt den Abraum als Block ab. Das Material wird dann vom Bagger an das Transportband übergeben. *(Joachim Rodenberg)*

Dienstgewicht ausgeht, sind die Bagger fast vierzigmal so groß, wie die rechts stehende Tabelle zeigt.

Die großen Schaufelradbagger gab es in den 1980er-Jahren in rund zwölf verschiedenen Größen von 317 t Gewicht mit 1.650 m^3/h Förderleistung bis 240.000 m^3 täglicher Leistung und 12.830 t Dienstgewicht. Jedoch waren alle speziell auf den jeweiligen Einsatz ausgelegte Geräte und Beispiele ausgeführter Geräte in den Prospekten.

Der Schritt von 110.000 m^3 zu den beeindruckenden 200.000 m^3 und mehr täglicher Förderleistung geschah dabei unter Beibehaltung des prinzipiellen Geräteaufbaus und der geometrischen Abmessungen. Entscheidende Änderungen von den 110.000-m^3-Geräten zu größeren lagen im Schaufelrad, Förderweg und Fahrwerk. Die gemachten Erfahrungen bei den ersten beiden 110.000-m^3-Geräten waren positiv und gaben den Ausschlag, auch Richtung 240.000 m^3 täglicher Förderleistung zu gehen.

Dies wurde im Wesentlichen durch eine Erhöhung der Schnitt- und Schwenkgeschwindigkeit des Schaufelrades und der Bandgeschwindigkeit erreicht. Erster Bagger in der 200.000-m^3-Klasse war Bagger 285 unter der LMG-Baunummer 1330. Er entstand in einer Arbeitsgemeinschaft zwischen O&K und Krupp und arbeitete ab 1970 im Tagebau Fortuna-Garsdorf. Und mit der maximalen Förderleistung von täglich 240.000 m^3 war auch die maximale Größe der Geräte erreicht. Zu groß wären konstruktive Änderungen gewesen, um noch mehr Leistung zu ermöglichen. Und mit der ab 1985 zurückgehenden Braunkohlenförderung wurde die Notwendigkeit noch größerer Geräte auch zunehmend kleiner.

Baunummer 1100, ein SchRs 250/1 x 12, mit 228 t Gewicht kann heute noch im „Hessisches Braunkohle Bergbaumuseum" besichtigt werden.

Baujahr	1934	1979
Durchmesser Schaufelrad (m)	5,0	21,6
Antriebsleistung Schaufelrad (kW)	74	3.360
Gesamte Leistung (kW)	300	16.900
Dienstgewicht (t)	352	13.265
Förderleistung (m^3/h)	756	19.000

Im Tagebau Schöningen arbeitete ab 1983 Baunummer 1378. Der Bagger war ein SchRs 375/3 x 12 und wog 880 t. Die Braunschweigische Kohlenbergwerke AG aus Helmstedt setzte den Bagger in der Salzkohlegewinnung ein. *(Joachim Rodenberg)*

1938 ging in Polen, im Tagebau Turow dieser 1.270 t schwere Schaufelradbagger in den Einsatz. Das Gerät war 1990 einer der ältesten sich noch im Einsatz befindlichen Schaufelradbagger. 1990 erhielt das Lübecker Werk einen Brief des Kunden, in dem über erste Verschleißerscheinungen des Raupenfahrwerkes berichtet wurde. Nach so langer Einsatzdauer mag dies geduldet sein.

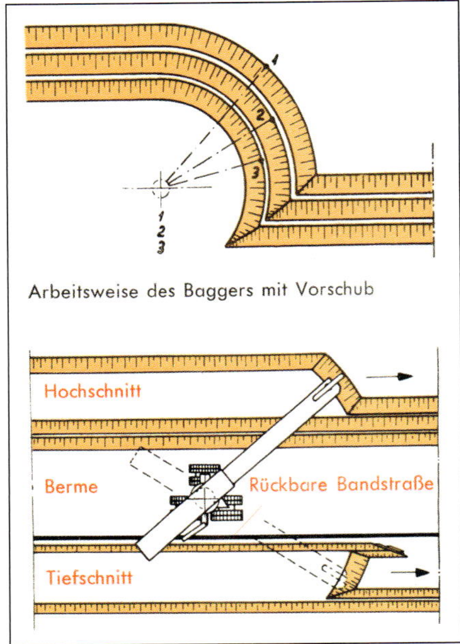

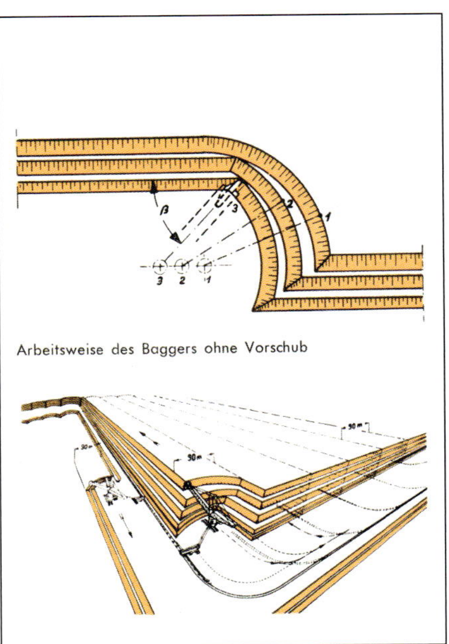

Links: Die Prinzipskizze zeigt die Arbeitsweise eines Schaufelradbaggers mit Vorschub. Der Bagger bleibt stehen und der Blockabbau erfolgt dann durch Anpassung des Schaufelradauslegers. Dies kann im Hochschnitt oder Tiefschnitt erfolgen. Die Baggertiefe im Tiefschnitt war aber zumeist begrenzt, da die meisten Vorschubbagger nur bis 4 m Tiefe kamen. Die größte Baggertiefe eines Vorschubbaggers lag bei 10 m bei Baunummer 1124 in Neurath.

Rechts: Schaufelradbagger ohne Vorschub mussten entsprechend verfahren, um den nächsten Block abbauen zu können. In der Regel sollte der Block mindestens 45 m breit sein und maximal 100 m.

Beim Terrassenschnitt (links) wird das Schaufelrad nach einem Schwenkvorgang mehrere Male hintereinander nur in waagerechter Richtung bewegt und die Höhenlage dabei nicht verändert. Beim Fallschnitt (rechts) wird das Schaufelrad nach dem Durchfahren eines Schnittes um die gewünschte Schnitttiefe abgesenkt.

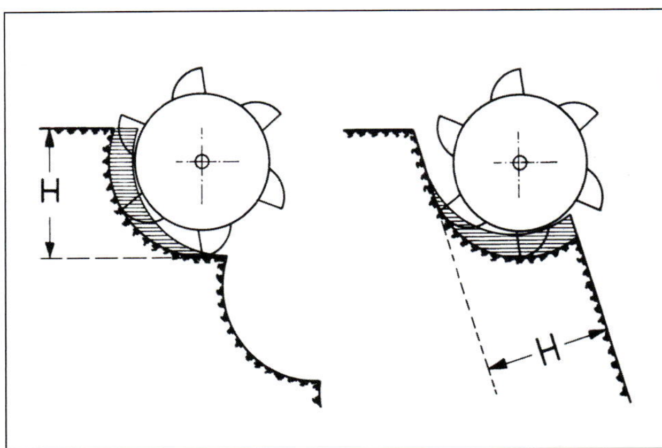

Das Foto zeigt gut den hier durchgeführten Terrassenschnitt. Der kleine O&K Mobilbagger MH3 wirkt vor dem gewaltigen Schaufelrad viel größer und würde letztlich problemlos in eine Schaufel passen.

Die Arbeitsweise

Bei Schaufelradbaggern hat sich eine Dreiteilung des Baggers in den eigentlichen Bagger, einen Verladewagen und die Verladungsbrücke als zweckmäßig erwiesen. Um das Fördergut aus der Böschung zu lösen, wird das drehende Schaufelrad seitlich gegen das zu grabende Material geschwenkt. Zum Abbau des Materials wird das Schaufelrad in den einzelnen Höhenlagen dann um einen bestimmten Bereich, die Blockbreite, geschwenkt. So wird ein Block gemäß der Tagebauplanung herausgeschnitten, der sich aus der Blockbreite, Blockhöhe und Blocklänge ergibt.

An der Strosse entlang ist eine Doppelgleisanlage oder ein Förderband verlegt, das den Abtransport des gebaggerten Materials übernimmt. Der Schaufelradbagger fährt parallel dazu entlang der Strosse und gräbt dabei vor Kopf arbeitend einen Block von bis zu 90 m Breite ab. Das gelöste Material wird über die Verbindungsbrücke und den Verladewagen des Baggers auf das Transportband geleitet und abtransportiert. Ist ein Block dann abgetragen, muss die Förderanlage verschoben werden. Dies ist mit einem erheblichen Förderausfall

Baunummer 1089 ist hier beim Graben nahezu auf der Höhe des Fahrplanums angekommen. Das Foto zeigt ihn bei seinem Ersteinsatz 1954 im Tagebau Fortuna.

Aus der Detailaufnahme ist auch gut der Fallschnitt zu erkennen. Das Schaufelrad mit 16 m Durchmesser hat zwei Elektromotoren mit jeweils 525 kW. Die elektrische Ausrüstung bei diesem Bagger kam von AEG. Aber auch Siemens, BBC oder die BEA (Baugesellschaft für elektrische Anlagen) lieferten für die Bagger die elektrische Ausrüstung.

Bagger 1089 fördert das Material und es wird dann über die Transportbänder zur Verladestation des Bandwagens (im Bild rechts) geleitet. Dort erfolgt die Übergabe in Züge und der Weitertransport. Auch der Bandwagen fährt auf Raupen. Gut erkennbar sind die Übergabetrichter. Die Stromzufuhr der Bagger erfolgte in der Regel über ein Stromkabel, das am Beladegerät zugeführt wurde.

Auch hier ist gut der Fallschnitt zu erkennen. Das Schaufelrad ist hier bereits auf Maschinenebene angekommen. Gut erkennbar sind auch die starken Elektromotoren.

verbunden. Je größer also die Blockbreite ist, umso weniger muss eine Verschiebung erfolgen. Diese Arbeitsweise wird auch als einzig wirtschaftliche Arbeitsweise angesehen.

Der Abbau dieses Blocks kann dann entweder im Terrassenschnitt oder im Fallschnitt vorgenommen werden. Beim Terrassenschnitt wird das Schaufelrad nach einem Schwenkvorgang mehrere Male hintereinander nur in waagerechter Richtung bewegt und die Höhenlage dabei nicht verändert. Beim vorschublosen Bagger erfolgt diese waagerechte Bewegung durch Verfahren des Gerätes, während der Bagger mit Vorschub nur seinen Schaufelradausleger bewegt. Der Bagger hat also die Böschung in einzelnen Scheiben unter stetigem Einziehen des Schaufelradauslegers abgetragen.

Die Breite der Terrasse entspricht wiederum der Blockbreite. Die Terrassenlänge wird bestimmt durch die Abmessungen des Baggers und die Neigung der Böschung. Das Schaufelrad kann nur so weit waagerecht vorgeschoben werden, bis die Raupen den Fuß der Böschung anstoßen. Nach Erreichen dieser Position muss das Schaufelrad zurückgenommen werden, um dann eine neue tiefer liegende Terrasse zu graben.

Baunummer 1111 wurde 1956 in den Tagebau Zukunft geliefert und vorrangig im Tiefschnitt eingesetzt. Dies ist gut an dem 90 m langen Schaufelradausleger zu erkennen, der so bis in eine Tiefe von 20 graben konnte. Dieser Bagger 281 ist noch im Einsatz. Das Gerät kann aber auch im Hochschnitt eingesetzt werden.

Auch Bagger 258 oder Baunummer 1115 ist noch im Einsatz. Er kann bis zu 25 tief graben und wird auch vorrangig im Tiefschnitt eingesetzt. Das Schaufelrad besitzt hierfür gedrehte Schaufeln.

Gut erkennbar ist auch hier der Tiefschnitt und die umgekehrten Schaufeln. Das abgegrabene Material wird ebenfalls durch das Beladegerät den Zügen zum Weitertransport übergeben.

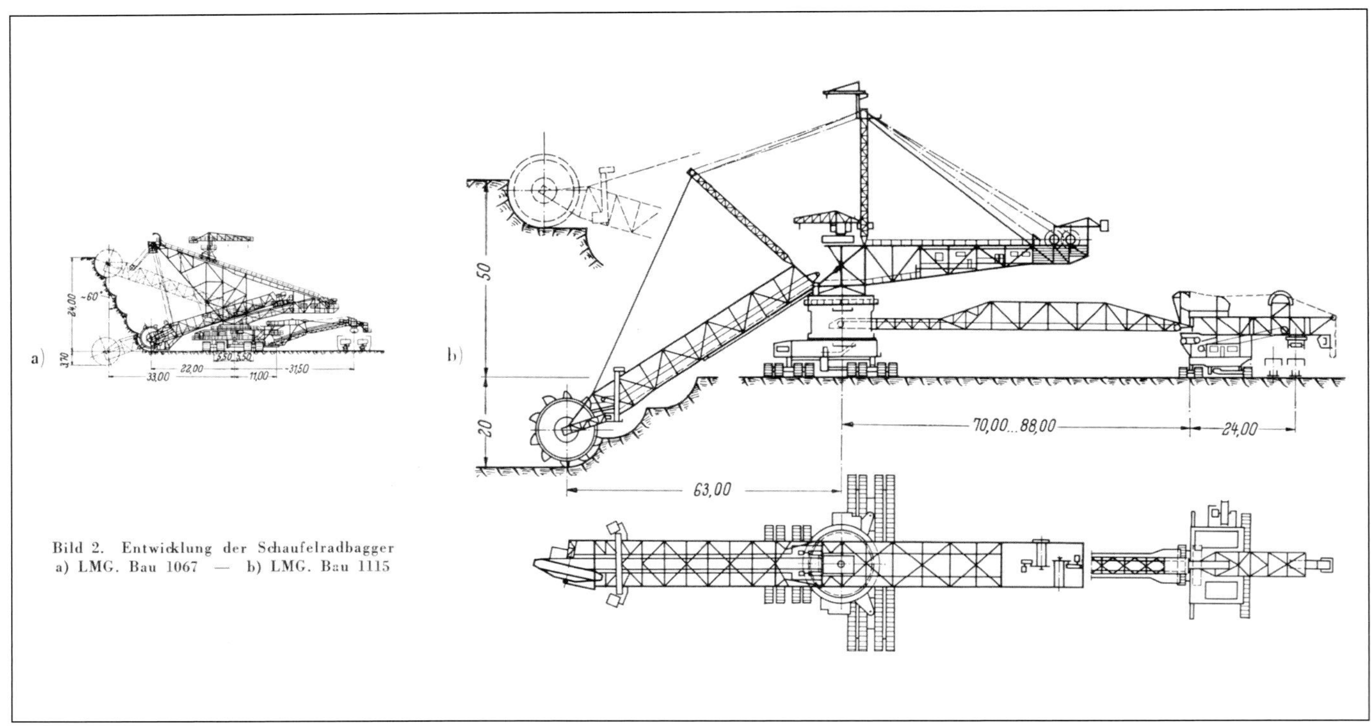

Die Prinzipskizze verdeutlicht die Baggerentwicklung zwischen 1952 mit Baunummer 1067. Der Vorschubbagger wog 1.700 t und wurde in Frimmersdorf eingesetzt. Bagger 1115 wog dann 1956 schon 5.450 t. Die theoretische Leistung pro Stunde bei Baunummer 1067 lag bei 1.730 m³, sein größerer Kollege konnte 5.830 m³ baggern.

Beim Fallschnitt wird das Schaufelrad nach dem Durchfahren eines Schnittes um die gewünschte Schnitttiefe abgesenkt. Dabei muss das Schaufelrad mit seiner Unterkante über die Oberkante des abzubauenden Blocks angehoben werden, um von dort den Abbau zu beginnen. Das bedeutet auch, dass die erreichbare Blockhöhe um das Maß des halben Durchmessers des Schaufelrades geringer ist als beim Terrassenschnitt.

Während Terrassenschnitt und Fallschnitt somit ähnlich wie bei den Eimerkettenbaggern im Hochschnitt anzuwenden sind, so kann der Schaufelradbagger auch im Tiefschnitt eingesetzt werden, jedoch nicht im selben Maße.

Dabei erfolgt das Graben unterhalb des Fahrplanums des Baggers. Bei den meisten Schaufelradbaggern ist dieser Bereich aber deutlich kleiner als der Hochschnitt. Das erste Großgerät aus Lübeck, der Schaufelradbagger SchRs 3600/5 x 48 mit Baunummer 1089, hatte so lediglich eine maximale Baggertiefe von 5 m, während er im Hochschnitt 48 m erreichte. Um hier mehr Grabtiefe zu erreichen, wurden besonders lange Schaufelradausleger mit 90 m konstruiert. Dabei war allerdings auch darauf zu achten, dass das Material bei zu steilem Winkel nicht wieder in Richtung Schaufelrad rutscht.

Im Rahmen der selektiven Gewinnung kann es erforderlich sein, Schichten voneinander zu trennen, zum Beispiel eine Abraumschicht zwischen dem wertvollen Material wie Kohle. Voraussetzung ist hier aber, dass die einzelnen Schichten groß genug sind, um mit dem Schaufelrad ausreichend große Fördermengen zu erreichen. Die Trennung solcher Schichten ist jedoch nur im Terrassenschnitt möglich.

Bei der Arbeitsweise von Schaufelradbaggern wird zudem der Einsatz mit Abwurfband, mit Bandbrücke und mit Bandbrücke und Verladestation unterschieden. Verfügt der Bagger nur über ein Abwurfband, so wird das Material von diesem Band direkt auf das Förderband oder den Lkw übergeben. Nachteil ist hier, dass der Bagger so nur einen Block schneiden kann. Nach Beseitigung dieses Blocks muss dann die Bandstraße ebenfalls gerückt werden.

Im Einsatz mit Bandwagen wird das Material an diesen übergeben und von dort an Bänder überführt. Bei dieser Anordnung kann der Bagger dann mehrere Blöcke abgraben, ohne die Bandstraße zu verrücken.

Schaufelradbagger mit Bandbrücke und Verladestation werden besonders bei Baggern mit großer Förderleistung bevorzugt. Der Bagger kann dabei entweder über oder auch unter der Ebene der Verladestation arbeiten. So kann die Gesamtabbauhöhe für eine Lage des Strossenbandes erheblich vergrößert werden, da der Bagger auf einer über der Bandebene liegenden Fahrebene beginnt. Anschließend fährt der Bagger auf die Bandebene und baut das Material hier ab. Im letzten Schritt fährt der Bagger auf die Fahrebene unterhalb der Bandebene.

Bagger 289 war 1974 der vorletzte 240.000er Bagger (Baunummer 1347) für den rheinischen Braunkohlenbergbau, den das Werk Lübeck geliefert hatte. Der Beladewagen fährt hier auf der oberen Ebene.

Aus dieser Perspektive ist das riesige Fahrwerk sowie das zellenlose Schaufelrad gut zu erkennen. Baunummer 1347 wog 12.730 t. Die beiden Krane auf dem Bagger sind ein 16-t- und ein 5-t-Bordkran von Orenstein & Koppel, die ebenfalls in Lübeck gebaut wurden.

Aufbau und Technik

Schaufelradbagger sind ständig belastet und legen das Schaufelrad am Schichtende nicht so ab, wie Seilbagger oder Hydraulikbagger ihre Löffel oder Greifer. Diese ständige Last mit Eigengewicht der Stahlkonstruktion, dem Schaufelrad und seinem Antrieb, den Band-, Maschinen- und Elektroanlagen stellt den größten Teil der Gesamtbelastung dar und ist bei der Konstruktion entsprechend zu berücksichtigen.

Um die gewaltigen Dienstgewichte mit akzeptablen Bodendrücken abzuleiten, wuchsen auch die Anforderungen an die Fahrwerke. Durch die Größe der Bodenplatten kann der Druck zudem an den Boden angepasst werden. Kleinere Steigungen können auch problemlos bewältigt werden.

Bei den kleineren Baggern bis rund 300 t Dienstgewicht wurden Zweiraupenfahrwerke eingesetzt. Wie bei heutigen Hydraulikbaggern waren diese zum einen starr ausgeführt, wodurch im ungünstigsten Fall die Belastung der Raupen in nur einem Punkt erfolgt. Alternativ dazu konnten die Zweiraupen auch pendelnd ausgeführt werden, wodurch das Verhalten im Betrieb im Hinblick auf Kurvenfahrten besser war. Aufgrund der nachteiligen Standsicherheit konnte sich diese Ausführung aber nicht durchsetzen.

Dreiraupenfahrwerke verfügten an drei Punkten über bis zu zwölf einzelne Raupenfahrwerke. Bei diesen Fahrwerkstypen erfolgte die Abstützung des Unterbaus so in drei Punkten. Aufgrund dieses Dreiecks erfolgte auch die Bezeichnung des Fahrwerktyps. Sie wurden ab 160 t Dienstgewicht eingesetzt. Der erste LMG-Schaufelradbagger SchRs 170/0 x 6,5 von 1936 wurde mit einem Dreiraupenfahrwerk ausgeführt, das auch drei Raupen besaß.

Reine Dreiraupenfahrwerke kamen bei Dienstgewichten bis 1.500 t zum Einsatz. Bei Gewichten bis 5.000 t mussten dann Dreiraupenfahrwerke mit sechs einzelnen Raupen eingesetzt werden. Die Abstützung erfolgte hier ebenfalls auf drei Punkten.

Dreiraupenfahrwerke mit zwölf einzelnen Raupen verteilten das Gewicht wieder auf mehr Raupenfläche. Hier waren dann Dienstgewichte bis rund 12.000 t möglich. Der erste 100.000er Bagger der LMG, Baunummer 1089, mit seinen 5.600 t Dienstgewicht war mit einem Raupenfahrwerk auf sechs einzelnen Raupenträgern ausgerüstet.

Kurvenfahrten der Geräte wurden nicht wie bei kleineren Seilbaggern über unterschiedliche Geschwindigkeiten der Raupen herbeigeführt. Bei dem üblichen Dreipunktfahrwerk wurden die beiden Fahrwerke auf der Zweipunktseite durch einen Spindelantrieb gegeneinander verdreht, so dass der Bagger wie auf einem Kurvenradius verfahren konnte. Der Mindestradius lag beim SchRs 1800/25 x 50 oder Bagger 1115 bei 50 m.

Das Fahrwerk auf der Einpunktseite ist dann nicht verschwenkbar und bleibt starr. Um auch die Fahrwerke vor Überbeanspruchung zu schützen, waren die Antriebsmotoren so geschaltet, dass ein Anfahren zweier Fahrwerke nicht möglich war, wenn das dritte Fahrwerk stand.

Konstruktiv waren die Geräte bis rund 60.000 m^3 Leistung nach dem Zweiten Weltkrieg aus statischen Gründen in der C-Form ausgeführt. Hierbei war der Schaufelradausleger an einem C-Rahmen um den Drehpunkt montiert und der Gegenausleger samt Winden.

Dargestellt sind hier zwei Doppelraupenfahrwerke, wie sie bei kleineren Schaufelradbaggern üblich sind. Im Wesentlichen sind diese sehr ähnlich zu herkömmlichen Raupenbaggern.

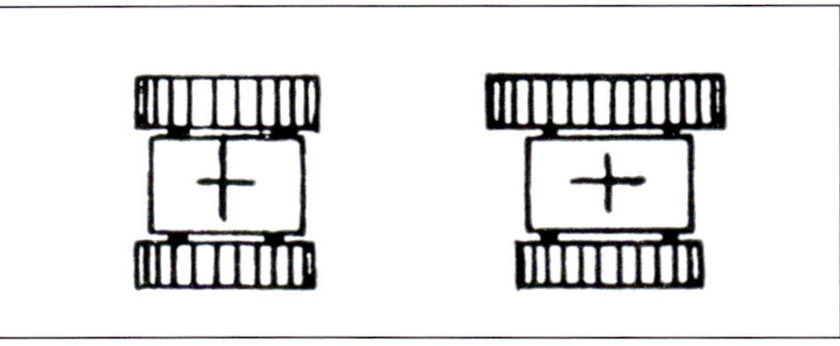

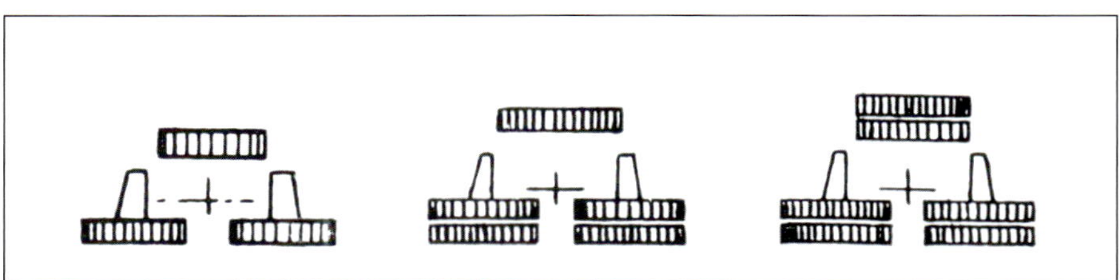

Dreiraupenfahrwerke waren für die größeren Dienstgewichte notwendig. Je nach Dienstgewicht wurden dann sechs einzelne Raupen eingesetzt. Hier konnten die Bagger bis rund 1.500 t wiegen.

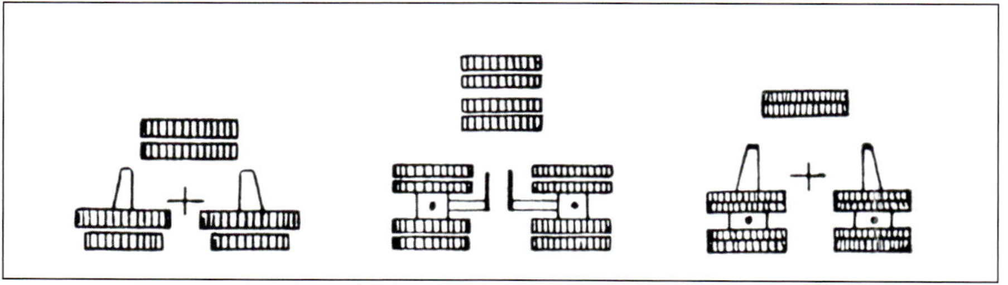

Dreiraupenfahrwerke mit sechs einzelnen Raupen verteilten die Last auf wiederum mehr Fläche und konnten bis zu 12.000 t Dienstgewicht eingesetzt werden.

Bei den größeren Geräten konnte die Konstruktion als C-Rahmen aus statischen Gründen nicht mehr angewendet werden. Hier wurden stattdessen Schaufelradausleger und Ballastausleger mit den beiden Pendelstützen als Dreiecke ausgebildet.

Ab 1950 wurde auch die bis dahin gebräuchliche Bauweise als Einheit mit Schaufelrad- und Verladeausleger aufgegeben. So wurden die Geräte in einen Teil zur Förderung und einen Teil zur Verladung getrennt. Die Verladeanlage war nun ein selbstständiges, auf Raupen fahrendes Gerät, das durch eine bewegliche Bandbrücke vom Bagger entkoppelt war. So war es möglich, den Verladeausleger zur Zugbeladung konstant zu halten, während der Bagger weiterhin mobil und beweglich war.

Auch die Sicherheitsmaßnahmen der Großgeräte wurden stetig optimiert. Aber insbesondere das unbeabsichtigte Auflegen des Schaufelrades konnte zwangsläufig zu signifikanten Standsicherheitsänderungen bis hin zu schweren Schäden führen und bedurfte geeigneter Gegenmaßnahmen.

Der 5.934 t schwere SchRs 1800/1 x 20 x 11,5 wurde mit Baunummer 946 an die Elektrowerke AG Berlin geliefert. Der Bagger war 1938 der bisher größte LMG-Schaufelradbagger. Der Unterwagen bestand aus vier Doppelraupenträgern, so dass der Bagger sein Gewicht auf insgesamt 16 Raupenbänder verteilte. (Stefan Materna)

Anhand dieser Modellaufnahme von Baunummer 946 kann das bis dahin größte Raupenfahrwerk skizziert werden. Es verfügte über 480 m² Raupenfläche auf 16 Raupenbändern. 288 Laufrollen waren vorhanden. Der Bodendruck lag bei 1,2 kg pro cm². (Stefan Materna)

Das Foto zeigt ein kleineres Fahrwerk mit lenkbaren und angetriebenen Großraupen. Die Aufnahme entstand um 1937. Gut zu erkennen ist der Elektromotor sowie die Aufstiege. (Stefan Materna)

Die Dimensionen der acht Raupen sind durch den Arbeiter gut zu erahnen. Auch bei solchen Großgeräten gehörte eine Sichtkontrolle der Komponenten immer dazu.

Die Detailaufnahme zeigt das Laufwerk mit den pendelnden Bodenrollen sowie die Übergabepunkte am Förderband. Anhand der Handläufe kann gut die Größe erahnt werden.

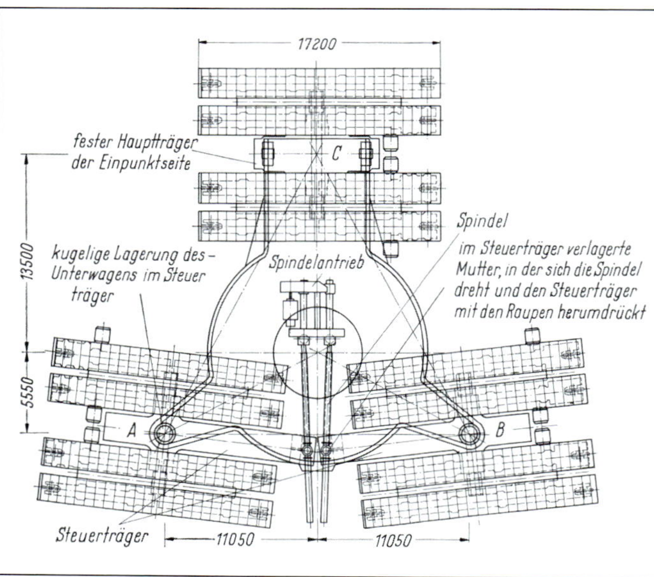

Anhand der Prinzipskizze kann die Lenkung des Baggers dargestellt werden. Durch den Spindelantrieb werden die äußeren Raupen einfach bewegt, so dass sie sich auf einem Kurvenradius bewegen und dann die Kurvenfahrt umsetzen.

Ludwig Rasper berichtet im Jahr 1957 von Vorfällen, die sich ereignet hatten. In den Dreißigerjahren war im Tagebau Böhlen ein auf Schienen fahrender Schaufelradbagger umgekippt. Und 1956 sei der Hubmotor eines Schaufelradbaggers eines rheinischen Tagebaus explodiert und hatte eindringlich auf die Gefahren bei unbeabsichtigtem oder unkontrolliertem Absenken des Schaufelrades aufmerksam gemacht.

Wenn also der Flaschenzug schlaff wird, besteht die Gefahr des Kippens, weil das Gewichtsverhältnis des Baggers zwischen Schaufelradträger und Ballastträger nicht mehr im Gleichgewicht ist. Der Oberbau kippt also ballastseitig ab, bis der Flaschenzug unter Spannung steht. Ein stabiles Gleichgewicht ist dieses aber nicht und es besteht die Gefahr des Verschiebens des gesamten Oberbaus.

Eine Sicherheitsmaßnahme war hier die Ausführung des Oberbaus als teilweise abkippbar. Über zwei zusätzliche Kippgelenke ist bei dieser Lösung der untere Tragkörper des Baggers oberhalb des Drehkranzes mit dem Oberbau verbunden. Dadurch kann der Oberbau nicht verschoben werden und der Drehkranz auch nicht beschädigt werden. So wird einer Überlastung des Drehkranzes wirksam vorgebeugt.

Elektrische Sicherheitseinrichtungen waren ebenfalls vorhanden und unterstützen auch. Die komplette elektrische Ausrüstung der Bagger kam in der Regel von AEG, Siemens, BBC oder BEA (Baugesellschaft für elektrische Anlagen).

Durch eine elektrische Verriegelung kann betriebsmäßig ein Auslegersenken und das Schwenken nur bei laufendem Schaufelrad einschaltbar gemacht werden. Das umlaufende Schaufelrad setzt dann nicht auf und gräbt sich durch das Material. Somit ist dem gefährlichen Auflegen ebenfalls vorgebeugt.

Ferner war vorgeschrieben, die Seile mit Durchmesser von 50 bis 60 mm und mehr nach den Richtlinien von Schachtförderseilen zu behandeln. Eine regelmäßige Seilkontrolle hinsichtlich Korrosion oder Drahtbrüchen war zwingend notwendig. Zusätzlich zur Kontrolle der Seile war das Seilsystem auch als doppeltes ausgeführt.

Beide Systeme waren unabhängig voneinander ausgeführt, so dass ein Seilstrang des Baggers selbst bei mechanischer Zerstörung des anderen Seilsystems in der Lage ist, den Schaufelradausleger mit zumindest reduzierter Sicherheit zu tragen und so eine Katastrophe zu verhindern.

Auch war dies beim Wechsel eines Seils von Vorteil. Um sicherzustellen, dass die Seile immer gleich lang waren und Seilspannungsunterschiede nicht zu Torsionsbelastungen der Stützen führen, waren elektrisch angetriebene Spindelwinden installiert.

Bei den Schaufelrädern als zentrales Merkmal der Bagger werden Zellenräder, Halbzellenräder sowie zellenlose Räder unterschieden. Unterschiede in diesen Bauformen lagen in der Regel

Bei Bagger 259 oder Baunummer 1146 waren anfangs nur neun der zwölf Raupen angetrieben. Die äußeren waren nur Schleppraupen. Anfang der 1970er-Jahre wurden hier auch die Schleppraupen mit seitlichen Kegelstirnradgetrieben umgerüstet. (Ingo Witsch)

In den Achtziger- und Neunzigerjahren erfolgte eine weitere Umbaustufe. Alle Fahrwerke bekamen Schnecken-Planetengetriebe. Auf dem Bild zu sehen ist ebenfalls Bagger 259. (Ingo Witsch)

Die gewaltigen Dimensionen faszinieren immer wieder. Der Arbeiter zwischen den Fahrwerken von Bagger 259 vermittelt einen schönen Größeneindruck. Bagger 259 existiert heute nicht mehr. (Ingo Witsch)

Baunummer 1128 (Bagger 272), ein SchRs1900/5 x 28, wurde 1959 in den Tagebau Frimmersdorf der Roddergrube geliefert. Gut erkennbar ist der Oberbau in der C-Rahmenbauweise. Der Bagger wog 3.850 t und verfügte insgesamt über 3.415 kW Motorleistung.

nur bei der Ableitung des Materials aus den Schaufeln. Die Schaufelräder waren anfangs nur als Zellenräder ausgeführt. Dabei befand sich unter jeder Schaufel eine gewölbte Schurre, in die das Material gelangte und innerhalb des Zellenrades zur Übergabeschurre transportiert wurde.

Damit das Material dann auch erst an der Übergabestelle austreten konnte, wurde das Schaufelrad durch eine feststehende Schurre, der sogenannten Ringschurre, innerhalb des Schaufelradträgers abgeschottet. Diese Wand war allerdings auch einem sehr hohen Verschleiß ausgesetzt, da das Material immer an der Wand vorbeirutschte.

Hinzu kam, dass die Zelle bis nahe zum Drehpunkt des Schaufelrades gezogen werden musste, damit eine ausreichende Neigung zum Abrutschen des Materials erreicht werden konnte. Dadurch befand sich das Band im Schaufelradträger unter der Drehachse, was sich negativ auf die Schnittverhältnisse auswirkte.

Mitte der Sechzigerjahre kam dann das Halbzellenrad auf. Einzelne Betreiber hatten die Forderung, das Fassungsvermögen der Schaufeln zu erhöhen, um so die Förderleistung zu erhöhen und den Verschleiß an der Ringschurre zu senken. Bei größerem Raum unter der Schaufel würde so das Material weniger auf die Ringschurre drücken und so den Verschleiß senken.

Dabei befand sich unter der Schaufel im Schaufelradkörper ein Hohlraum, der von Ebenen begrenzt wurde, die sogenannte Halbzelle. Beim Halbzellenrad liegt unter der Schaufel im Schaufelradkörper ein Hohlraum, der von einer Ringschurre in radialer Richtung begrenzt wird. Diese Ringschurre wird so weit an der Innenseite des Halbzellenrades geführt, bis das Fördergut im Be-

Auch die Baunummer 1400, ein SchRs 1400/2 x 30, war ein Schaufelradbagger in C-Rahmenbauweise. Die 3.500 t schweren Bagger wurden an die Neyveli Lignite Corp. in Indien geliefert. *(Joachim Rodenberg)*

reich der Austrittsöffnung das Schaufelrad verlassen kann. Durch eine seitlich geneigte Austragsschurre gleitet das gelöste Erdreich auf das Förderband. Die verschleißbehafteten Flächen der Halbzellen sind Ebenen und können somit kostengünstig ausgewechselt werden. Das Halbzellenrad vereinte die Vorteile des Zellenrades mit dem zellenlosen.

Durchgesetzt hat sich dann aber das zellenlose Schaufelrad, bei dessen Entwicklung die LMG maßgeblich beteiligt war. Bei diesem befindet sich im Schaufelradkörper ein Hohlraum mit einer kreisförmigen Schurre direkt unterhalb der einzelnen Schaufeln. Dies ermöglicht ein Austreten des Materials erst an der Austrittsöffnung über der Austragsschurre. Dadurch wird auch die Fläche verkleinert, an der Verschleiß durch das Material gegeben ist. Zudem kann das Band im Schaufelradträger über der Drehachse liegen, was wiederum bessere Schnittverhältnisse zur Folge hat.

Im Jahr 1958 wurde der erste 110.000er Bagger mit zellenlosem Rad in Betrieb genommen. Mit dem zellenlosen Schaufelrad konnten Schaufelradbagger dann auch wahlweise im Tief- oder Hochschnitt arbeiten.

Eine Sonderbauform war das Schaufelrad mit Drehteller, dessen Durchmesser kleiner ausfallen konnte. Wenn das Förderband nicht in das Schaufelrad hineingeführt werden konnte, musste anstelle der Austragsschurre ein Förderorgan zwischengeschaltet werden. So konnte das Material dann aus dem Schaufelrad auf das Band transportiert werden. Dazu wurde ein Drehteller verwendet, also eine flache Scheibe, die sich um eine schräge Achse drehte und sich in der Lage je nach Höhenstellung des Schaufelrades verändern konnte. Das aus den Schaufeln fallende Material landete dann auf dem Drehteller und wurde auf das Band befördert. Zumeist eingesetzt wurden Drehteller in besonders klebrigem Material.

Die beiden folgenden Bagger mit den Baunummern 1401 und 1402 wurden im Jahr 1990 fertiggestellt. So kamen bis zu 40 Prozent des Baggers, vor allem die Antriebsteile, aus dem Lübecker Werk.

Auch bei diesem Bagger ist die C-Rahmenbauweise gut erkennbar. Das Gerät arbeitet bei BHP in Goonyella und wurde 1982 ausgeliefert. Der Bagger mit Baunummer 1378 war ein ScHRs 1800/2,5 x 25.

Tagebaualltag vergangener Tage: Neben dem LMG-Bagger arbeitet ein RH 6LC aus Berlin und im Hintergrund eine Schürfraupe von Menck & Hambrock.

Beeindruckend sind solche Nahaufnahmen der stählernen Riesen immer wieder. Geführte Touren durch die Tagebaue werden von RWE angeboten. Ingo Witsch konnte diese genießen und dabei Bilder machen. *(Ingo Witsch)*

Auch Bagger 258 oder Baunummer 1115 hatte ein zellenloses Rad. Gut erkennbar ist auch der Bedienstand sowie die Fachwerkkonstruktion des Schaufelradauslegers. Die kleine Raupe veranschaulicht die Dimensionen. *(Ingo Witsch)*

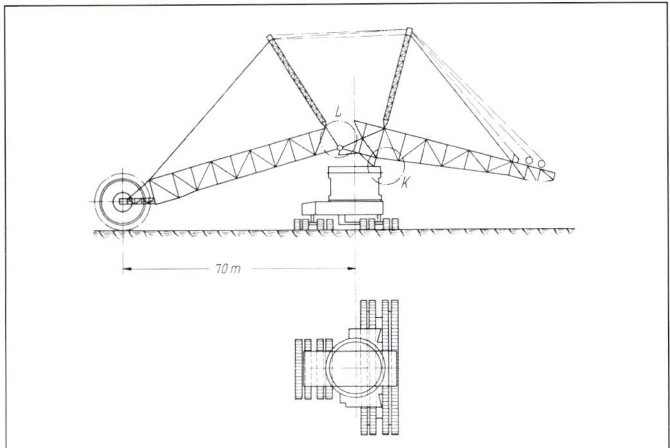

Die Prinzipskizze verdeutlicht die Gefahr beim Aufsetzen des Schaufelradträgers. Die oberen Halteseile stehen nicht mehr unter Spannung und der Ballastausleger kann vom Oberbau abrutschen. Die Kippgelenke halfen hier schwere Schäden zu vermeiden.

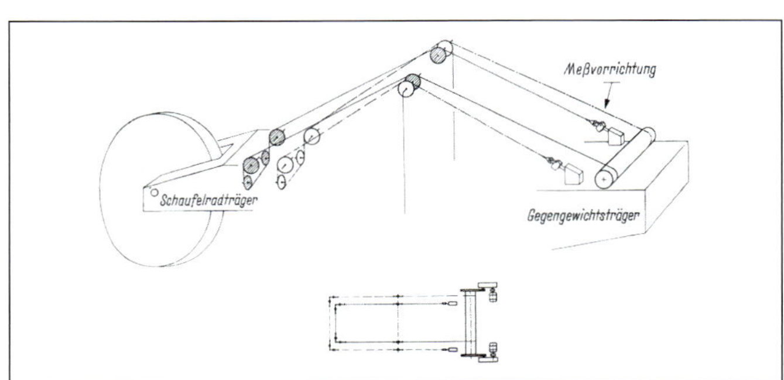

Der doppelte Flaschenzug des Schaufelradträgers war so ausgelegt, dass ein Seil den kompletten Ausleger halten konnte. Dies war ein wichtiges Sicherheitskriterium und half beim Tausch des anderen Seiles.

Baunummer 1089 war ein SchRs 3600/5 x 50 und wurde von 1953 bis 1955 gebaut. Gut erkennbar sind hier die Raupenfahrwerke, der Oberbau mit Kippgelenken und der Flaschenzug des Schaufelradträgers. Bei genauem Hinsehen ist auch ein Arbeiter in der Bildmitte unterhalb der Drehverbindung beim Treppenaufstieg erkennbar.

Nachteil dieser Ausführung war ein höheres Gewicht durch den Drehteller und dessen Antrieb, Abstreifern und Abdeckung. Dadurch stieg auch der Wartungsaufwand. Zudem waren mit einem Schaufelrad ohne Drehteller bei gleichem Neigungswinkel nach oben und unten größere Abtragshöhen und -tiefen möglich, da das Schaufelrad ja einen größeren Durchmesser hatte. Aufgrund dessen haben sich Schaufelräder ohne Drehteller auch durchgesetzt.

Baunummer 911, ein SchRs 700/0,75 x 20 x 12, war mit einem zehnzelligen Schaufelrad von 8,2 m Durchmesser ausgerüstet. Der 1.395 t schwere Bagger wurde 1937 an die Elektrowerke Berlin geliefert. (Stefan Materna)

Anhand der Aufnahme ist auch zu erkennen, dass beim Zellenrad die Materialübergabe nahe an der Drehachse des Rades erfolgen musste. Dies war ein Nachteil, weswegen sich das zellenlose Rad durchsetzte.

Baunummer 1111 wurde 1956 bei der BIAG im Tagebau Zukunft in Betrieb genommen. Der 5.300 t schwere Bagger verfügte über ein zellenloses Rad. Anhand des Arbeiters oben ist die gewaltige Größe gut zu erkennen.

Links: Auch Baunummer 1367 hatte ein zellenloses Rad. Die innere Schurre unterhalb der Schaufeln ist hier gut zu erkennen. Erst oberhalb des Drehmittelpunktes des Rades fällt das Material auf das Band. Dieser SchRs1800/2,5 x 25 kam ab 1979 in der australischen Gooyella Mine bei der Abraumbeseitigung zum Einsatz. (Joachim Rodenberg) Rechts: Bei Baunummer 1146 oder Bagger 259 kann links neben dem zellenlosen Rad auch die massive Seilaufhängung des Schaufelradauslegers erkannt werden. (Ingo Witsch)

Oben: Die von 1938 bis 1940 erbaute Baggerbauhalle bot ideale Voraussetzungen, um die riesigen Großkomponenten zu fertigen. Hier entsteht im Jahr 1986 gerade ein Schaufelrad. *(VOSTA LMG)*

Unten links: Baunummer 1399 war ein kompakter Schaufelradbagger S100. Der 50 t schwere Bagger kam ab 1986 im Kreidewerk Damman in Lägerdorf zum Einsatz. Sein zellenloses Schaufelrad war für das sehr harte Material dort optimiert und verfügte über 28 Schaufeln. *(Joachim Rodenberg)*

Unten rechts: Kraftvoll löst der Bagger das harte Material. Gut zu erkennen sind auch die Transportbänder des kleinsten kompakten Standardbaggers von O&K/LMG. *(Joachim Rodenberg)*

Oben links: Dieser SchRs 1800/25 x 50 mit Baunummer 1115 besaß ebenfalls ein zellenloses Rad und arbeitete im Tiefschnitt. Ein im Rad eingebautes Aufgabeband übernahm das Material vom Schaufelrad.

Oben rechts: Bei diesem zellenlosen Schaufelrad ist die Schurre direkt unter den Schaufeln gut erkennbar. Erst über dem Förderband endet die Schurre und das Material fällt auf das Band.

Links: Bei den 100.000er Geräten fiel das Material im Übergabebereich aus den Schaufel über die Schurre in Richtung Transportband. Der Übergabebereich war mit Verschleißplatten ausgelegt, um dem Materialverschleiß entgegenzuwirken.

Zu sehen ist hier die rückwärtige Seite des Schaufelrades. Offensichtlich wurden hier Wartungsarbeiten durchgeführt, denn in Höhe der Drehachse beobachten zwei Arbeiter das Geschehen.

Oben: Auch der letzte große Schaufelradbagger, Bagger 292 oder SchRs 6.300/9-17 x 51, wurde mit einem zellenlosen Schaufelrad ausgeliefert. Der 11.500 t schwere Bagger hatte 160 km elektrische Leitungen, die seinerzeit die Siemens AG verlegte.

Rechts: Die gewaltigen Ausmaße dieses Baggers sind gut erkennbar. Links neben dem Schaufelrad sind die großen Antriebsmotoren zu erkennen.

Dieser SchRs 200/5 x 12 verfügte ebenfalls über einen im Schaufelrad eingebauten Drehteller. Der Bagger mit der Baunummer 1106 wurde 1954 in den Tagebau Frimmersdorf geliefert. Bei Rheinbraun hatte er die Nummer 268.

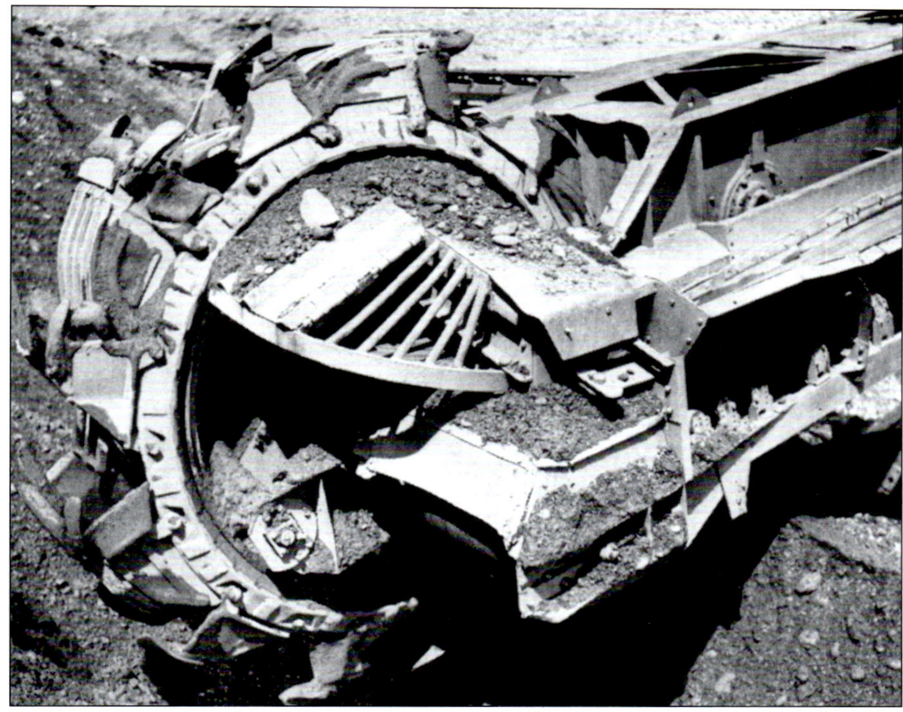

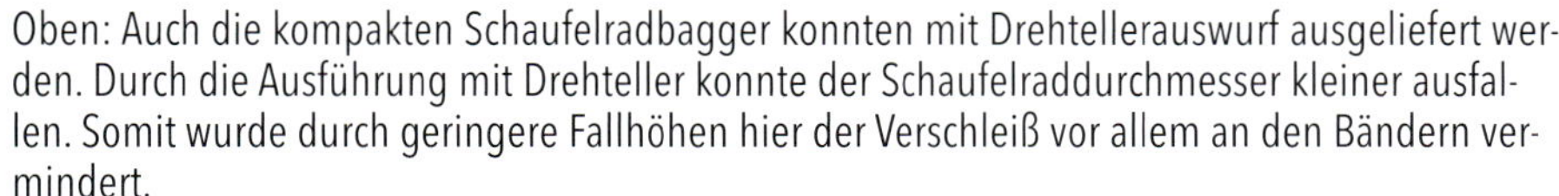

Oben: Auch die kompakten Schaufelradbagger konnten mit Drehtellerauswurf ausgeliefert werden. Durch die Ausführung mit Drehteller konnte der Schaufelraddurchmesser kleiner ausfallen. Somit wurde durch geringere Fallhöhen hier der Verschleiß vor allem an den Bändern vermindert.

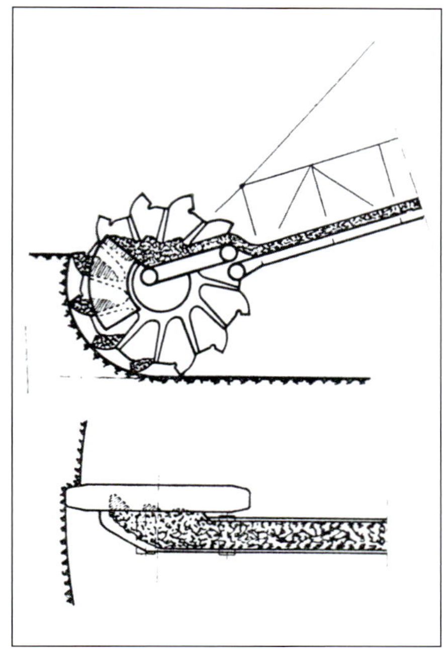

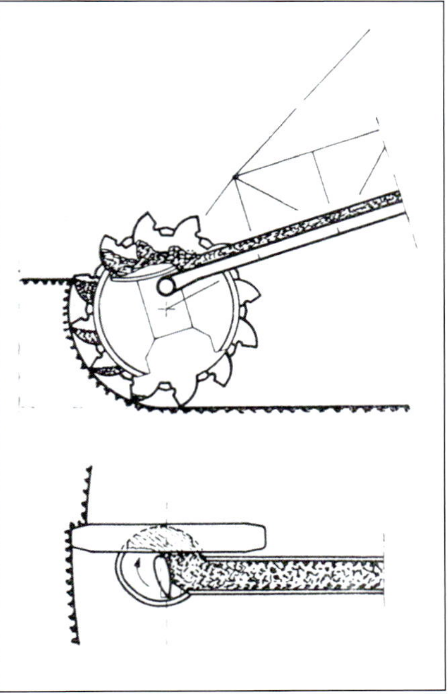

Rechts: Die schematische Zeichnung verdeutlicht die Funktionsweise des Drehtellers in der Draufsicht. Das Material wird beim Drehteller relativ nah unterhalb der Schaufel dem Drehteller übergeben. Aufgrund des Gewichts der zusätzlichen Komponenten des Drehtellers hat sich das System nicht bewährt.

Unten: Ab 1989 war ein S400 bei der Teutonia Zement aus Hannover im Einsatz. Das Gerät baggerte harten Mergel. Das Schaufelrad wurde hierzu mit vielen kleinen Schaufeln ausgerüstet, so dass das harte Material regelrecht abgefräst wurde. (Joachim Rodenberg)

Montage der Schaufelradbagger

Auch die Montage der Giganten aus Stahl war immer eine Herausforderung und entwickelte sich stetig fort. Dies lag zum einen an Verbesserungen im Montageablauf aber auch an der zur Verfügung stehenden Kapazität der Montagekrane. Diese wurden im Laufe der Jahre deutlich größer.

Bis in die frühen Siebzigerjahre wurden vornehmlich schienengebundene Portalkrane eingesetzt. Diese hatten Tragkräfte bis zu 80 t, Hubhöhen von 60 m und Spurweiten von 51 m. In Verbindung mit frühen Raupenkranen waren so maximale Lasten bis zu 270 t erreichbar. Große Gittermastkrane von heute mit Tragkräften bis zu 3.000 t waren zu dieser Zeit noch nicht vorhanden.

Dementsprechend mussten die Bauteile so ausgeführt sein, dass die eingesetzten Krane die Lasten auch heben konnten. Die benötigte Montagezeit war dementsprechend groß. Zudem waren auch der Transport und Aufbau der Portalkräne zeit- und kostenintensiv.

Mit dem Aufkommen der ersten Großkrane, allen voran der legendäre Gottwald AK 850, vereinfachte sich die Montage deutlich, weil das maximale Einzelgewicht der Komponenten fortan höher sein konnte und die maximal mögliche Vormontage im Werk auch deutlich weiter ging.

Bei Baunummer 1420 (Bagger 292) kamen so der Gottwald AK 850 und der Liebherr LR 1500 zum Einsatz, die beide ergänzt wurden durch einen Manitowoc 4100 Raupenkran, sowie

Um 1950 begann im Tagebau Zukunft der Braunkohlen Insustrie AG die Montage von Baunummer 1030. Dabei kam dieser gewaltige Protalkran zum Einsatz. Große Gittermastkrane mit Tragkräften von bis zu 3.000 t waren seinerzeit noch nicht verfügbar.

Gut zu erkennen sind die massiven Portalstützen. Mit diesen wurden Schaufelrad- und Gegengewichtsausleger abgestützt, solange der Bagger nicht im Gleichgewicht war.

Oben: Im Tagebau Fortuna begann 1953 die Montage von Bagger 255 oder Baunummer 1089, dem ersten Gerät der 100.000er Generation. Portalkran und Hinweisschild der LMG waren schon montiert. (Historisches Konzernarchiv RWE)

Mitte: Neben dem Hauptmontageplatz begann bereits die Vormontage der Komponenten, abgestimmt auf die Tragkraft des Kranes. Hier werden Laufwerke vormontiert. (Historisches Konzernarchiv RWE)

Unten: Für den Portalkran mussten ebenso aufwändige Schienen verlegt werden. Tragkräfte von bis zu 80 t verlangten dann entsprechend viele Montagekomponenten.
Zu sehen ist die Montage des Auslegers. Die Arbeiter geben einen schönen Größenvergleich. (Historisches Konzernarchiv RWE)

1955 war die Montage weit vorangeschritten. Sie hatte hintereinander zu erfolgen, so dass der Portalkran die komplette Länge des Baggers samt Verladewagen abdecken konnte.
(Historisches Konzernarchiv RWE)

Oben: Zeitaufwändig war die Montage durch die kleinen Montagekomponenten. Die beiden Portalstützen des Schaufelrad- und Gegenauslegers waren bereits auf dem Bagger vormontiert. Später wird ein Kran reichen, um diese komplett zu montieren.
(Historisches Konzernarchiv RWE)

Links: Aufgerichtet wurden die Portalstützen mit Hilfe entsprechender Flaschenzüge und Seilwinden. Der Arbeiter in der oberen Bildmitte, über dem Maschineraum, verdeutlicht die Größe des Baggers. Die Raupenketten waren zudem auch noch nicht gespannt.
(Historisches Konzernarchiv RWE)

Unten: Im Jahre 1955 war Baunummer 1089 montiert. Nun folgte die Fahrt zum Einsatzort.
(Historisches Konzernarchiv RWE)

Auch bei Baunummer 1146 erfolgte im Jahr 1959 die Montage ähnlich. Neben Portalkranen kamen auch einfache Derrickkrane während der Montage zum Einsatz. (Ingo Witsch)

Offensichtlich vom Portalkran entstanden diese spannenden Bilder. Die Fahrwerke befinden sich ebenfalls noch in der Montage und es fehlen noch die Raupenketten. (Ingo Witsch)

als Hilfskrane zwei O&K R 210. Federführend für die Hubarbeiten war der Münchener Kranverleiher Schmidbauer und Oliver Thum war mehrere Male bei der Montage vor Ort. Er selbst bediente den LR 1500.

Durch den Einsatz des AK 850 konnte so die Bodenmontage der Komponenten wesentlich maximiert werden. Dadurch waren im Tandemhub nun maximale Lasten von bis zu 620 t möglich. Der Personaleinsatz bei der Montage des Gerätes lag bei rund 60 bis 70 Mann und konnte bei Bedarf bis auf 110 Personen erhöht werden.

Die Montage folgte einem detaillierten Aufbauplan für die Montageschritte und anschließende Inbetriebnahme, verantwortet durch den damaligen

Mittels Portalkran wurden dann Schaufelradausleger und Gegenausleger parallel montiert. So konnte das Gleichgweicht des Baggers zunächst einfacher sichergestellt werden. (Ingo Witsch)

1978 befanden sich gleich drei Geräte in der Montage. Bagger 290, 288 und 289 wurden im Tagebau Hambach montiert. Im Einsatz waren nach wie vor Portalkrane sowie kleinere Manitowoc Raupenkrane. *(Historisches Konzernachiv RWE)*

Bagger 288 war ein Krupp-Gerät. Bagger 289 kam aus Lübeck und hatte Baunummer 1347. Die Braunkohleförderung Mitte bis Ende der 1970er-Jahre war noch steigend und mehr Förderleistung wurde daher benötigt. *(Historisches Konzernarchiv RWE)*

Oben: Beeindruckende Fotos sind dies auf jeden Fall und dokumentieren die komplizierte Montage. Gut erkennbar ist vorne der Manitowoc Raupenkran sowie ein kleiner Gottwald Mobilkran aus der Leo-Baureihe. Im Vordergrund ist Bagger 290, ein MAN-Gerät, zu sehen. (Historisches Konzernarchiv RWE)

Unten: Das Foto zeigt einen Montageschritt im Jahr 1977 von Bagger 289 (Baunummer 1347). Der Stahlbau war in vollem Gang und der Gegengewichtsausleger bereits stabil abgestützt. (Historisches Konzernarchiv RWE)

Oben: Ein bedeutender Fortschritt in der Montage kam bei Bagger 292 (Baunummer 1420) Mitte der 1980er-Jahre mit dem Einsatz der Großkrane. Von großer Bedeutung ist hier der legendäre Gottwald AK 850. Sein Haupthaken wird gerade abgeladen. *(Oliver Thum)*

Mitte: Neben dem AK 850 kam auch dieser Liebherr Raupenkran LR 1500 zum Einsatz. Der R 210 aus Lübecker Produktion war hier ein Hilfsgerät für kleinere Montagearbeiten. *(Oliver Thum)*

Unten: Der AK 850 kam bei diesem Einsatz mit Maxilift zum Einsatz. Hier wird gerade der gewaltige Ausleger aufgerichtet. Rechts ist der Manitowoc 200-t-Raupenkran zu sehen. *(Oliver Thum)*

Chefmonteur Siegfried Riedel. Den Anfang machte die Montage der zwölf Raupenfahrwerke samt Jochträger sowie die Vormontage des Unterwagens. Hierbei galt es Lasten von bis zu 120 t im Tandemhub zu manövrieren. Es folgte die Drehscheibe, der Drehkranz und der Oberbau.

Den Hub des 340 t schweren Ballastträgers machten dann der AK 850 und der LR 1500 im Tandemhub. 254 t Last inklusive Anschlagmittel fielen dabei auf den Gottwald-Kran und 130 t auf den LR 1500. Letzterer musste für den Hub noch rund 30 m verfahren.

Danach folgte die Vormontage des Schaufelradträgers, der dann mit den drei Kranen montiert wurde. Es galt hier 420 t in eine Höhe von 32 m zu bewegen. Anschließend wurde der Ballastkasten einschließlich Windenplattform, Trafoplattform, Begehung und Bordkransäule montiert.

Die dann zu montierende Zwischenbrücke stellte auch eine der größten Lasten dar. Vormontiert wurde diese mit Begehungen, Podesten und elektrischer Einrichtung. Das Gesamtgewicht betrug 620 t und musste auf eine Höhe von 28 m durch den LR 1500 und den AK 850 eingehoben werden.

Rechts: Oliver Thum bediente den LR 1500 Raupenkran. Die Last war bereits angeschlagen und bereit für den Hub. *(Oliver Thum)*

Unten links: Der 340 t schwere Ballastträger wartet hier auf seine Montage durch die beiden Krane. Er konnte als eine Komponente montiert werden. Zuvor erfolgte dies in vielen einzelnen Komponenten durch den wesentlich kleineren Portalkran. *(Oliver Thum)*

Unten rechts: Sicher wurde der Gegengewichtsausleger durch die beiden Krane gehoben und mit dem Oberbau des Baggers verbunden. Hinten ruhte er auf massiven Stützen. *(Oliver Thum)*

Die 236 t schwere Seilstütze auf dem Ballastträger des Baggers wurde durch den AK 850 allein montiert. Ausgerüstet war dieser mit einem 107-m-Hauptausleger und 300-t-Maxilift-Ballast und musste den Hub in einer Höhe von 76 m durchführen. Es war dieses auch der erste Einsatz des AK 850 mit maximaler Auslegerlänge. Die LR 1500 wurde zum Nachführen eingesetzt und übernahm bei diesem Hub keinen Lastanteil. Angeschlagen am Fuße der Stütze lag die Aufgabe hier im Nachführen, so dass die Montage bei leichter Windstärke erfolgen konnte. Es folgte dann die zweite Seilstütze auf dem Schaufelradträger. Danach begann die Montage des Schaufelrades sowie der finalen Verkabelungen, der Abspannseile und des Beladegerätes.

Durch diesen günstigeren Montageablauf mit Mobil- und Raupenkran konnte die Bauzeit von Baunummer 1420 so drastische eingekürzt werden. Insgesamt zwölf Montagehubvorgänge konnten dadurch eingespart werden, wenn man Bau 1420 mit Bau 1329 vergleicht.

254 t Last inklusive Anschlagmittel fielen dabei auf den Gottwald-Kran und 130 t auf die LR 1500. Letztere musste für den Hub noch rund 30 m verfahren. *(Oliver Thum)*

Die Maxilifteinrichtung bei den Hüben während der Montage war zwingend erforderlich. Am 43 m langen Gegenausleger konnten bis zu 500 t Ballast aufgelegt werden.
(Oliver Thum)

Danach folgte die Vormontage des Schaufelradträgers, der dann mit den drei Kranen montiert wurde. Am Schaufelradpunkt waren die LR 1500 und der Manintowoc-Kran im Einsatz. Es galt insgesamt 420 t in eine Höhe von 32 m zu bewegen. *(Oliver Thum)*

Der Bergheimer Kranverleiher Wasel – damals noch in gelber Farbgebung – unterstützte mit einem Gottwald AMK 126 bei den Montagearbeiten. Dabei galt es die vordere Montagestütze entsprechend zu rüsten. *(Oliver Thum)*

Links: Gut zu erkennen ist die Front des Schaufelradauslegers. Hier sind die LR 1500 und der Manitowoc Raupenkran angeschlagen. *(Oliver Thum)*

Unten links: Die LR 1500 war mittlerweile mit Wippspitze umgerüstet und hatte so mehr Reichhöhe. Bei diesem Hub galt es die Windenplattform samt Bordkransäule zu montieren. *(Oliver Thum)*

Unten rechts: Auf die Säule links wurde dann später der Bordkran montiert. Er stammte ebenfalls aus dem Lübecker Bordkranprogramm und unterstützte bei Wartungs- und Montagearbeiten. *(Oliver Thum)*

Oben: Sorgsam und vorsichtig wurde die Plattform im Tandemhub nach oben gehoben. Dort wartete die Montagecrew und hat die Plattform verschraubt. *(Oliver Thum)*

Unten: Diese Aufnahme zeigt auch den Montageplatz. Weitere Gittersegmente der beiden Krane lagen dort. Auch der kleine Montagekran R210 von Orenstein & Koppel ist zu sehen. *(Oliver Thum)*

Rechts: Im Anschluss erfolgte die Montage der Winden und der weiteren Ausrüstung auf der Plattform. Der Trafokasten war auch auf der Plattform montiert. *(Oliver Thum)*

Die Zwischenbrücke stellte eine der größten Lasten dar. Vormontiert wurde diese mit Begehungen, Podesten und elektrischer Einrichtung. Das Gesamtgewicht betrug 620 t und musste auf eine Höhe von 28 m durch die beiden Großkrane LR 1500 und AK 850 eingehoben werden. *(Oliver Thum)*

Links: Langsam und behutsam wurde die Brücke am verkürzten Ausleger des AK 850 hochgezogen. Die Hakenflasche war für diesen Hub nahezu komplett geschert. *(Oliver Thum)* Rechts: 236 t wog die hintere Seilstütze auf dem Ballastausleger. Sie wurde am 107 m langen Ausleger des AK 850 in Position gebracht. Der Hub fand in 76 m Höhe statt und benötigte 300 t Maxiliftballast. *(Oliver Thum)*

Links: Die LR 1500 wurde zum Nachführen eingesetzt und übernahm bei diesem Hub keinen Lastanteil. Angeschlagen war die Seilstütze am Fuß. *(Oliver Thum)* Rechts: Die Seilstütze wurde dann durch massive Stahlträger gestützt. Dies war so lange notwendig, bis die vordere Stütze montiert und das Verstellseil komplett eingeschert war. *(Oliver Thum)*

Die vordere Seilstütze konnte ebenfalls alleine durch den Gottwald-Kran montiert werden. *(Oliver Thum)*

Oben: Als Hilfskran konnte der kleine R 210 zumindest die kleineren Ballastplatten des Maxiliftballast vom AK 850 heben. *(Oliver Thum)*

Rechts: Nach erfolgter Montage konnte Baunummer 1420 zu seinem Einsatzort im Tagebau Hambach fahren. *(Oliver Thum)*

Unten: Gewaltig ist Bagger 292 anzusehen. Gut zu erkennen ist die höhenverstellbare Kabine sowie die beiden O&K-Bordkrane. Der gewaltige Bandausleger fährt auf eigenen Raupen. *(Oliver Thum)*

Lübecker Schaufelradbagger in aller Welt

Kapitel 4

Das rheinische Braunkohlerevier

Ein wichtiger Kunde für die LMG war natürlich das rheinische Braunkohlerevier und ohne die dortige Braunkohleförderung hätte sich die Entwicklung der Schaufelradbagger vermutlich auch wesentlich anders gestaltet. Aus diesem Grund soll auch die Entwicklung des rheinischen Braunkohlereviers im Überblick kurz skizziert werden, da sie die Entwicklung der Großbagger aus Lübeck maßgeblich beeinflusst hat.

Das rheinische Braunkohlerevier dehnt sich im Raum Köln, Aachen und Neuss aus und bestand anfangs aus einer Vielzahl kleinerer Tagebaue. Ab 1945 entstanden dann die heute bekannten großflächigen Tagebaue durch Konsolidierung der vielen Betreiber.

Braunkohle hatte ab dem Jahr 1840 eine stark wachsende Bedeutung und der Braunkohlebedarf stieg stetig. Höhepunkt der Förderung war das Jahr 1985 mit über 430 Millionen t. Seitdem ist die Förderung auch deutlich rückläufig. Dies liegt auch am geplanten Kohleausstieg und der Stilllegung von Kraftwerken. So lag die Förderung im Jahr 2019 wieder auf einem Niveau wie rund hundert Jahre zuvor.

Die Entwicklung der ersten Grabmaschinen auch in der Braunkohle ging hier noch von den Nassbaggern aus. Der erste Einsatz eines Trockenbaggers erfolgte im rheinischen Braunkohlrevier 1891 nach Bauart eines Hochbaggers der Lübecker Maschinenbau Gesellschaft. Das Gerät hatte ein Gewicht von 50 bis 70 t mit einem Eimerinhalt von 180 bis 275 l. Damit konnte der frühe Bagger zwischen 180 und 260 m^3 pro Stunde fördern. Die Geräte liefen auch noch auf Gleisrosten mit zwei bis vier Schienen. Um 1910 hatte sich die theoretische Förderleistung bereits auf 1.000 m^3 pro Stunde vervierfacht. Die Bagger wogen nun um die 240 t.

Untrennbar mit dieser Region verbunden ist sicher auch die Rheinbraun, heute RWE Power AG. Um 1892 intensivierten einzelne Gruben ihre Zusammenarbeit und gründeten Verkaufsvereine für Kohlebriketts. Die Anfänge liegen hier in kleineren Tagebauen nahe Bergheim, einem Teilbereich des Villerückens. Die einflussreichsten Betreibergesellschaften um 1900 waren die Roddergrube, Grube Brühl und das Gruhlwerk.

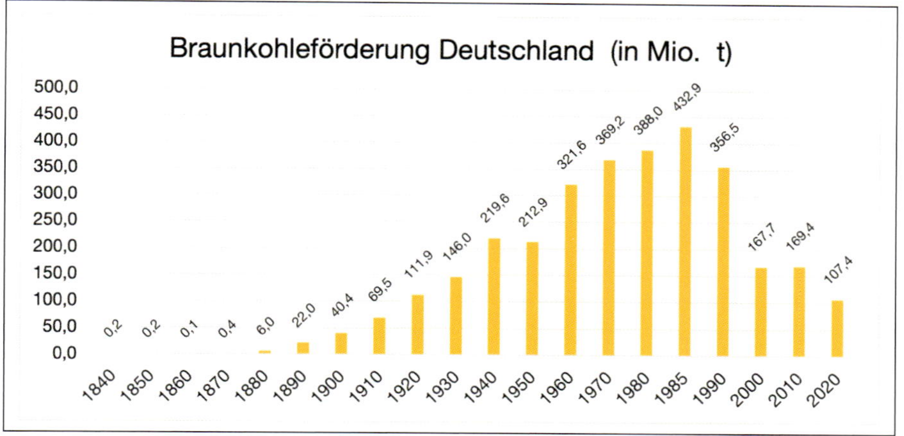

Quelle: www.kohlenstatistik.de

Im Tagebau Ville kam ab 1949 dieser SchRs 200/0,5 x 12 unter der RBW-Nummer 251 zum Einsatz. Diese Baunummer 961 wog 185 t und war der erste Lübecker Schaufelradbagger im rheinischen Braunkohlerevier. (Historisches Konzernarchiv RWE)

Die Roddergrube erhielt ab 1942 Baunummer 965 unter der RBW-Nummer 264. Die Aufnahme zeigt den Bagger auf dem Weg vom Tagebau Zukunft in den Tagebau Inden im Jahr 1969. (Historisches Konzernarchiv RWE)

Der Bagger vom Typ SchRs 200/0 x 6,5 wog 166 t. Seine stündliche Förderleistung lag bei 545 m³. (Historisches Konzernarchiv RWE)

Mit der um 1898 gegründeten Gewerkschaft Fortuna änderte sich der Einfluss dann. Kurz nach der Gründung wurde die Gewerkschaft Beisselsgrube übernommen. Aufgrund des daraus resultierenden Kapitalbedarfes folgte 1903 die Umwandlung in die „Fortuna Aktiengesellschaft für Braunkohlenbergbau- und Brikettfabrikation (Fortuna AG)".

Es folgten weitere Fusionen mit den Gewerkschaften Grefrath und Sibylla. Paul Silverberg, Sohn des Firmengründers Adolf Silverberg, hatte die Fortuna AG von seinem verstorbenen Vater übernommen und sollte die weitere Entwicklung in den kommenden Jahren maßgeblich vorantreiben.

Anfang 1908 kommt es zu weiteren bedeutenden Zusammenschlüssen. Auf dem Gruhlwerk hatte sich zu der Zeit ja gerade Carl Gruhl mit dem Eisernen Bergmann und moderner Baggertechnik einen Namen gemacht. Nach weiteren Zusammenschlüssen in den folgenden Jahren mit zum Beispiel der Gruhl'schen Braunkohlen- und Brikettwerken GmbH oder der Gewerkschaft Brühl-Kölner Braunkohlenbergwerk Donatus wurde dann 1908 in Köln die „Rheinische Aktiengesellschaft für Braunkohlenbergbau und Brikettfabrikation (RAG) gegründet. Und die RAG zählte sicher zu den prägenden Unternehmen im rheinischen Braunkohlerevier.

Zur gleichen Zeit fusionierten auch die Roddergrube mit der Grube Brühl und der Gesellschaft Vereinigte Ville zur „Braunkohlen- und Brikettwerke Roddergrube Aktiengesellschaft AG", Brühl. Unter der Führung von Paul Silverberg wurde das Unternehmen zu einem bedeutenden deutschen Braunkohlekonzern. 1924 erwarb man eine Beteiligung an der Harpener Bergbau AG, die bis 1933 sukzessive erweitert wurde.

Die RWE (Rheinisch-Westfälische Elektrizitätswerk AG) war 1898 in Essen gegründet worden und wandte sich an die Roddergrube AG, um Braunkohlelieferungen zu vereinbaren. Der abgeschlossene Vertrag von 1920 sollte für 90 Jahre gelten. Bereits zwei Jahre später übernahm die RWE die Mehrheitsbeteiligung an der Roddergrube. 1927 folgte eine Mehrheitsbeteiligung an der BIAG Zukunft (Braunkohlenindustrie AG Zukunft), die 1913 aus dem Zusammenschluss verschiedener Gewerkschaften hervorging.

In der Zwischenzeit geriet die RAG aber in den Blickwinkel des Rheinisch-Westfälischen Elektrizitätswerkes (RWE), das die Fortuna-Lagerstätten zur Ergänzung der eigenen Roddergrube erwerben wollte, um das Kraftwerk Goldenberg dauerhaft mit Braunkohle versorgen zu können. Im Jahr 1933 übernahm die RWE nach einer Intrige gegen Paul Silverberg das Unternehmen und schloss einen Unternehmensvertrag zwischen Roddergrube und RAG.

Rechts: Ab Mitter der Vierzigerjahre folgten dann weitere Bagger in das rheinische Braunkohlerevier. Ab 1948 arbeitete Baunummer 978 (RBW-Nummer 202) im Tagebau Neurath. Der SchRs 400/0,5 x 18 x 3 wog 610 t und konnte pro Stunde 1.100 m³ fördern. Der Schaufelradausleger verfügte über einen Vorschub von 3 m. (Historisches Konzernarchiv RWE)

Unten: 1947 erhielt die RAG für den Tagebau Frechen diesen SchRs 400/0,5 s 14,5 x 3. Der 533 t schwere Bagger hatte Baunummer 1003 und lief als Bagger 200. (Historisches Konzernarchiv RWE)

1949 gab es im rheinischen Braunkohlerevier 15 verschiedene Gesellschaften. Darunter waren die RAG, die Braunkohlen- und Brikettwerke Roddergrube AG, die Braunkohlen-Industrie AG Zukunft, die Niederrheinische Braunkohlenwerke AG Frimmersdorf oder die Gewerkschaft Hürtherberg neben anderen. Sie erbrachten aus 23 Tagebauen rund 54 Millionen t Jahresförderung im Jahr 1948. Diese Menge erreicht später zum Beispiel allein der Tagebau Fortuna-Garsdorf (Betriebsende 1993).

Baunummer 1025 wurde 1948 in den Tagebau Neurath geliefert. Der 180 t schwere Bagger war ein SchRS 200/0,5 x 11 und hatte die RBW-Nummer 283. Der Bagger ist mittlerweile verschrottet. (Historisches Konzernarchiv RWE)

In den folgenden Jahren setzte ein Konzentrationsprozess ein und 1959 gab es nur noch sieben Gesellschaften. Diese waren die aus RAG, Roddergrube und BIAG bestehende RWE Braunkohlengruppe sowie Hürtherberg, Rolff, Werhahn und die aus den Gewerkschaften Neurath und Prinzessin Victoria hervorgegangene Braunkohlenbergwerk Neurath AG.

Ende 1959 gelang es RWE, die Aktienmehrheit der Neurath AG zu übernehmen. Es folgte am 28. Dezember die große Fusion der Gesellschaften zu einem Unternehmen. Dieses trug den Namen „Rheinische Braunkohlenwerke Aktiengesellschaft (Rheinbraun)". Dieser Name blieb bis 1989 erhalten.

Die großen Unternehmen waren treue Kunden der LMG und übernahmen zahlreiche Schaufelradbagger. Neben den Schaufelradbaggern ab 1934 bezogen sie aus Lübeck ebenfalls ab 1880 Eimerkettenbagger. Erster Schaufelradbagger im rheinischen Revier war ein SchRs 200/0,5 x 12. Der 185 t schwere Bagger wurde unter der Baunummer 961 im Jahr 1949 in den Tagebau Vereinigte Ville geliefert.

Die Luftaufnahme von Baunummer 1030 im Tagebau Inden zeigt aus der Luft gesehen schön den 9,5 m langen Vorschubweg. Auch die rückwärtigen Auslegerwinden sind gut zu sehen.

(Historiches Konzernarchiv RWE)

Baunummer 1030 oder RBW-Bagger 207 war ein SchRs 700/3,7 x 26,5 x 9,5 und wog 1.190 t. Seine Förderleistung lag bei 2.200 m³.

(Historisches Konzernarchiv RWE)

In Betrieb sind heute noch die drei Standorte Hambach mit sieben Geräten zwischen 110.000 und 240.000 m^3 täglicher Kapazität, Garzweiler/Neurath mit sechs Geräten von 60.000 bis 200.00 m^3 und Inden mit fünf Geräten von 60.000 bis 100.000 m^3 Kapazität. Die Braunkohleförderung im Tagebau Zukunft West wurde im September 1987 nach 530 Millionen geförderten Tonnen eingestellt, der Tagebau Fortuna beendete die Förderung im Mai 1993 nach 1 Milliarde geförderter Tonnen Kohle. Im Tagebau Frechen wurde 1986 nach 334 Millionen t geförderter Kohle die Förderung geschlossen und Vereinigte Ville 1988.

Als einer der letzten Bagger geht am 28. Februar 1991 ein weiterer Gigant in Betrieb, seine Daten sind wahrhaft atemberaubend. Die Förderleistung beträgt 240.000 m^3 pro Tag, 90 m Höhe und 13.500 t Gewicht. In Auftrag gegeben wurde der Bagger bereits im September 1987 und in Lübeck konstruiert und gefertigt. Bereits im September 1988 begann die Montage des Giganten mit der Baunummer 1420 (RBW 292) nahe dem Tagebau Hambach.

Der Bagger verfügte über einige Neuerungen im Vergleich zu seinen Vorgängergeräten, wobei das grobe Konstruktionsprinzip beibehalten wurde. Zur Reduzierung von Staubemissionen war eine komplette Wasserberieselungsanlage installiert. So wurden alle Materialübergaben einschließlich der Übergabe zum Strossenband sowie der Schaufeleingriff mit einem Wasserschleier versehen und die Staub-

Baunummer 1067 oder Bagger 205 wurde 1952 in den Tagebau Frimmersdorf geliefert. Der SchRs 850/3 26 x 11 war somit größer als Baunummer 1030. Die Schaufeln des Baggers hatten eine Kapazität von 850 l und der Vorschub war mit 11 m auch größer. Der Bagger wog 1.650 t. Gut zu erkennen ist auch der Abwurfausleger für das Material zur Zugverladung. (Historisches Konzernarchiv RWE)

entwicklung so gemindert. Die Wasserversorgung erfolgte über eine an der Strosse stationär verlegte Rohrleitung zum Beladegerät und dann zum Bagger.

Faszinierend waren hier auch die Umzüge der riesigen Bagger, wie z. B. 1991 in den Tagebau Inden. Der 5.000 t schwere Bagger mit Baunummer 1089 oder RBW 255 ging 1955 als einer der ersten Bagger der 100.000-m^3-Klasse in Betrieb. 15 Millionen DM kostete damals die 26,5 km lange Fahrt; trotzdem weitaus billiger als die Demontage und anschließende Montage.

In den Sechzigerjahren ist der deutsche Markt für Schaufelradbagger relativ gesättigt und das Lübecker Werk hat

Die seltene Farbaufnahme zeigt das Gerät um 1959 im Tagebau Frimmersdorf. Der Bagger arbeitet hier bei fast komplett ausgenutztem Vorschub und das Gegengewicht samt Servicekran befindet sich nahezu am Maschinenheck. (Historisches Konzernarchiv RWE)

Bagger 263 oder Baunummer 1075 war ein SchRs 250/1 x 12 und kam ab 1951 im Tagebbau Gotteshülfe zum Einsatz. Der SchRs 250/1 x 12 wog 245 t und konnte 1.125 m³ pro Stunde baggern. (Historisches Konzernarchiv RWE)

Mit 3.270 m³ stündlicher Förderleistung war Baunummer 1088 schon deutlich leistungsfähiger als zum Beispiel Baunummer 1030. Der SchRs 700/6 x 27 x 20 hatte mit 20 m auch einen beachtlichen Vorschub. Der 1.545 t schwere Bagger 208 wurde ab 1952 im Tagebau Zukunft eingesetzt. (Historisches Konzernarchiv RWE)

sich bereits frühzeitig um Auslandsaufträge bemüht, um hier wirtschaftlich gut aufgestellt zu sein.

Insgesamt baute Orenstein & Koppel/LMG zehn Schaufelradbagger mit mehr als 5.000 t Gewicht, die in das rheinische Braunkohlerevier gingen.

Aus der Formel der Typenbezeichnung ist bei den Geräten auch gut die Entwicklung der Eimergrößen von 1.800 l bis zum Maximum von 6.300 l im Jahr 1986 ersichtlich.

Aufgrund der sinkenden Bedeutung der Braunkohle in jüngster Zeit wird auch weniger Förderleistung benötigt. Daher werden auch von Zeit zu Zeit die großen Bagger außer Betrieb genommen und verschrottet. Dieses Schicksal ereilte auch Baunummer 1146 im Oktober 2020. Nach 60 Jahren Arbeit sorgten 44,5 kg Sprengstoff dafür, das statisch entscheidende Stellen wie Pylone, Ausleger und Stahlseile durchschnitten wurden und 7.000 t Schrott übrig blieben. Die Ausmusterung ist auch bedingt durch die Umsetzung des gesetzlich vorgeschriebenen Kohlenkompromisses.

Aber, vor der Zerlegung wurden noch verwertbare Komponenten demontiert und als Ersatzteile für baugleiche Geräte geborgen. Der Bagger 259 wurde im Frühjahr 1960 im damaligen Tagebau Fortuna-Garsdorf in Betrieb genommen. Mit drei bis vier Maschinisten pro Schicht an Bord konnte er bis zu 110.000 Festkubikmeter Abraum oder Kohle gewinnen. Insgesamt förderte der Bagger gut 890 Millionen t und m³ Material, davon 686 Millionen m³ Abraum und 204 Millionen t Braunkohle.

Jahr	Typ	Baunummer LMG	Baunummer RWE	Dienstgewicht	Förderleistung	Tagebau
1953/1955	SchRs 3600/5 x 48	1089	255	5.550 t	7.300 m³/h	Fortuna
1954/1956	SchRs 4000/20 x 50	1111	281	7.450 t	7.270 m³/h	Zukunft
1955/1956	SchRs 1800/25 x 50	1115	258	5.800 t	8.500 m³/h	Fortuna
1961	SchRs 3200/21,5 x 53,5	1146	259	7.000 t	13.000 m³/h	Fortuna
1961	SchRs 3200/21,5 x 53,5	1147	261	7.000 t	13.000 m³/h	Frechen
1961/1963	SchRs 4500/14 x 38 - 41	1166	282	7.500 t	11.300 m³/h	Inden
1974	SchRs 4500/12 x 44	1329	286	7.350 t	11.800 m³/h	Zukunft
1975	SchRs 6300/9-17 x 51	1330	285	12.130 t	18.900 m³/h	Fortuna
1974/1977	SchRs 6300/9-17 x 51	1347	289	12.730 t	21.600 m³/h	Hambach
1986/1988	SchRs 6300/9x17-51	1420	292	13.300 t	22.700 m³/h	Hambach

Mit Bagger 255 oder Baunummer 1089 war ein Meilenstein gelegt. Der Bagger gehört heute mit zu den ältesten sich noch im Einsatz befindlichen Geräten im rheinischen Revier und sogar weltweit.
(Historisches Konzernarchiv RWE)

Der Bagger vom Typ SchRS 3600/5 x 48 verfügte über gigantische 3.600 l fassende Schaufeln und wog 5.550 t. Stolz prangt auf dem Bagger das LMG-Logo.
(Historisches Konzernarchiv RWE)

Oben: Später war dann das O&K-Logo auf dem Bagger angebracht. Der Bagger kam 1953 im Tagebau Fortuna zum Einsatz und ist heute im Tagebau Inden beheimatet. Stündlich konnte der Bagger 7.300 m³ fördern. *(Joachim Rodenberg)*

Rechts: Baunummer 1106 oder Bagger 268 war dagegen wiederum ein Leichtgewicht und wog nur 252 t. Der SchRs 200/5 x 12 begann 1954 seine Arbeit im Tagebau Frimmersdorf. Auch er existiert heute nicht mehr. *(Historisches Konzernarchiv RWE)*

Unten: Gewaltig waren die riesigen Bagger mit Vorschub. Baunummer 1110 oder Bagger 209 war ein 1.490 t schwerer SchRs 700/6 x 27 x 20, hier im Tagebau Inden. Das Schaufelrad hatte einen Durchmesser von 7,2 m mit sieben Schaufeln. Insgesamt verfügten alle Motoren über 21.657 kW Leistung. *(Historisches Konzernarchiv RWE)*

Rechts: Mit Bagger 281 oder Baunummer 1111 wurde im Tagebau Zukunft ein weiteres Gerät der 100.000er Generation im Jahr 1954 in Betrieb genommen. Der SchRs 4000/20 x 50 hatte ein Gewicht von 7.450 t und konnte 7.270 m³ pro Stunde baggern. *(Joachim Rodenberg)*

Unten: Die Besonderheit von Baunummer 1111 war der lange Schaufelradausleger. Um auch im Tiefschnitt unterhalb des Planums arbeiten zu können, hatte dieser eine Ausladung von 96 m. *(Historisches Konzernarchiv RWE)*

Das Schaufelrad von Bagger 281 hatte einen Durchmesser von 15,2 m und war mit zehn Eimern bestückt. Insgesamt hatten alle Elektromotoren eine Gesamtleistung von 9.853 kW. *(Historisches Konzernarchiv RWE)*

Nach fast 40 Jahren im Einsatz wurde der Bagger 1991 einer großen Revision unterzogen. Der lange Schaufelradausleger ruht hierzu auf den Stützen, ebenso wie der Gegengewichtsausleger. *(Historisches Konzernarchiv RWE)*

Links: Baunummer 1112 oder Bagger 266 war dagegen wieder ein Fliegengewicht. Der SchRs 250/1 x 12 wog nur 240 t und konnte stündlich 1.225 m³ baggern. Er war im Tagebau Frimmersdorf im Einsatz und wurde verschrottet. *(Historisches Konzernarchiv RWE)*

Rechts: Das Foto zeigt den Fahrerstand von Baunummer 1115 im Jahr 1958. Die Steuerung erfolgte natürlich noch ohne moderne Computersteuerungen. *(Historisches Konzernarchiv RWE)*

Unten: Anhand des Blickes von der Zwischenbrücke und des Arbeiters auf der Gangway kann die gigantische Größe des Baggers erahnt werden. Gut zu sehen ist auch die zum Teil genietete Konstruktion des Stahlbaus. *(Historisches Konzernarchiv RWE)*

Oben: Das Foto zeigt den Umformerraum des Baggers um das Jahr 1958. Insgesamt verfügte Baunummer 1115 über eine Antriebsleistung von 7.485 kW. *(Historisches Konzernarchiv RWE)*

Rechts: Baunummer 1115 oder Bagger 258 war ein SchRs 1800/25 x 50 und wog 5.800 t. Mit einer stündlichen Förderleistung von 8.500 m³ gehörte er ebenfalls zur 100.000er Generation. *(Historisches Konzernarchiv RWE)*

Unten: Das gewaltige Schaufelrad hatte einen Durchmesser von 16,5 m und war mit zehn Schaufeln ausgestattet. Die beiden Antriebsmotoren hatten jeweils 550 kW Antriebsleistung. *(Historisches Konzernarchiv RWE)*

Links: Gut zu erkennen sind bei dieser Gesamtaufnahme von Bagger 1115 auch die beiden Fahrerkabinen. Beide waren über einen Flaschenzug für beste Sichtverhältnisse höhenverstellbar.

(Historisches Konzernarchiv RWE)

Mitte: Diese Farbaufnahme von 1958 zeigt den Verladewagen von Baunummer 1115 mit Kabelwagen. Anhand der Arbeiter sind auch die riesigen Dimensionen des Tagebaus und des Baggers ersichtlich.

(Historisches Konzernarchiv RWE)

Unten: Die zwölf massiven Raupenträger verteilten das Gesamtgewicht des Baggers bestens. So betrug der Bodendruck nur 1,34 kg pro cm². Im Vordergrund sind die Schienen zum Materialtransport erkennbar.

(Historisches Konzernarchiv RWE)

Leider ohne Datum ist diese Luftaufnahme vom Tagebau Fortuna Garsdorf. Das Foto ist besonders spannend, da die beiden einzigen Bucyrus Draglines ebenfalls zu sehen sind. Diese Schleppschaufelbagger mit Schreitwerk sind in amerikanischen oder australischen Tagebauen weit verbreitet. In Deutschland sind sie aber nur sehr rar gewesen. Bagger 258 steht im Hintergrund.

(Historisches Konzernarchiv RWE)

Links: Auf dem Foto ist der Bagger 258 im Tiefschnitt zu sehen. Mit dem 68 m langen Schaufelradausleger konnte der Bagger bis zu maximal 25 m tief baggern. *(Historisches Konzernarchiv)*

Für die elektrische Ausstattung des Baggers zeichnete sich BBC verantwortlich. Gut zu erkennen ist auch der Umformerraum auf dem schönen Farbfoto.

(Historisches Konzernarchiv RWE)

Urs Peyer konnte Bagger 258 bei einer Führung durch den Tagebau ablichten. Beeindruckend wühlt sich der Bagger durch den Abraum. Für die elektrische Ausstattung zeichnete sich ABB verantwortlich. (Urs Peyer)

Ein weiterer Schaufelradbagger mit Vorschub nahm 1955 im Tagebau Neurath seine Arbeit auf. Der SchRs 600/10 x 28 x 18,8 wurde in Lübeck unter der Baunummer 1124 (RBW-Nummer 203) gelistet. Der 1.770 t schwere Bagger hatte 18,8 m Vorschub und wurde wegen eines Totalschadens 1965 verschrottet. (Historisches Konzernarchiv RWE)

Die relativ neue Aufnahme von 1993 zeigt Baunummer 1128 oder Bagger 272. Der SchRs 1900/5 x 28 wog 3.580 t und konnte 6.000 m³ pro Stunde fördern. Sein Ersteinsatz war im Tagebau Frimmersdorf, aus dem durch Zusammenschluss der Tagebau Garzweiler entstand.
(Historisches Konzernarchiv RWE)

Die Roddergrube AG setzte ab 1958 den SchRs 350/5 x 12 im Tagebau Inden ein. Der 450 t schwere Bagger konnte pro Stunde 2.050 m³ fördern. Auch er wurde verschrottet. Er hatte die RBW-Nummer 277 und die Baunummer 1132.
(Historisches Konzernarchiv RWE)

Auch Baunummer 1133 existiert nicht mehr. Betriebsbeginn war 1958 im Tagebau Inden. Der SchRs 350/5 x 12 war baugleich mit Baunummer 1133 und unter der RBW-Nummer 278 gelistet.
(Historisches Konzernarchiv RWE)

Oben: Das Foto zeigt Baunummer 1146 oder Bagger 259 im Tagebau Bergheim. Der SchRs 3200/21,5 x 53,5 wog 7.000 t und konnte pro Stunde 13.000 m³ fördern. Gut zu erkennen ist auch der Bandwagen, von wo das Material vom Bagger auf die Förderbänder zum Abtransport übergeben wurde.

(Historisches Konzernarchiv RWE)

Unten: Während Baunummer 1146 hier den Abraum abträgt, sind die anderen Bagger in der Kohleförderung zu erkennen. Auch diese Aufnahme verdeutlicht die Größe des Tagebaus.

(Historisches Konzernarchiv RWE)

Eine interessante Perspektive zeigt diese Aufnahme von 1984. Baunummer 1147 oder Bagger 261 ist hier samt Bandanlage zu sehen.
(Historisches Konzernarchiv RWE)

Baunummer 1147 war ein SchRs 3200/21,5 x 53,5. Seine stündliche Leistung lag bei 13.000 m³. Im Jahr 1961 begann er seine Arbeit nach der Montage.
(Historisches Konzernarchiv RWE)

Im Jahr 1982 zog der 7.000 t schwere Bagger um. Dabei legte er die Strecke vom Tagebau Frechen in den Tagebau Frimmersdorf selber zurück. Eine Demontage wäre viel zu aufwändig und teuer gewesen. *(Historisches Konzernarchiv RWE)*

Im Jahr 1993 wurde der Bagger dann in der Abraumbeseitigung eingesetzt. Auch er gehört zur 100.000er Generation. *(Historisches Konzernarchiv RWE)*

Rechts: Im Tagebau Zukunft kam ab 1961 dieser SchRs 1900/5 x 30 (Baunummer 1151) zum Einsatz. Bagger 279 wog 3.700 t und konnte 5.900 m³ pro Stunde fördern. Das Foto zeigt ihn auf seiner Reise in den Tagebau Inden. *(Historisches Konzernarchiv RWE)*

Das Schaufelrad hatte einen Durchmesser von 13 m und war mit zehn Schaufeln bestückt. Die Aufnahme zeigt den Bagger im Tagebau Inden. *(Historisches Konzernarchiv RWE)*

Baunummer 1166 gehörte ebenfalls zur 100.000er Generation. Der 7.500 t schwere SchRs 4500/12 x 38 wurde als Bagger 282 im Jahr 1961 in Betrieb genommen. Das Schaufelrad mit 17,3 m Durchmesser dürfte hier in seiner maximalen Abtragshöhe von rund 38 m gewesen sein. *(Historisches Konzernarchiv RWE)*

Am Rand des Tagebaus Inden wurde die Montage von Bagger 286 oder Baunummer 1329 im Juli 1974 beendet. Der SchRs 4500/12 x 44 wog 7.350 t. Der Bordkran kam ebenfalls aus dem Lübecker Werk. (Historisches Konzernarchiv RWE)

Links: Baunummer 1330 oder Bagger 285 folgte 1975. Insgesamt waren 14.446 kW Gesamtleistung aller Motoren installiert. Alleine vier 630 kW starke Motoren bewegten das gewaltige Schaufelrad mit 21,6 m Durchmesser. (Joachim Rodenberg)

18 Schaufeln mit jeweils gigantischen 6.300 l Schaufelinhalt sorgten für eine stündliche Leistung von 18.900 m³. Auch bei diesem Bagger waren Lübecker Bordkrane montiert. (Joachim Rodenberg)

Die Aufnahme aus dem Tagebau Garzweiler zeigt im Vordergrund Baunummer 1130. Im Hintergrund ist Baunummer 1115 zu sehen. Besonders die Nachtaufnahmen begeistern durch die beleuchteten Bagger.

(Historisches Konzernarchiv RWE)

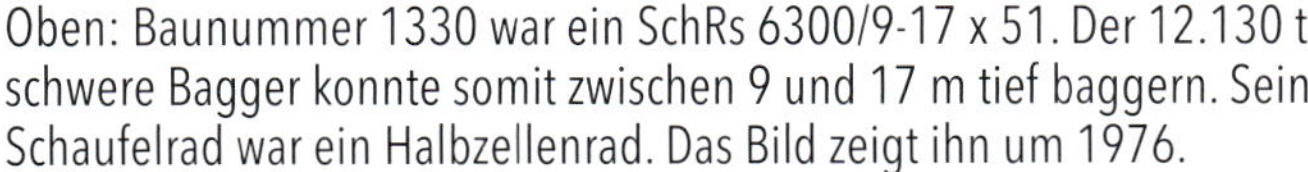

Oben: Baunummer 1330 war ein SchRs 6300/9-17 x 51. Der 12.130 t schwere Bagger konnte somit zwischen 9 und 17 m tief baggern. Sein Schaufelrad war ein Halbzellenrad. Das Bild zeigt ihn um 1976.

(Historisches Konzernarchiv RWE)

Rechts oben: Verschwindend klein wirkt der kleine Radlader vor dem Bagger. Im Tagebau Fortuna war er im Oktober 1976 mit der Beseitigung des Abraums beschäftigt. *(Historisches Konzernarchiv RWE)*

Rechts unten: Gut zu erkennen ist auf diesem Bild der Verladewagen. Dort erfolgt die Materialübergabe an das Transportband. Der Verladewagen steht hier auch höher als der Bagger. *(Historisches Konzernarchiv RWE)*

Baunummer 1347 oder Bagger 289 wurde 1974 in den Tagebau Hambach geliefert. Das Schaufelrad dieses 240.000er Baggers hatte einen Durchmesser von 21,6 m und war mit 18 Schaufeln ausgerüstet. Diese hatten jeweils 6.300 l Schaufelinhalt. *(Joachim Rodenberg)*

Die Fahrerkabine war mittlerweile etwas moderner geworden. Sicher war der Fahrkomfort noch nicht auf dem Niveau heutiger moderner hydraulischer Tagebaubagger. *(Historisches Konzernarchiv RWE)*

Bagger 289 zeigt sich hier im Tagebau Hambach um 1990. Im Hintergrund ist auch Bagger 290 zu erkennen. Letzterer stammt aus dem Jahr 1978 und wurde von MAN geliefert. *(Historisches Konzernarchiv RWE)*

Baunummer 1347 ist ein SchRs 6300/9-17 x 51 und wurde 1977 in Betrieb genommen. Die Aufnahme zeigt das gewaltige Gerät ein Jahr nach Inbetriebnahme. Hier ist der Bagger 1984 beim Aufschluss im Tagebau Hambach zu sehen. Das Foto stammt aus dem Jahr 1978 und der Bagger begann mit der Beseitigung des Abraums. *(Historisches Konzernarchiv RWE)*

1984 war der Bagger im Tiefschnitt tätig. Bis zu 17 m tief konnte gebaggert werden. Beeindruckend ist auch der Vergleich zu dem Arbeiter neben dem Caterpillar-Raddozer. *(Historisches Konzernarchiv RWE)*

Ende 1982 war das Gerät in der Abraumbeseitigung im Tagebau Hambach im Einsatz. Im Tagebau werden die primären Fördergeräte wie Schaufelradbagger oder auch Hydraulikbagger von Raupen oder Raddozern unterstützt. Deren Aufgabe besteht in der Räumung von Material, welches der Bagger nicht erreicht. Hier hilft eine Liebherr-Raupe.

(Historisches Konzernarchiv)

Oben: Im Tagebau Hambach kam ab 1991 Baunummer 1420 oder Bagger 292 zum Einsatz. Das gewaltige Fahrwerk ist gut zu erkennen. Zu sehen ist der vordere Teil mit den vier Fahrwerken. *(Historisches Konzernarchiv RWE)*

Links: Hier ist der Bagger im Kohleabbau eingesetzt. Die Aufnahme stammt aus dem Sommer 1991. Weitere Bagger sind im Hintergund bei der Abraumbeseitigung zu erkennen. *(Historisches Konzernarchiv RWE)*

Ab 1951 kam auch dieser SchRs 800/1,5 x 28 x 12 im Tagebau Fortuna zum Einsatz. Der Bagger wurde von Krupp geliefert und war bis 1985 im Einsatz. Danach erfolgte die Verschrottung.
(Historisches Konzernarchiv RWE)

Auch Bagger 260 war ein Wettbewerbsgerät und wurde 1962 von Krupp in den Tagebau Fortuna geliefert. Der SchRs 3500/20-25 x 52 hatte ein Dienstgewicht von 7.386 t und gehörte ebenfalls der 100.000er Klasse an. Das Foto zeigt den Bagger im Jahr 1993.
(Historisches Konzernarchiv RWE)

Bagger 260 zog zusammen mit dem Absetzer 744 aus Lübeck Mitte der Achtzigerjahre vom Tagebau Fortuna in den Tagebau Hambach. Der gewaltige Transport wurde seinerzeit von Sven Ullrich begleitet. *(Sven Ullrich)*

Eine gewaltige Flotte an Baggern, Radladern und Dozern sorgte für eine reibungslose Fahrt der Geräte. Die Fahrgeschwindigkeit war natürlich entsprechend gering. Dennoch, die Fahrt ist deutlich billiger als eine Demontage mit erneuter Montage. *(Sven Ullrich)*

Manchmal war ein Herankommen an die Geräte schwierig. Dennoch, die gewaltige Größe kann auch auf Entfernung anhand der Menschen erahnt werden. *(Sven Ullrich)*

Behutsam fuhr der Bagger auch durch Felder. Eine umfassende Logistik zur Vorbereitung der Wegstrecke war notwendig. Das bedingte auch die Demontage eventuell im Weg vorhandener Stromleitungen. *(Sven Ullrich)*

Oben: Die Aufnahme zeigt den Aussichtspunkt des Tagebau Hambach im September 2020. Zu sehen ist vorne Bagger 287. Der 13.311 t schwere Bagger der 240.000er Generation wurde 1976 vom Konsortium MAN, Pohlig und Weserhütte geliefert und ist ein SchRS 5000/17 x 51.

Rechts: Am Aussichtspunkt Hambach kann auch dieses Teilstück eines Schaufelradbaggers bestaunt werden. Welcher Bagger dies war, stand allerdings nicht auf dem Rad.

Unten: Diese Aufnahme des Tagebaus Garzweiler stammt ebenfalls vom Aussichtspunkt mit dem beeindruckenden Skywalk. Dort kann man einen faszinierenden Blick in den Tagebau bekommen. Allerdings war dieser aufgrund der Lage im September 2020 geschlossen.

Diese drei Bilder sind eindeutig und zeigen das Ende von Bagger 259 im Oktober 2020. Aufgrund des Kohlenkompromisses wird nicht mehr so viel Förderleistung benötigt und 44,5 kg Sprengstoff zerstörten die Statik von Baunummer 1146.
(Historisches Konzernarchiv RWE)

Einsatz in der Kälte: der kanadische Ölsand

Gegen 1965 gelangten Schaufelradbagger sogar in den kanadischen Ölsand. Die Athabasca Region um die kanadische Stadt Fort McMurray ist heute eine der wichtigsten Regionen für den Ölsandabbau. Die Landschaft ist geprägt von weiten und schönen, aber einsamen Wäldern nahe des Athabasca Flusses und den riesigen Ölsandminen außerhalb der Stadt. Heute finden sich dort aber nur noch große Seilbagger und Hydraulikbagger neben Radladern und Dozern.

Größtes Problem dabei stellten die tiefen Temperaturen dar, im Winter bis zu minus 45 Grad Celsius. Der Ölsand liegt dabei rund 20 m unter der Erdoberfläche. Und bei diesen kalten Temperaturen wirkt der Ölsand wie grobes Schmirgelpapier auf die Schaufeln. Die verantwortlichen Ingenieure der LMG machten sogar Versuche über Grabwiederstände mit Eimern und einer Schar an einer D9 Raupe. Aus diesem Grunde waren alle Getriebeheizungen auch bei Stillstand in Betrieb.

Erste Versuche, den stark abrasiven Ölsand abzubauen, wurden mit kleineren Schaufelradbaggern unternommen. Die Bechtel Corporation erwarb hierzu 1964 einen ersten kompakten Bagger des Typs 70 (SchRs 70/0,5 x 6,5). Seine Förderleistung war für 320 m³ pro Stunde ausgelegt. Eingesetzt wurde er bei Great Canadian Oil Sands, aus der 1979 Suncor Inc. hervorging.

1965 und 1966 kamen auch zwei 1.700 t schwere Geräte des Typs SchRs 1000/1,5 x 26 zum Einsatz. Bei Temperaturen im Winter von bis zu 40 Grad unter null kamen die Maschinen an ihre Grenzen. Die Abrasivität des Ölsandes war wohl auch der Grund, warum der Abbau später nur mit großen Seil- und Hydraulikbaggern erfolgte. In den

Der Standardschaufelradbagger Typ 70 wurde 1964 erstmalig im Ölsand zu Versuchszwecken eingesetzt. Hauptproblem beim Einsatz waren die tiefen Temperaturen im Winter von weit unter minus 40 Grad Celsius.

In den Jahren 1964 und 1965 sowie im Mai 1966 wurden verschiedene Tests durchgeführt, teilweise waren die Frosteinwirkungen in den Abbaublöcken bis zu 12 m tief von allen drei Seiten. Die Versuche insgesamt erwiesen sich als erfolgreich, so dass weitere Bagger folgten.

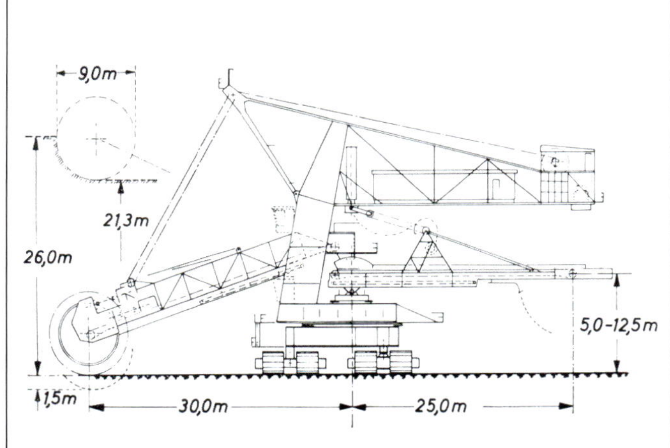

Der Auftrag zur Lieferung der beiden SchRs 1000/1,5 x 26 ging an die Export Union Bucketwheel. Die Unternehmen Krupp und LMG setzten sich hier unter LMG-Federführung gegen die amerikanischen Baggerhersteller durch.

Die Montage der Bagger erfolgte mit zwei Manitowoc-Raupenkranen und zum Teil in einem Schutzzelt. Bei Temperaturen von minus 40 Grad Celsius wurde der Schaufelradantrieb im beheizten Zelt endmontiert.

Links: Die beiden 1.660 t schweren Bagger mit den Baunummern 1300 und 1301 waren ab 1965 im Einsatz. Der Gesamtentwurf der Bagger kam aus Lübeck, während die Raupen und Unterwagen bei Krupp gefertigt wurden. Im Bild zu sehen ist Baunummer 1300.

(Joachim Rodenberg)

Unten: Die Bagger hatten einen Eimerinhalt von 1.000 l. Zwei Elektromotoren mit jeweils 500 kW Leistung sorgten für ausreichend Kraft. Zehn Eimer waren am 9 m großen Schaufelrad montiert. Der Bandwagen und die Bandanlagen wurden von Demag-Lauchhammer geliefert. Das Bild zeigt die andere Baunummer 1301. (Joachim Rodenberg)

Der Ölsand ist extrem abrasiv durch seinen Sandanteil. Dadurch ist der Verschleiß extrem hoch. Manchmal führte dies zum Glühen der Schaufeln durch die Reibung des Sandes. Joachim Rodenberg konnte diese beeindruckende Aufnahme bei einem seiner Besuche im Ölsand machen. (Joachim Rodenberg)

Die Geräte arbeiteten bei jeder Temperatur und im Winter waren die Bedingungen extrem. Baunummer 1301 war hier im Einsatz mit dem O&K/LMG Bandwagen BRs 1800/28+32 x 15,5, von denen zwei Geräte mit den Baunummern 283 und 285 an die Bechtel Corporation für Suncor geliefert wurden.

(Joachim Rodenberg)

Frostmonaten waren die Schaufelzähne innerhalb von drei Stunden um 30 mm abgeschliffen. Die Förderleistung der Geräte lag bei 110.000 t täglich.

1976 folgte ein weiterer Schaufelradbagger für den Abraumabbau und fünf Jahre später wiederum ein vierter zur Kapazitätserweiterung im Ölsandabbau. Geordert wurde der Bagger im Juni 1974. Der Bagger vom Typ S 2000 hatte die Baunummer 1340.

Das Gerät verlud den gebaggerten Abraum über eine sogenannte Hosenschurre auf eine große Flotte von 100-t-Trucks, die nebeneinander unter die Schurre am Verladebandende zur Beladung fuhren.

Mit allen Schaufelradbaggern wurden 600 Millionen t Ölsand oder 236 Millionen Barrel Rohöl gefördert (1 Barrel entspricht dabei 159 l). Die Geräte waren damals 4.300 Stunden pro Jahr im Einsatz.

Aber auch das Unternehmen Syncrude begann 1978 damit, in der Grube Mildred Lake Schaufelradbagger einzusetzen. Dies erfolgte jedoch völlig an-

Baunummer 1340, der 1.724 t schwere S 2000, wurde direkt von Suncor geordert und kam hier in der Abraumbeseitigung zum Einsatz. Das Gerät war der größte Kompaktschaufelradbagger. (Joachim Rodenberg)

Bedient wurde das gewaltige Gerät von zwei Fahrern. Ein Fahrer in der vorderen Kabine überwachte das Schaufelrad und ein weiterer Fahrer in der Kabine am Abwurfband kontrollierte die Materialübergabe in die schweren Trucks. (Joachim Rodenberg)

Die Schaufeln des S 2000 im Ölsand verfügten über eine spezielle Bauform. Sie waren mit einem „Rucksack" ausgestattet, so dass größere Steine nicht mit in die Schaufeln gelangen konnten. (Joachim Rodenberg)

Auf dem Transportband links sind gut die Steine zu erkennen. Auch die Rucksäcke und Zähne sind gut erkennbar. (Joachim Rodenberg)

ders als bei Suncor. Zunächst wurde der Ölsand mit Schleppschaufelbaggern, sogenannten Draglines, auf einer Halde aufgetürmt. Die Halde hatte eine Breite von bis zu 90 m und war 20 m hoch. Insgesamt vier Draglines wurden von Syncrude geordert, je zwei von Bucyrus und von Marion. Marion wurde 1997 von Bucyrus übernommen.

Im Anschluss daran kamen die vier Schaufelradbagger als sogenannte Reclaimer oder Aufnahmegeräte zum Einsatz; sie hatten die Baunummern 1341 bis 1344. Ihre Aufgabe bestand darin, das aufgetürmte Material abzubaggern und über Förderbänder dann in die Produktion zu bringen, wo der Ölsand zu wertvollem Öl verarbeitet wurde.

Joachim Rodenberg war hier mit seinem Team beteiligt und reiste mehrere Male in die kanadische Stadt mit eigenem Flughafen. Am Ende seines Projektmanagements für Bau 1340 leitete Joachim Rodenberg vor Ort aktiv den dreiwöchigen Förderleistungstest.

Der kleine Flughafen empfing vor seiner Modernisierung um 2010 seine Besucher gleich mit zahlreichen Werbeplakaten der großen Baumaschinenkonzerne wie Caterpillar, Komatsu, Sandvik, Hitachi oder Liebherr.

Die Geräte trugen die Bezeichnung SchRs 2375/1,5 x 21 und wurden von der Bucketwheel Engineering AG in den Jahren 1974 bis 1975 geliefert. Dies war ein Konsortium der LMG mit Krupp und beide Unternehmen hielten 50 Prozent. Die 1.750 t schweren Geräte hatten ein zellenloses Schaufelrad mit 12,5 m Durchmesser und die 14 Schaufeln besaßen eine Kapazität von jeweils 2.375 l. So konnten die Bagger stündlich jeweils 7.623 m³ fördern. Zwei Elektromotoren mit jeweils 500 kW Leistung sorgten für den Antrieb des Schaufelrades. Flüssigkeitskupplungen zwischen den Elektromotoren und dem Getriebe des Schaufelrades boten ausreichend Überlastungsschutz.

Und ein Bagger aus dieser Lieferung existiert sogar heute noch, jedoch nicht mehr aktiv. Auf dem Weg von Fort McMurray in Richtung der Abbaugebiete befindet sich ein kleines Museum oder öffentlicher Aussichtspunkt am Highway 63; ein Schaufelradbagger und

An den Raupen waren zudem Schutzgitter angebracht. So wurde der Antrieb vor herabfallenden Gesteinsbrocken geschützt. (Joachim Rodenberg)

Aus der hinteren Kabine konnte der Fahrer die Übergabeschurren gut überblicken. So konnte der beladene Truck losfahren und die Beladung wurde auf dem zweiten fortgesetzt. *(Joachim Rodenberg)*

Auch Baunummer 1340 wurde bei den niedrigen Temperaturen in Fort McMurray stark gefordert. Bei Temperaturen von bis zu minus 30 Grad Celsius war die Arbeit im Ölsand auch für das Personal nicht gerade leicht. *(Joachim Rodenberg)*

Wichtig bei der Truckbeladung war natürlich eine ausreichende Menge an Trucks. Die schöne Luftaufnahme zeigt, dass genügend Trucks an diesem Tag vor rund 40 Jahren zur Verfügung standen. *(Joachim Rodenberg)*

Baunummer 1341 war ein Aufnahmegerät und kam bei Synrude zum Einsatz. Die Dragline baggerte das Material auf eine Stelle und von dort baggerte der Schaufelradbagger das Material ab. Am 12,5 m Schaufelrad waren 14 Schaufeln installiert. (Joachim Rodenberg)

Das Konzept, das Syncrude verfolgte, unterschied sich somit von Suncor deutlich. Der Abraum wurde über den zum Gerät gehörenden Bandwagen abtransportiert. Auch hier wachte ein zweiter Bediener über den Teil des Baggers. (Joachim Rodenberg)

Auch wenn im Ölsand heute kein Schaufelradbagger mehr im Einsatz ist, Baunummer 1341 samt der Dragline sind dann doch besondere Geräte und können sogar heute noch bestaunt werden. Bagger 1341 war ein SchRs 2375/1,5 x 21 mit rund 2.500 t Dienstgewicht. (Joachim Rodenberg)

Zu den Baggern bei Syncrude gehörte auch dieser Kabeltrommelwagen. Er trug die Baunummer 344 und kam ab 1975 zum Einsatz.
(Joachim Rodenberg)

eine der riesigen Draglines stehen dort ausgestellt und sind von einem gut zugänglichen Parkplatz an der Straße aus zu sehen.

Die Dragline trägt den Namen Discovery und wiegt 6.200 t. Sie wurde von Bucyrus Erie 1977 bis 1978 in 18 Monaten montiert und im Juli 1999 ging sie nach 105.000 Betriebsstunden und über 624 Millionen t geförderten Ölsand in Rente. Anfang der 1990er-Jahre wurde im Ölsand dann gänzlich von den Schaufelradbaggern auf Hydraulikbagger oder Seilbagger mit Muldenkipper umgestellt.

Der Blick vom Highway 64 nördlich von Fort McMurray zeigt bereits abgebaggerte Bereiche. Hier war Baunummer 1341 im Einsatz. Die Rekultivierung hat hier bereits vor einigen Jahren begonnen. Die Aufnahme stammt aus 2015.

Und an dieser Stelle am Highway befindet sich ein kleiner öffentlicher Aussichtspunkt. Hier können Baunummer 1341 und die Dragline hinter einem Zaun bestaunt werden.

In der Weite Kanadas in dieser Region um Fort McMurray wirken diese Giganten regelrecht majestätisch. Als einzige öffentlich zugängliche Maschinen aus den Minen sind die beiden Bagger ein gerne genutzter Haltepunkt. Touristen dürften sich in die abgelegene Region aber nur selten verirren.

Oben: Der Bagger hatte eine gesamte Länge von 133 m vom Drehpunkt des Schaufelrades bis zum austeleskopierten Bandwagen samt Übergabeschurre. Die garantierte Fördermenge des Gerätes pro Stunde lag bei 3.975 m³.

Links: Gut erkennbar ist auch die veränderte Ausführung des Oberbaus mit dem Ballastausleger. Die Verstellung erfolgte durch einen Hydraulikzylinder.

Oben: Das Schaufelrad war ebenfalls ein zellenloses. Angetrieben wurde es von zwei 500-kW-Elektromotoren. Der Schaufelradausleger hatte eine Länge von 29 m.

Rechts: Der Bagger fuhr auf einem Dreipunktfahrwerk mit vier Raupen. Die Fahrgeschwindigkeit betrug maximal 0,15 m/Sekunde. Der Bodendruck lag bei 1,3 kg pro cm². Gut erkennbar sind auch die Schutzgitter der Fahrwerke.

Unten: Vor dem Schaufelradbagger steht auch die ausgediente Schleppschaufel der Dragline. Als Fotomotiv lässt sich so die gewaltige Größe der Geräte erkennen.

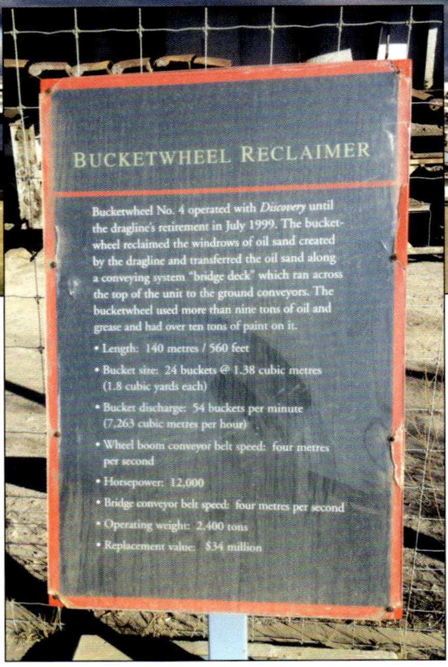

Oben: Die Discovery wurde 1977 bis 1978 montiert und es wurden 375.000 Stunden hierfür benötigt. Der Ausleger hat eine Länge von 110 m, die Schleppschaufel fasst 61 m³ oder 136 t. Der 6.200 t schwere Bagger war bis 1999 im Einsatz.

Links: Eine Hinweistafel vor dem Schaufelradbagger erzählt seine Geschichte im Überblick.

Unten: Die weite Landschaft in der Athabasca-Region lebt vom Ölsand. Die riesigen abgebauten Flächen werden alle rekultiviert. Irgendwann wird die Landschaft dann wieder so aussehen wie vor dem Tagebau.

Schaufelradbagger für Polen

Neben dem rheinischen Braunkohlerevier zählten auch andere Braunkohlereviere zu wichtigen Abnehmern der LMG. Hierzu gehörte auch Polen und ab 1980 wurden vier Geräte an das Unternehmen Kopex in Kattowitz geliefert.

Joachim Rodenberg mit seinem Team zeichnete sich für das Projekt verantwortlich und plante die Geräte bis zur finalen Inbetriebnahme. Die Auftragsabwicklung gestaltete sich teilweise sehr schwierig, da Polen sich seinerzeit in starken politischen und wirtschaftlichen Problemen befand. Aber auch die polnischen Kooperationspartner halfen mit, dass alle Geräte rechtzeitig und in guter Qualität in Betrieb gehen konnten.

Polen verfügte um 1980 über acht Tagebaue, aus denen rund 40 Millionen t Kohle gewonnen wurde. Der Tagebau Belchatow nahm hier eine besondere Stellung ein, denn nach Aufnahme der Vollförderung sollte die gesamte Fördermenge in Polen verdoppelt werden. Für das Jahr 1990 war sogar eine Fördermenge von über 100 Millionen m³ geplant. So wurde der Aufschluss weiterer Braunkohletagebaue bereits vorbereitet.

Rund 180 km südwestlich von Warschau liegt der Tagebau Belchatow, der 2018 noch in Betrieb war. Die Tiefe des Tagebaus lag bei über 200 m und häufige Einlagerungen von großen Steinen stellten hohe Ansprüche an die Qualität der Bagger. Das Abraum-Kohle Verhältnis lag bei 2,6 zu 1 bis 3,8 zu 1.

Im Jahr 1979 bestellte das polnische Außenhandelsunternehmen dann drei Großschaufelradbagger in Lübeck. Eingesetzt wurden die Geräte im Tagebau Belchatow zur Abtragung des Deckgebirges. Die theoretische Förderleistung der Bagger lag bei 11.000 m³ pro Stunde oder rund 130.000 m³ täglich. Die drei Bagger waren ein SchRs 4000/18 x 50 (Baunummer 1374) mit 6.870 t Gewicht und die anderen beiden Geräte SchRs 4000/2,5 x 37,5 (Baunummern 1375 und 1376) mit je 5.553 t Gewicht. Die Schaufelräder hatten 17,5 Durchmesser und wurden von je drei 735 kW starken Motoren angetrieben.

Die drei Schaufelradbagger waren in den wesentlichen Maschinenteilen wie Graborgan samt Antrieben, Raupenfahrwerk, Schwenkwerk, Förderbändern und Winden baugleich. Sie basierten zum Teil auf den bewährten Komponenten wie auch die bereits erfolgreich im Einsatz befindlichen Bagger im rheinischen Braunkohlerevier. Zwei Bagger im Tagebau waren exakt baugleich und verfügten über einen 47-m-Schaufelradausleger und eine 85-m-Zwischenbrücke. Der größere Bagger hatte einen 74,5-m-Schaufelradausleger mit 98-m-Zwischenbrücke. Er war sogar der größte Bagger aus dieser 100.000er Generation.

Besonderes Merkmal dieses Gerätes war zudem sein Fahrwerk. Als weltweit erster Schaufelradbagger für eine tägliche Förderleistung von 130.000 m³ verfügte das Gerät nicht über ein Zwölf-Raupen-Fahrwerk, sondern über ein Sechs-Raupen-Fahrwerk.

Dieses Fahrwerk bestand aus Komponenten, die bereits seit sechs Jahren erfolgreich an den größeren 240.000er Geräten in den Tagebauen Fortuna und Hambach im Einsatz waren. Da der Abraum zudem mit Steinen durchsetzt war, wurden bei allen Geräten besondere Absicherungen vorgesehen, um Schäden durch diese Steine zu verhindern. Dazu gehörten zum Beispiel Sondersteinkrane, Fangmulden und Kameras.

In dem 150 km westlich von Warschau liegenden Tagebau Lubstow kam ein Schaufelradbagger SchRs 900/7 x 30 (Baunummer 1373) zum Einsatz.

Ab 1980 lieferte das Werk Lübeck vier Schaufelradbagger nach Polen. Kleinster war im selben Jahr Baunummer 1373. Dieser SchRs 900/7 x 30 wog 2.030 t und konnte pro Stunde 4.100 m³ fördern.

(Joachim Rodenberg)

Größter Bagger war der 6.870 t schwere SchRs 4000/18 x 50. Der Bagger konnte pro Stunde 13.250 m³ fördern und gehörte ebenfalls der 100.000er Generation an.

(Joachim Rodenberg)

Besonderes Merkmal dieses Gerätes war zudem sein Fahrwerk. Als weltweit erster Schaufelradbagger verfügte das Gerät nicht über ein Zwölf-Raupen-Fahrwerk, sondern über ein Sechs-Raupen-Fahrwerk. (thyssenkrupp)

Baunummer 1375 war ein SchRs 4000/2,5 x 37,5 mit 5.553 t Dienstgewicht. Die elektrische Gesamtleistung aller Motoren lag bei 7.586 kW. (thyssenkrupp)

Am Schaufelrad mit 17,3 m Durchmesser waren 16 Schaufeln mit jeweils 4.000 l Kapazität installiert. Die maximale Grabtiefe lag bei 2,5 m.
(thyssenkrupp)

Seine theoretische Förderleistung lag im dreischichtigen Betrieb bei 40.000 m^3 täglich. Das 10-m-Schaufelrad dieses Baggers wurde von zwei Motoren mit je 315 kW Leistung angetrieben; sein Dienstgewicht lag bei 2.000 t.

Neben dieser Liefervereinbarung der Schaufelradbagger wurde zwischen Kopex (Kattowitz), der Vereinigung für Schwermaschinenbau Zemak (Warschau) und Orenstein & Koppel/ LMG eine langfristige Kooperation vereinbart. Inhalt dieser war die Überlassung von Know-How in der Herstellung von Schaufelradbaggern an die polnische Maschinenindustrie. Auf der Posener Messe 1980 wurden dann die ersten Schritte hierzu realisiert und ein Vertrag über umfangreiche Teillieferungen der polnischen Industrie zu den damals im Bau befindlichen Baggern beschlossen.

In Polen war um das Jahr 1980 zudem auch noch einer der ältesten Schaufelradbagger der Welt im Einsatz. Der SchRs 350/1 x 25 x 19 mit Baunummer 916 wurde 1937 zunächst an die Sächsische Werke AG geliefert. Der 1.270 t schwere Bagger arbeitete im Tagebau Turow.

Einsatz in zwei Ländern – Pakistan und Sudan

„Ein Schaufelradbagger für den Kanalbau in zwei Kontinenten" – so betitelt Joachim Rodenberg seinen Aufsatz aus dem Jahr 1983 über einen sehr interessanten Einsatz eines Schaufelradbaggers in gleich zwei Kontinenten, der 1967 begann.

Schaufelradbagger sind eigentlich zumeist in Grubenbetrieben im Einsatz gewesen und nur sehr selten auf Baustellen zu finden. Ende des Jahres 1966 beauftragte die Water and Power Development Authority (WAPDA) von Westpakistan die französische Firmengruppe unter Führung der Compagnie Francaise d'Entrepises, Paris mit dem Bau des 97 km langen Chasma-Jhelum-Link-Kanals.

Der Kanal diente ausschließlich der Wasserversorgung für landwirtschaftliche Zwecke und wurde auch von der Weltbank finanziert. Für die rund 46 Millionen m^3 Aushub auf 75 km Länge wurde eine Schaufelradbaggeranlage geplant. 20 Arbeitsmonate waren als Bauzeit angesetzt. Der Auftrag für die Baggeranlage ging dann 1967 an die LMG. Auflage war, dass die Anlage im Juni 1968 den Betrieb aufnehmen muss. Sonst wurden hohe Vertragsstrafen fällig. Es war auch das erste Mal, dass ein

Baunummer 1319 war ein 1.100 t schwerer Schaufelradbagger. Seine Einzigartigkeit bestand darin, dass er bei zwei Kanalbauprojekten zum Einsatz kam. Gut zu erkennen sind auch die vielen zusätzlichen Filter, um das Gerät bei den aufkommenden Sandstürmen zu schützen.

(Joachim Rodenberg)

einziger Bagger exakt den geplanten Kanalabmessungen, den Böden und Umweltbedingungen angepasst wurde.

Um diese enge Terminierung halten zu können, holte sich das Werk Lübeck das Einverständnis des Auftraggebers und beauftragte die Firma Demag-Lauchhammer mit der Konstruktion und der Lieferung der dazugehörigen Bandanlage. Siemens zeichnete sich für die elektrische Ausrüstung verantwortlich. MAN lieferte zwei Dieselgeneratoren mit 975 PS und 1.950 PS Leistung. Ein anderer Antrieb war auf Grund der Infrastruktur nicht möglich und bereits nach dreimonatiger Arbeitszeit hatte der Bagger mehr als 95 km Wegstrecke zurückgelegt.

Der SchRs 2000/1 x 12 wurde 1967 gebaut und hatte seinen Ersteinsatz im Sudan. Die Aufnahme zeigt auch gut die Verladeanlage. Über diese wurde das Material seitlich des Kanals abgeworfen.

(Joachim Rodenberg)

Der gelieferte Bagger war ein SchRs 2000/1 x 12 (Baunummer 1319) und verfügte somit über einen recht kurzen Schaufelradausleger. Für den aufwändigen Transport waren acht Wochen geplant. Er sollte die Komponenten vor Ort über wenig ausgebaute Straßen führen. Geeignete Tieflader dafür waren Mangelware. Die Montage erfolgte mit einem Manitowoc 50-t-Raupenkran sowie zwei kleineren Lorain 30-t-Kranen.

Der Bagger war als Kompaktgerät ausgeführt und verfügte über ein Schaufelrad mit 10,9 m Durchmesser; die Ausladung von Drehmitte bis Schaufelradmitte betrug 15 m. Diese Bauweise war bei niedrigen Abbauhöhen gewicht- und kostensparend. Nachteil war allerdings die eingeschränkte Blockbreite bei kurzer Ausladung und vermehrten Verfahren des Gerätes.

Bei der Konstruktion mussten die schwierigen Einsatzbedingungen berücksichtigt werden, denn der Bagger musste im Sommer bei Temperaturen von bis zu 55 Grad Celsius im Schatten arbeiten. Gegen heftige Sandstürme mussten die Maschinenlager mit besonderen Dichtungsmaterialien gesichert werden. Mehrere Fettpumpen versorgten die 340 Schmierstellen regelmäßig mit Fett.

Das Konzept mit dem LMG-Schaufelradbagger ging auf und am 29. Februar 1970 war es geschafft. In rund 10.000 Baggerstunden waren in 20 Monaten 46 Millionen m^3 Material vom Schaufelradbagger ausgehoben – und das war genau sieben Monate vor dem geplanten Endtermin.

Danach geriet der Bagger erstmal in Vergessenheit und stand lange Zeit ungenutzt. Er wurde dann 1976 vom französischen Konsortium Compagnie de Constructions Internationales (CCI) gekauft. Das Unternehmen war mit dem Bau des Jonglei-Kanals im Sudan beauftragt und benötigte einen Bagger.

Das Schaufelrad hatte einen Durchmesser von 10 m und war mit zehn Schaufeln bestückt. Jede hatte eine Kapazität von 2.000 l. (Joachim Rodenberg)

Die Ketten halfen, dass das Material nicht mehr verklebte. Gut zu erkennen sind auch die Bolzen, mit denen die Eimer am Rad montiert waren. (Joachim Rodenberg)

Der Kanal war Teil eines größeren Erschließungs- und Wassernutzungsplanes. Nach geplanter Inbetriebnahme 1985 konnten so jährlich zwischen 5 und 7 Milliarden m³ Wasser vor der Verdunstung in den riesigen Sumpfgebieten bei der Stadt Malakal im südlichen Sudan bewahrt werden.

Mit fachkundiger Unterstützung der Experten aus Lübeck wurde der Bagger zunächst genau inspiziert und erforderliche Ersatzteile bestellt. Nach der Demontage erfolgte die Verschiffung von Karachi nach Port Sudan. Von dort ging es per Bahn und Straße bis südlich von Khartoum und von dort per Schiff auf dem Nil zum neuen Einsatzort, 30 km südlich der Stadt Malakal. Die Montage des Baggers samt Einbau der Austauschteile erfolgte vor Ort durch einen erfahrenen Monteur.

Im ersten Einsatzjahr im Sudan sank die Förderleistung des Baggers allerdings auf 1.950 m³ pro Stunde. Der zu baggernde Boden erwies sich als viel zäher und klebriger als zuvor in Pakistan. Es war also notwendig das Gerät an die Einsatzbedingungen im Sudan anzupassen.

Hierzu flog Joachim Rodenberg mehrere Male in den Sudan und inspizierte die Situation vor Ort. Er konnte den französischen Betreiber (CCI) überzeugen, dass ein neues Schaufelrad in Konusbauart samt neuen Schaufeln (mit wenig Blech und mit Kettenhemden) Abhilfe schaffen würde.

Im Juli 1979 wurden dann neue korbförmige Schaufeln mit Kettenhemden und neuer Zahnbestückung eingebaut. So wurde die Zahnreibung verringert und somit auch der Zahnverschleiß. Das Entleerungsverhalten wurde zudem optimiert. Insgesamt waren die Maßnahmen ein großer Erfolg und die Förderleistung konnte um 27 Prozent auf 2.480 m³ pro Stunde erhöht werden.

Im Juli 1970 wurde dann ein neues Schaufelrad in Konusbauform installiert und die zuvor geänderten Schaufeln weiterverwendet. Der erneuerte Schaufelradantrieb hatte nun eine Leistung von 852 kW (vorher 720 kW) und der neue Schwenkantrieb hatte 90 kW Leistung statt vorher 58 kW. Weitere Optimierungen betrafen die Hubwinde und den Kugellaufring.

Die Austragsschurre am Schaufelrad war nun steiler und das Schaufelrad verkrustete weniger. So konnte die Förderleistung nochmal auf 3.000 m³ pro Stunde gesteigert werden, was 53 Prozent entsprach.

Der Kanal sollte insgesamt eine Länge von 360 km haben und es galt 100 Millionen m³ Erde zu bewegen. Aufgrund des Unabhängigkeitskrieges im Sudan wurde der Kanal jedoch nie fertig gestellt und der Bagger stand zumindest vor einigen Jahren noch ungenutzt dort herum. Zudem wurde das Basiscamp der französischen Baufirma angegriffen und es gab leider auch zahlreiche Opfer.

Da das alte Schaufelrad im Sudan ständig mit Lehm verstopft war, musste eine Lösung her. Joachim Rodenberg konstruierte ein neues Schaufelrad in Konusform und mit neuen Eimern. (Joachim Rodenberg)

Einen faszinierenden Blick in die Materialübergabe zeigt dieses Bild von Joachim Rodenberg. Die Ketten halfen ebenfalls den Verschleiß zu mindern. (Joachim Rodenberg)

Einsatz im indischen Neyveli

Ab 1958 zählte auch Indien zu einem wichtigen Kunden des Werk Lübeck. Zu dieser Zeit beschloss die indische Regierung die Braunkohlefelder nahe der Stadt Neyveli zu öffnen. Neyveli liegt rund 200 km südwestlich der Hafenstadt Madras. Die Neyveli Lignite Corporation bestellte so zwischen 1958 und 2001 insgesamt 15 Schaufelradbagger mit Gewichten von 463 bis 3.500 t. Einsatzort dieser Bagger war hier die Abraum- und Braunkohleförderung. Weitere vier Absetzer mit Gewichten von 360 t bis 693 t kamen hinzu.

Die Kohle lag unter rund 50 bis 80 m Abraum und entsprach in ihrer Qualität der rheinischen Braunkohle. Die Kohlereserven hier wurden seinerzeit mit 200 Millionen t angegeben; somit ein wichtiger wirtschaftlicher Faktor für Indien.

Der Abraum unterschied sich aber deutlich zu dem des rheinischen Reviers, denn er war mit Ton und Sandschichten durchzogen und somit sehr fest; manchmal war die Konsistenz eher mit Sandstein vergleichbar. Im September 1956 erhielt das Werk Lübeck einen Auftrag über die komplette Baggerausrüstung und Absetzer. Krupp erhielt den Auftrag über die Bandanlagen.

Eine Besonderheit des Einsatzes waren die klimatischen Bedingungen in der Monsunzeit. Bis zu 230 mm Regen in 24 Stunden waren dann keine Seltenheit; im selben Zeitraum wurden als Vergleich um 1960 im Tagebau Treue der Braunschweigischen Kohlenwerke 53 mm gemessen, ein Jahr zuvor sogar nur 34 mm in 24 Stunden. Aus diesem Grunde waren Pumpenstationen zum Abpumpen des Wassers vorhanden.

Ebenfalls war der Abraum von besonders abrasiver Art für alle Schaufelelemente wie Zähne oder Lippen. Das Werk Lübeck half hier auch mit Messungen zur Bestimmung des Materials. Rautenförmige Zähne, deren Spitzen gehärtet waren, stellten sich als die zuverlässigste Methode dar, durch den abrasiven Abraum zu graben.

Das erste Gerät, ein SchRs 350/5 x 12 mit Baunummer 1137, wurde 1958 ausgeliefert. Der 463 t schwere Bagger konnte 2.050 m³ pro Stunde fördern. Zusätzlich wurden auch die beiden Absetzer mit den Baunummern 181 und 182 in Betrieb genommen. Beides waren Geräte des Typs ARs 1400/17+ 39,5 x 15. Die 360 t schweren Geräte konnten 3.000 m³ pro Stunde fördern. Mit Baunummer 213 folgte ein größeres Gerät für ebenfalls 3.000 m³ Leistung pro Stunde. Der Absetzer war ein ARs 1400/25+63 x 24 für 3.000 m³ Förderleistung pro Stunde und wog 693 t. Ein weiterer Absetzer folgte 1970 mit

Oben links: Ab 1958 lieferte das Lübecker Werk mehrere Schaufelradbagger nach Indien. Dieser SchRs 350/5 x 12 kam im selben Jahr in der Neyveli Mine bei der Braunkohleförderung zum Einsatz und hatte Baunummer 1137. Mit Baunummer 1142 folgte 1959 ein weiteres baugleiches Gerät.

Oben rechts: 1959 und 1960 folgten zwei größere Geräte mit den Baunummern 1144 und 1145. Die beiden Bagger wogen 1.265 t und waren zwei SchRs 700/3 x 20. Das Foto zeigt den Bagger von 1958 im Vordergund und den größeren hinten.

Unten: Die Schaufelräder beider Bagger hatten einen Durchmesser von 8 m und verfügten über neun Eimer. 650 kW Motorleistung standen für das Schaufelrad zur Verfügung. Das Schaufelrad hatte eine Ausladung von 24 m.

Oben: 1976 erhielt die Neyveli Lignite Corp Baunummer 1355. Dr. Walter Durst war hier Verhandlungsführer. Der Bagger war ein SchRs 1500/2 x 26 und wog 2.170 t.
(Joachim Rodenberg)

Unten: Am Schaufelrad mit 10,5 m Durchmesser waren zehn Eimer installiert. Zudem verfügte das Schaufelrad über einen Drehteller zum Materialauswurf. Zwei Elektromotoren mit je 750 kW Leistung sorgten für ausreichend Leistung.
(Joachim Rodenberg)

Die schöne Farbaufnahme von Joachim Rodenberg zeigt beide Baunummern 1355 und 1145. Der neuere Bagger ist oben in der Abraumbeseitigung zu sehen. Zu graben galt es harten Sandstein, der für das Gerät eine Herausforderung war. Bei diesen Geräten arbeitete das Werk Lübeck mit einem indischen Partner zusammen und konnte so den Stahlbau teilweise vor Ort fertigen lassen.

(Joachim Rodenberg)

Baunummer 320, ein ARs 1800/25+40 x 16 für eine Stundenleistung von 6.600 m^3.

1959 folgte ein weiterer Schaufelradbagger mit der Baunummer 1142; dieser war baugleich mit Baunummer 1137. Beide Geräte wurden sowohl im Abraum als auch in der Kohlegewinnung eingesetzt und verfügten aufgrund des abrasiven Materials auch über einen Drehteller zum Materialauswurf. 1960 und 1961 kamen zwei größere Geräte hinzu. Die Bagger des Typs SchRs 700/3 x 20 wogen bereits 1.265 t und hatten die Baunummern 1144 und 1145. Beide wurden ausschließlich in der Abraumbeseitigung eingesetzt. Rund zehn bis zwölf Monate Aufbauzeit waren für die Bagger anzusetzen.

Weitere zwei Geräte folgten 1965 sowie je drei Geräte in den Jahren 1977 und 1988. Bei den Verhandlungen im Jahr 1977 zu den Geräten mit den Baunummern 1355 bis 1357 war Dr. Walter Durst Verhandlungsführer. Walter Durst begann seine Karriere bei der Lübecker Maschinenbau Gesellschaft 1948, wo er unter Ludwig Rasper die Leitung der Stahlbauabteilung übernahm. Im Jahr 1965 übernahm Walter Durst die Gesamtleitung des Bereichs der Tagebaugeräte bei Orenstein & Koppel. Er schied Ende 1980 aus dem aktiven Dienst aus.

Joachim Rodenberg konstruierte bei diesen Geräten die Raupen und reiste später für die Baunummern 1400 bis 1402 ebenfalls als technischer Verhandlungsführer mehrfach nach Indien. Hier galt es auch die Erlaubnis des indischen Wirtschaftsministeriums einzuholen, da nicht alle Komponenten wie Getriebe, Kugellaufring, spezielle Lager oder Schaufelradkopf in Indien gebaut wurden. Die großen Komponenten waren dann doch zu komplex für die indischen Betriebe seinerzeit.

Die Bagger SchRs 1400/2 x 30 mit den Baunummern 1400 bis 1402 waren mit einem Gewicht von 3.500 t auch die größten Bagger vor Ort und die letzten, die aus Lübeck nach Indien geliefert wurden. 1996 und 2001 folgten noch die Baunummern 1440, 1447 und 1448, die ebenfalls Geräte des Typs SchRs 1400/2 x 30 waren. Baunummer 1448 ist auch zugleich das letzte Gerät, das aus Lübeck insgesamt als Neugerät in der Krupp Ära geliefert wurde. Bis 2008 folgen nur einige Umbauten der zuvor gelieferten Baunummern, wie zum Beispiel 1198 oder 1137.

Bagger für Surinam

Ab 1958 wurde auch der erste Schaufelradbagger auf dem amerikanischen Kontinent eingesetzt, genauer gesagt in Südamerika. In den küstennahen Bauxitfeldern von Surinam lagen die Gewinnungsschwerpunkte. Die N.V. Billiton Maatschappij aus Den Haag zeigte sich hierfür verantwortlich und orderte 1958 den ersten Schaufelradbagger aus Lübeck.

In den Anfangsjahren um 1920 wurde hier ebenfalls Handarbeit genutzt und dann später Löffelbagger. Aufgrund der stetig steigenden Fördermengen geriet dieses Konzept dann aber an seine Grenzen. Entscheidend für den Rückgang dieser bis etwa 1945 vorherrschenden Abbaumethode war die Notwendigkeit, immer größere Abraummassen bei ständiger Ausdehnung des Förderweges zu gewinnen. Dies hätte den Einsatz vieler Geräte bedingt und wäre somit nicht mehr wirtschaftlich gewesen.

Der Tagebau Onverdacht, rund 20 km südlich der Hafenstadt Paramaribo gelegen, wurde 1941 mit einer Bu-

Oben: Ab 1958 wurde dann auch der erste Schaufelradbagger auf dem amerikanischen Kontinent in Südamerika eingesetzt. Es galt hier Bauxit zu fördern. Der Lübecker Bagger kam im Tagbau Onverdacht zum Einsatz. (thyssenkrupp)

Mitte: Nach erfolgter Montage fuhr der Bagger zum Einsatzort in der Mine. Im Hintergrund ist noch der Bucyrus Schleppschaufelbagger zu erkennen, mit dem zuvor der Abbau erfolgte. (thyssenkrupp)

Unten: Langsam fuhr der SchRs 400/3 x 20 zur Einsatzstelle. Das Schaufelrad verfügte über zwölf Eimer und hatte 9 m Durchmesser. Der Antriebsmotor vom Schaufelrad hatte eine elektrische Antriebsleistung von 170 kW. (thyssenkrupp)

Insgesamt waren im Bagger 701 kW Gesamtleistung installiert. Das Dienstgewicht betrug 776 t und er konnte pro Stunde 1.400 m³ baggern. (thyssenkrupp)

cyrus-Erie Dragline 5 W aufgeschlossen. Das Deckgebirge hier bestand anfangs aus Sand und Ton mit einer Höhe von nur 5 m und vergrößerte sich bei ansteigendem Anteil an Ton. Der Abbau wurde zunehmend schwieriger, da der Anteil an zurückfließendem Sumpfton stetig anstieg. Letztlich konnte also nur eine andere Abbaumethode Erfolg bringen.

N.V. Billiton orderte daher bei Orenstein & Koppel und Lübecker Maschinenbau Gesellschaft eine Geräteausrüstung, die 1958 aus einem SchRs 200/2 x 15 bestand sowie zwei Bandwagen und einem Absetzer. Der Tagebau musste zudem noch auf kontinuierlichen Betrieb umgestellt werden. Das Abbaugebiet wurde durch Deichbauten in Abschnitte geteilt und das anstehende Wasser gesammelt und abgepumpt. Der Schaufelradbagger arbeitete sodann nicht im Blockbetrieb, sondern grub die Sumpftone in kreisförmigen Bögen ab.

Das Besondere an den Geräten in Surinam war zum einen die steile Schurre im Schaufelrad für besseren Materialfluss sowie die hohe Fluchtgeschwindigkeit des Fahrwerkes. Der Grund lag im Deckgebirge, denn dort waren an einigen Stellen große Schlammlinsen vorhanden. Und wenn diese angebaggert wurden, ergoss sich der Schlamm schnell in Richtung Schaufelradbagger. Bei einem solchen Böschungsrutschen wurde Baunummer 1149 dann Mitte der Sechzigerjahre auch stark beschädigt. Der Baggerführer konnte sich retten, indem er sich auf ein im Schlamm vorbeischwimmendes Ölfass schwang und wieder festen Boden erreichte.

Aus Gründen der Leistungssteigerung erfolgte dann der Ersatz im Jahr 1966 durch einen neuen Bagger des Typs SchRs 400/2 x 20. Eine Besonderheit war zudem das Fahrwerk. Dieses konnte Neigungsfahrten von maximal 1:6 auffangen, die sich aufgrund des tonartigen Untergrunds ergaben.

Um den ständig steigenden Bauxitbedarf zu decken, wurde 1963 eine zweite Geräteausrüstung in Lübeck gekauft. Der Bagger vom Typ SchRs 400/3 x 20 hatte die Baunummer 1192 und ging 1964 in den Einsatz. Die Besonderheit hier lag im Schaufelrad, um so den Materialaustrag zu optimieren. Es erhielt eine seitliche Neigung von 7 Grad. Eine fest eingebaute Steilschurre von 75 Grad Neigung übergab das Material dann direkt auf das in das Rad hineingezogene Austragsband. Dadurch hatte das Rad auch mit 9,1 m einen höheren Durchmesser. So konnte die N.V. Billiton Maatschapij mit der Tagebautechnik aus Lübeck die Abbaumengen von Bauxit drastisch steigern.

Eine Besonderheit dieser letzten Geräte war, dass diese bestehend aus Bagger, Bandwagen, Kabeltrommelwagen und Teile der Förderbandanlage, gemäß der Idee eines Ingenieurs aus Lübeck, alle in einem Stück komplett vormontiert im Bauch eines riesigen holländischen Frachters am Kai in Lübeck verladen und so zum Kunden transportiert werden konnten. In Paramaribo fuhren die Geräte hintereinander und sehr langsam (per Dieselantrieb) vom Hafen bis zum Tagebau. Somit war im Tagebau nur sehr wenig Montagearbeit durch den Monteur notwendig.

1989 erhielt das Lübecker Werk einen Anschlussauftrag des Minenbetreibers in Surinam. Baunummer 1424 wurde auf dem Werksgelände samt Bandanlage komplett montiert. (thyssenkrupp)

Der Bagger vom Typ SchRs 750/1,8 x 18,5 wog 678 t und konnte pro Stunde 3.000 m³ baggern. Optisch sah er zwar aus wie ein Kompaktschaufelradbagger, war im Grunde aber eine Konstruktion spezifisch für den Einsatz in Surinam.

Besonderheit dieses Baggers war, dass ein Ingenieur aus Lübeck die Idee hatte, statt in mehreren Transporten die Geräte einfach komplett montiert zu verladen und sie so zu transportieren. Die „Dock Express 11" war mit 13.000 t Traglast und zwei über die gesamte Decklänge frei verfahrbaren Kranen mit 500 t Traglast bestens für den Transport geeignet. Vier Tage dauerte die Verladung aller Geräte mit einem Gesamtgewicht von 1.780 t oder 37.000 m³ Ladevolumen.

Der Bagger wurde vom Kunden auf den Namen Tin Pontoe getauft. Mit seinen 678 t Gewicht war er das schwerste Gerät. Die Reise auf See dauerte 15 Tage.

Hier wird gerade der Bandwagen durch den Bordkran des riesigen holländischen Frachters verladen.

Schaufelradbagger werden kompakt

Kapitel 5

Dominierten anfangs noch die großen Schaufelradbagger das Produktprogramm, so wurden Mitte der Fünfzigerjahre auch Schaufelradbagger für kleine und mittlere Förderleistungen ins Programm mit aufgenommen.

Schaufelradbagger für große Förderleistungen hatten sich etabliert und es kam der Wunsch der Kunden auf, auch kleinere und mittlere Förderleistungen mit kontinuierlich fördernden Schaufelradbaggern abdecken zu können. Um diesen „fühlbaren Mangel" – wie es in einer zeitgenössischen Veröffentlichung hieß – abstellen zu können, entwickelte die LMG Mitte der Fünfzigerjahre kompakte Schaufelradbagger.

Elektrische Kompaktschaufelradbagger

1956 sind zwei kleine Schaufelradbagger für Förderleistungen von 80 m³ bis 300 m³ pro Stunde lieferbar. Die Bagger trugen die Bezeichnung SchRs 25/0,35 x 6 und SchRs 50/0,35 x 6,3 und wurden bei einer belgischen Firma für die Abraumbeseitigung in einer Mine in Zaire eingesetzt. Die Schaufelgröße war dabei sehr klein, denn jede der sechs fasste nur 25 l bzw. 50 l.

Die 36 t oder 56 t schweren Bagger bestanden aus einem Zweiraupenuntergestell mit heb- und senkbarem Schaufelradträger. Die beiden Bagger verfügten über acht bzw. zehn staub- und wasserdicht ausgeführte Getriebe, die alle mit einem Elektromotor ausgestattet waren. Angetrieben wurden sie von einem 60 kW oder 100 kW starken Dieselgenerator. Alternativ wäre ein 80-PS- oder 120-PS-Dieselmotor installiert gewesen. Die Schaufelräder hatten einen Durchmesser von 1,8 m bzw. 2,4 m und waren zellenlos ausgeführt.

Auf der Expomat in Paris wurde 1962 ein weiterer kompakter Schaufelradbagger ausgestellt. Der 70-l-Schaufelradbagger war für 200 m³ stündliche Förderleistung ausgelegt und bereits seit 1956 auf dem Markt. Das Erstgerät ging nach Malaysia in den Eisenerzabbau. Anfang 1968 waren mehr als 40 Einheiten verkauft. Seine korrekte technische Bezeichnung lautete SchRs 70/0,5 x 6,5; also ein Bagger mit 0,5 m Unterplanum- und 6,5 m Hochschnittmöglichkeit.

Der 64 t schwere Bagger war mit Dieselmotor oder Elektroantrieb lieferbar und es wurden rund acht Tage für den Aufbau benötigt. Installiert waren 114 kW, wobei alle Funktionen elektrisch angetrieben wurden. Der Bagger war sowohl für die Grabarbeit in gewachsenen Böden als auch für die Ladearbeit in Schüttgütern an Halden- oder Umschlagplätzen konzipiert. Ein Gerät wurde sogar in die Schweiz geliefert, als 1965 ein Kompaktschaufelradbagger SchRs70/0,5 x 6,5 von der Firma Losinger in Bern zum Kiesabbau in Betrieb genommen wurde. Seine Aufgabe bestand in der Kiesentnahme für den Bau der Nationalstraße bei Vevey.

Vier Jahre zuvor schafften es zwei Geräte sogar bis auf die zu Australien gehörenden Weihnachtsinseln vor Indonesien. Die Bagger wurden täglich 19 Stunden im Phosphatabbau eingesetzt und arbeiteten in drei Schichten an 250 Tagen im Jahr.

Bereits zwei Jahre später erfolgte eine erneute Erweiterung des Produktprogramms mit einem 150-l-Schaufelradbagger des Typs 150. Seine korrekte Bezeichnung lautete SchRs 150/0,5 x 10,5. Drei Geräte gingen 1965 nach Singapur zur Landgewinnung.

Der Bagger wog 172 t und war für 400 m³ stündlicher Förderleistung ausgelegt. Bei diesem Gerät waren 1964 bereits Lieferzeiten von bis zu sechs Monaten zu verzeichnen; für den Aufbau waren bis zu 18 Tage notwendig.

So bestand das Produktprogramm dieser elektrisch angetriebenen Schaufelradbagger in den Fünfzigerjahren aus den vier Typen, die die Tabelle zeigt.

Ende der Sechzigerjahre, genauer gesagt im Jahr 1967, war dann auch der größere Typ 150 S lieferbar. Der 312 t schwere Bagger hatte ein 5,4-m-Schaufelrad für rund 500 m³ Förderleistung. 21 Tage sind für den Aufbau notwendig gewesen bei immerhin zehn Stunden Arbeitszeit täglich. Einer der ersten

Typ	Gewicht	Anzahl Schaufeln	Schaufelgröße	Installierte Motorleistung
SchRs 25/0,35 x 6	36 t	6	25 l	80 kW
SchRs 50/0,35 x 6,3	56 t	6	50 l	120 kW
SchRs 70/0,5 x 6,5	66 t	6	70 l	114 kW
SchRs 150/0,5 x 10, 5	172 t	8	150 l	290/325 kW

Mit den beiden neuen Kompaktschaufelradbaggern für 25 l und 50 l Eimerinhalt erfüllte Orenstein & Koppel und Lübecker Maschinenbau Gesellschaft den Wunsch nach kleineren Baggern für kleinere und mittlere Förderleistungen.

Mit den sechs 25-l-Eimern hatte der kleine Bagger eine maximale Leistung von 186 m³ pro Stunde. Seine korrekte Typenbezeichnung lautete SchRs 25/0,35 x 6. Ein 80 PS starker Dieselmotor sorgte für ausreichend Leistung, um alle Funktionen elektrisch anzutreiben. Insgesamt waren acht Elektromotoren verbaut. Der Dieselbagger wog 36 t. Aus der geräumigen Kabine hatte der Fahrer eine gute Sicht.

Ein typischer Tagebaualltag in den Fünfzigerjahren: der 25-l-Bagger belädt die Loren der kleinen Feldbahn. Im Hintergrund wartet ein Seilbagger auf seinen Einsatz. Baunummer 1200 war ein kleiner SchRs 25/0,35 x 6, er wog 36 t und ging 1956 nach Zaire in die Abraumbeseitigung.

Der größere 50-l-Bagger wog 56 t und wurde von einem 120-PS-Dieselmotor angetrieben. Zehn Elektromotoren versorgten alle Baggerfunktionen. Die korrekte Bezeichnung des Baggers lautete SchRs 50/0,35 x 6,3.

Typ	Jahre	Anzahl Geräte
SchRs 25/0,35 x 6	1956 bis 1957	3
SchRs 50/0,35 x 6,3	1956 bis 1961	17
SchRs 70/0,5 x 6,5	1961 bis 1969	23
SchRs 150/0,5 x 10,5	1963 bis 1967	11

wurde nach Singapur für die Landgewinnung geliefert.

Stückzahlenmäßig konnte sich der kompakte Standardbagger durchaus sehen lassen. Lediglich vom kleinsten 25-l-Bagger finden sich nur drei ausgelieferte Exemplare in den Lieferlisten; zwei gingen nach Südafrika und einer nach Belgien (Tabelle links).

Charakteristisch für alle Baggertypen bis Ende der Sechzigerjahre war der elektrische oder diesel-elektrische Antrieb. Der Elektromotor oder Dieselmotor produzierte dabei Strom, der dann alle Funktionen über weitere Elektromotoren ausführte. Geräte mit hydraulisch betriebenen Funktionen waren im Schaufelradbaggerbau nicht die Regel und das, obwohl Orenstein & Koppel bereits seit 1962 erfolgreich Hydraulikbagger produzierte. Was lag da also näher, als die erfolgreiche Hydrauliktechnologie auch bei kompakten Schaufelradbaggern anzuwenden.

Das rückwärtige Förderband dieses 50-l-Baggers war schwenkbar und konnte in der Höhe verstellt werden. Das kleine Gegengewicht am Ausleger sorgte zudem für eine bessere Gewichtsverteilung. Hier ist der Bagger bei der Aufnahme von mit Steinen durchsetztem Abraum beschäftigt. Baunummer 1204, ein SchRs 50/0,35 x 6, wurde im Tagebau Frechen eingesetzt.

Oben links: Stolz präsentierte Orenstein & Koppel und die Lübecker Maschinenbau Gesellschaft auch den 50-l-Schaufelradbagger auf der Hannover Messe 1957. Auf dem Messestand streckte der Bagger sein 2,4 m großes Schaufelrad mit den sechs Schaufeln in den Himmel.

Oben rechts: Insgesamt war die Konstruktion der beiden Bagger noch recht einfach ausgeführt und auch Designelemente wie bei späteren modernen Geräten wurden kaum berücksichtigt. Dieser 25-l-Bagger ist im Tonabbau im Einsatz.

Mitte: Ab 1956 kam Baunummer 1203 bei der Portland Cementfabrik in Hemmor zum Einsatz. Der kleine SchRs 50/0,35 x 6,3 wog 54 t und konnte pro Stunde 460 m³ fördern. Der Tagebau nahe Cuxhaven produzierte Kreide.

Unten: Gut zu erkennen sind die Elektromotoren für das Förderband und das Schaufelrad. Dieser Bagger ist elektrisch angetrieben; das Kabel läuft zwischen den Fahrantrieben in den Unterwagen. Die Raupenketten hatten eine Breite von 0,9 m. Baunummer 1203 ist hier nochmal von der Seite aus der Nähe zu sehen.

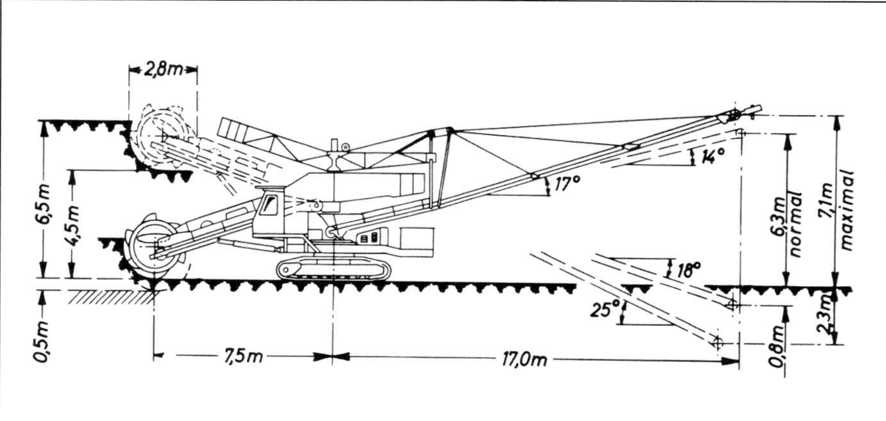

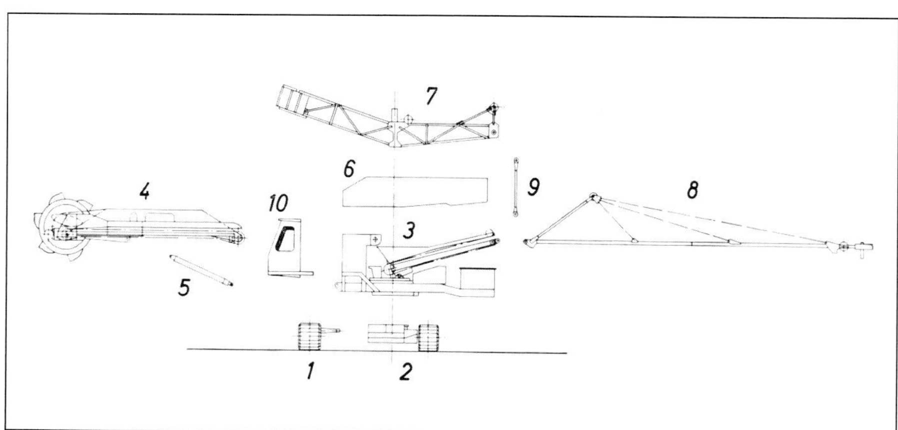

Oben: Zwei Generationen von kontinuierlichen Baggern bei einem Einsatz. In dieser Braunkohlegrube erfolgte die Aufnahme der weichen Braunkohle durch Schaufelradbagger und einen kleinen Eimerkettenbagger. Und die kleinen Loren werden kontinuierlich befüllt. Baunummer 1210 war ein SchRs 50/0,35 x 6,3, der im Kieswerk Fritzlar von Oppermann zum Einsatz kam.

Mitte: Auf der Expomat 1962 in Paris wurde der 70-l-Schaufelradbagger mit der korrekten Bezeichnung SchRs 70/0,5 x 6,5 vorgestellt. Zu diesem Zeitpunkt liefen bereits einige Geräte erfolgreich. Die Skizze zeigt die wichtigsten Maße dieses drittgrößten kompakten Schaufelradbaggers.

Unten: Am Beispiel des 70-l-Baggers sind die wichtigsten Komponenten der kompakten Schaufelradbagger beschrieben. Position 1 zeigt die Raupe, Position 2 Raupe mit Unterwagen, Position 3 Oberwagen mit Verladebandaufgabeende, Position 4 den Schaufelradausleger, Position 5 den Hydraulikzylinder, Position 6 Oberbaugegengewicht mit Elektroausrüstung, Position 7 den Verladebandgegengewichtsausleger, Position 8 den Verladebandausleger, Position 9 die Aufhängung und Position 10 die Kabine.

Oben: Der 70-l-Schaufelradbagger ist hier im Einsatz in der Braunkohle. Weitere Einsatzmöglichkeiten waren in gewachsenem Boden als auch die Ladearbeit in Schüttgütern auf Halden- oder Umschlagplätzen. Der Bagger wog 66 t. Dieser SchRs 70/0,5 x 6,5 mit Baunummer 1229 kam ab 1962 in den Breitenburger Portland Cement-Fabriken in Lägerdorf zum Einsatz.

Links: In der Kreidegewinnung wurden die kompakten Schaufelradbagger ebenfalls eingesetzt. Besonderheit hier waren die als Korbeimer ausgebildeten Eimer. Durch die korbähnliche Struktur wurde ein Kleben der Kreide an den Eimern verhindert.

Während der Schaufelradausleger hydraulisch verstellt wurde, erfolgte die Verstellung des rückwärtigen Verladebandes noch über einen Seilzug. Der fertig montierte Bagger hat hier mit seinem Einsatz begonnen. Dieser fand in einer austraiischen Zinkmine ab 1962 statt. Der Bagger mit Baunummer 1226 war ein SchRs 70/0,5 x 6.

Dieser 70-l-Bagger arbeitet in einem deutschen Braunkohletagebau. Der Abtransport des Materials erfolgte schon modern über Förderbänder, die tiefer lagen als das Planum der Maschine. Dementsprechend tief konnte das Verladeband herabgelassen werden.

Die Verladung von Ton in dieser Mine in England erfolgte auf Muldenkipper, wie hier auf einen schönen Faun. Besondere Herausforderung in diesem Betrieb stellten starke Regenfälle dar, durch die sich die Wege für die Muldenkipper in regelrechten Sumpf verwandelten.

Bei geöffneter Abdeckung ist gut der elektrische Antrieb des Schaufelrades über die Kette zu erkennen. Das untere Rad sorgt für ausreichend Kettenspannung.

Die Komponenten der Schaufelradbagger waren so dimensioniert, dass sie leicht mit der Bahn oder Lkw transportiert werden konnten. Dies unterschied sie auch als Standardschaufelradbagger zu ihren größeren Kollegen.

Zwei Geräte wurden in die Niederlande geliefert. Beide Geräte arbeiteten parallel in der Abraumbeseitigung. Sie wurden 1969 an P.C. Zanen in Heemstede ausgeliefert. Eingesetzt wurden sie nahe Apeldoorn.

Die beiden Geräte aus der Vogelperspektive: sehr gut ist die massive Konstruktion des Schaufelradträgers zu erkennen. Die Geräte waren auch die einzigen, die in die Niederlande geliefert wurden.

Der Abtransport des Materials erfolgte hier über Muldenkipper. Dieser 70-l-Schaufelradbagger verfügte über einen Antrieb mit Dieselmotor. Baunummer 1247 und 1248 waren SchRs 70/0,5 x 6,5 und kamen ab 1969 zum Einsatz.

Insgesamt 23 Geräte des 70-l-Schaufelradbaggers wurden gebaut. Die beiden Geräte bei Zanen hatten die Baunummern 1247 und 1248. (Dirk Bömer)

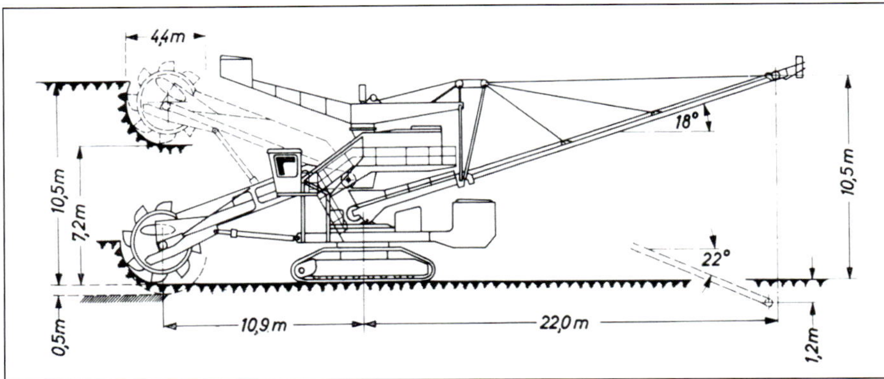

Mit dem 150-l-Bagger wurde die Typenreihe Anfang der Sechzigerjahre nach oben ausgeweitet. Der Bagger mit der Bezeichnung SchRs 150/0,5 x 10,5 hatte eine maximale Schnitthöhe von 10,5 m und konnte bis zu 0,5 m baggern. Die Skizze zeigt die wichtigsten Maße.

Dieser 150-l-Bagger wurde 1963 nach Dänemark in eine dänische Zementfabrik zur Kreidegewinnung geliefert. Der Bagger wog 172 t und besaß 290 kW installierte elektrische Leistung.

Klassisches Einsatzgebiet war natürlich auch der Braunkohleabbau. Hier wird das Gerät in der Abraumbeseitigung eingesetzt. Der Arbeiter zwischen den Raupenketten gibt einen schönen Größenvergleich.

Der 150-l-Bagger in der dänischen Zementfabrik aus einer anderen Perspektive. Der Abtransport des Materials erfolgte hier über ein Förderband. Die Nennförderleistung betrug 960 m³ pro Stunde.

Links: In einem italienischen Tagebau ist dieser 150-l-Bagger bei der Lehmgewinnung im Einsatz. Das Gerät arbeitet im Fallschnitt für harte oder zähplastische Materialien. Dabei wird bei Beginn der Baggerarbeiten der oberste Schnitt auf etwa 3/4 des Schaufelraddurchmessers eingeschnitten. Anschließend wird der Schaufelradausleger entsprechend den Schwenkbewegungen abgesenkt. Auf diese Weise wird eine bandgerechte Zerkleinerung des Fördergutes gegenüber dem üblichen Schnittverfahren in einzelnen Terrassen erzielt. Rechts: Ein weiterer klassischer Einsatz war auch der Kreideabbau in der Zementindustrie. Typ 150 ist hier mit Bandwagen in der College Farm Field Grube der Tunnel Portland Cement Co. Ltd in England im Einsatz. Das Gerät wurde 1967 geliefert.

Ein weiteres Gerät wurde 1967 an denselben Kunden in die Pitstone Works Mine geliefert. Die stündliche Leistung lag bei 960 m³.

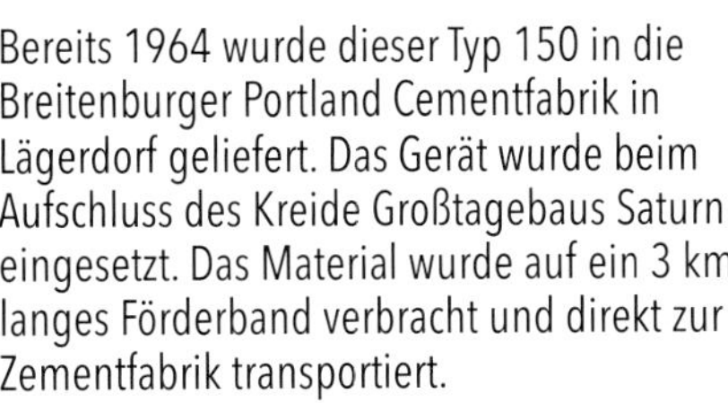

Bereits 1964 wurde dieser Typ 150 in die Breitenburger Portland Cementfabrik in Lägerdorf geliefert. Das Gerät wurde beim Aufschluss des Kreide Großtagebaus Saturn eingesetzt. Das Material wurde auf ein 3 km langes Förderband verbracht und direkt zur Zementfabrik transportiert.

Links: Ende der Sechzigerjahre war auch der Typ 150S lieferbar. Das Gerät war deutlich größer und trug die offizielle Bezeichnung SchRs 300/1,0 x 12,5. Das Gerät hier arbeitet in Singapur bei der Landgewinnung.

Mitte links: Aus der Maßzeichnung ist gut ersichtlich, dass der Bagger für 1 m Tiefschnitt und 12,5 m Hochschnitt ausgelegt war. Das Dienstgewicht betrug 312 t, stündlich konnten 1.650 m³ gebaggert werden.

Mitte rechts: Die Skizze zeigt die Konstruktion des Unterwagens. Wichtig waren die schwingenden Laufräder; wären diese fix ausgebildet, würde der maximale Laufraddruck bei 88 t liegen.

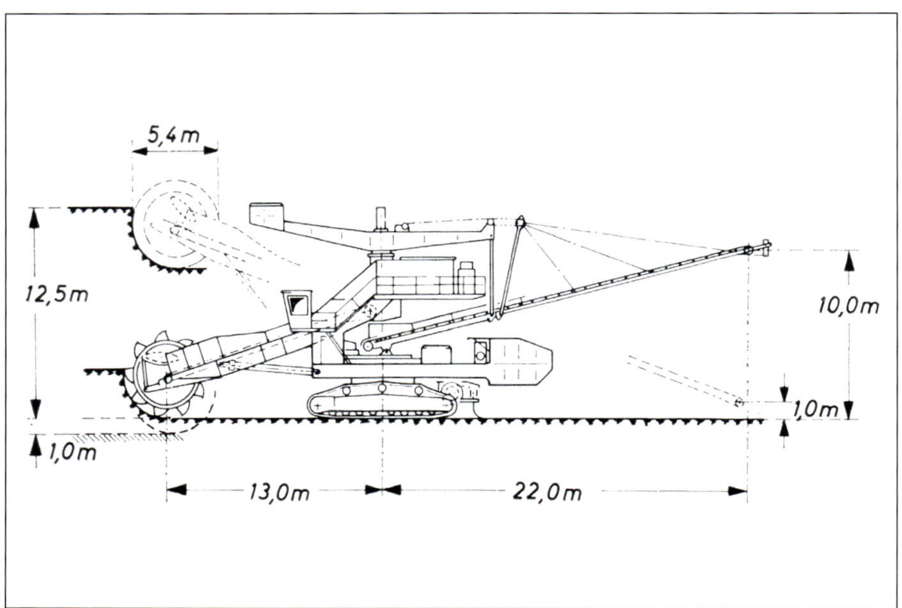

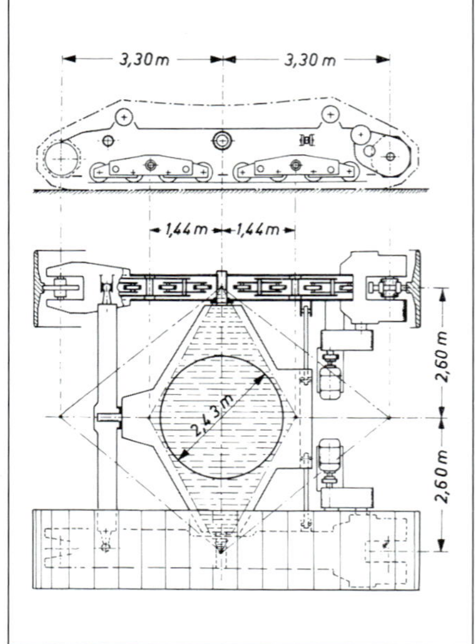

Der Typ 150S wurde im Werk vormontiert und dann zum Kunden transportiert. In Singapur dauerte die Montage 21 Tage bei zehn Stunden pro Tag. Vor Ort waren zwei Richtmeister aus Lübeck, zehn Helfer vor Ort und zwei Kranführer. Ein Kranführer war lediglich für das Abladen der Kollis zuständig.

In Lägerdorf bei der Breitenburger Portland Cementfabrik wurde ab 1964 dieser 150-l-Bagger mit Baunummer 1196 in der Kreidegewinnung eingesetzt. Die Materialübergabe erfolgte hier bereits auf Bandanlagen. (thyssenkrupp)

Dieser SchRs 150/0,5 x 10,5 wog 170 t und konnte pro Stunde 960 m³ fördern. Der Bagger war elektrisch angetrieben und das Kabel war zwischen den Raupen angeordnet. Die elektrische Ausrüstung kam von Siemens. (thyssenkrupp)

Anhand der Geländer kann die Größe des oberen Maschinenraums gut erahnt werden. Dort waren Teile der elektrischen Ausrüstung untergebracht. Gut zu erkennen ist auch die Verstellung des Abwurfbandes durch den Flaschenzug. (thyssenkrupp)

Dieser 150-l-Bagger des Typs SchRs 150/0,5 x 10,5 hatte Baunummer 1320 und wog 175 t. Einsatzort des Gerätes war ab 1967 ein Kreidetagebau der Tunnel Portland Cement Co. in Großbritannien. (thyssenkrupp)

Neben Baunummer 1320 erhielt der englische Kunde auch Baunummer 1321. Der Bagger war baugleich und wurde im selben Tagebau eingesetzt. (thyssenkrupp)

Die neue hydraulische Baureihe

Anfang der Siebzigerjahre wurde von Orenstein & Koppel der erste hydraulische Schaufelradbagger, der SH 400, in Betrieb genommen; alle Antriebe wurden hier hydraulisch ausgeführt. Er trug – in Anlehnung an die erfolgreichen Hydraulikbagger der Baureihen RH und MH – den Namen SH für „Schaufelradbagger hydraulisch" und war dann auch der Beginn einer kompletten Reihe hydraulisch angetriebener Schaufelradbagger. Das Erstgerät wurde 1972 an die Hemmoor Zement AG in Hemmoor/Deutschland zum Kreideabbau geliefert. Bis 1975 verließen zehn Geräte die Werkshallen in der Lübecker Einsiedelstraße. Das Gerät war für eine Förderleistung von 700 bis 1.000 m^3 ausgelegt. Sein Dienstgewicht betrug 174 t und lag somit in der Größenordnung des elektrisch betriebenen Schaufelradbaggers Typ 150, jedoch mit deutlich mehr Schaufelinhalt. Denn der SH 400 hatte 400 l Fassungsvermögen an zehn Eimern, während sein Vorgänger Typ 150 nur acht Eimer besaß und somit auf nur 400 m^3 Förderleistung kam. Bei entsprechenden Böden mit höherer Dichte war auch ein Eimerinhalt von 300 l lieferbar.

Kleinster hydraulischer Schaufelradbagger war der S 100. Der Bagger wog 45 t und konnte mit seinen 100-l-Eimern stündlich 450 m³ baggern. Das Erstgerät mit der Baunummer 1393 ging 1985 nach Dänemark in den Kreideabbau. Kunde war Faxekalk in Kopenhagen. (Joachim Rodenberg)

Bei dem S 100 in Dänemark ist hier gut das 0,65 m breite Förderband zu sehen. Das Schaufelrad ist natürlich zellenlos. Abtransportiert wird das Material mittels eines Volvo-Muldenkippers. (thyssenkrupp)

Links: Für den Transport des kompakten Schaufelradbaggers reichte ein einfacher Tieflader aus. Komplett montiert begann der Bagger seine Reise vom Lübecker Werk nach Dänemark. Zu sehen ist das ehemalige Verwaltungsgebäude, das heute etwas mitgenommen wirkt und nur im Erdgeschoss benutzt wird. (thyssenkrupp) Rechts: Zuvor verließ er die Lübecker Werkshallen auf eigenem Fahrwerk. Gut zu erkennen ist die Fahrerkabine sowie die Schaufeln mit rückwärtigen Ketten für den Kreideabbau. (thyssenkrupp)

Das zellenlose Schaufelrad wurde hydraulisch angetrieben. Der hydraulische Antrieb ist gut zu erkennen. *(thyssenkrupp)*

Als Antriebsvariante war eine elektrische Variante lieferbar oder der Antrieb mit Dieselmotor. Hier waren zwei 250-kW-Dieselmotoren installiert und mittels 2.000-l-Kraftstofftank musste alle sechs Stunden getankt werden. Es ging damals wohl etwas gemächlicher zu, denn heute würde sicher 20 Stunden ohne Tanken gefordert werden.

Beim elektrischen Antrieb mit Hochspannung von 6.000 V wurde das Stromkabel entweder über eine Kabeltrommel am Unterwagen zugeführt oder über das Verladeband zum Bagger geleitet. Auch hier waren zwei 250-kW-Motoren vorgesehen.

Problemlos gruben sich die sieben Schaufeln durch das Material. Das mit Steinen durchsetzte Material wurde auf das Band übergeben und von dort Richtung Abwurfband transportiert. *(Joachim Rodenberg)*

Das zweite Gerät mit der Baunummer 1395 wurde 1986 nach Österreich an die Perlmooser Zementwerke AG in den Tagebau Mannersdorf bei Wien geliefert. Im Tagebau waren zahlreiche Produkte von Orenstein & Koppel wie mobile Prallbrecher oder große Brecheranlagen für 750 t pro Stunde. Perlmooser und O&K haben die mit dem Erstgerät gemachten Erfahrungen in die Konstruktion eines zweiten Gerätes einfließen lassen. Dieses wurde im Juli 1987 geliefert.

Bei beiden Varianten wurde das von den Motoren erzeugte Drehmoment über Gelenkwellen an die Pumpenverteilergetriebe übertragen, diese trieben die für den Betrieb erforderlichen leistungsgeregelten Pumpen an. Das erste Verteilergetriebe war mittels Doppelpumpe für den Schaufelradantrieb und Fahrantrieb zuständig, je eine weitere Pumpe für den Verladebandantrieb, das Schaufelradträgerhubwerk, Oberbauschwenkwerk sowie Hubwerk und Schwenkwerk des Verladebandes.

Baunummer 1399 war der dritte S 100 und wurde 1986 and die Vereinigten Kreidewerke Dammann in Lägerdorf ausgeliefert. Der kleine Ort liegt nahe Itzehoe in Norddeutschland.

(Joachim Rodenberg)

Ein Testgerät wurde in einem Kalksteinbetrieb nahe Hannover eingesetzt. Ein Schaufelrad mit 28 Schaufeln und sechs Zähnen brachte die erwarteten theoretischen Fördermengen.

(Joachim Rodenberg)

Oben links: Der kleine Bagger war elektrisch angetrieben. Ob die Temperatur in der Kabine bei offener Kabinentür angenehmer war, ist nicht bekannt. Wesentlich staubiger war es aber in jedem Fall. *(Joachim Rodenberg)*

Oben rechts: Die Stromzufuhr des elektrisch angetriebenen Baggers erfolgte durch ein Kabel. Dieses wurde über das Abwurfband in das Gerät geführt. *(Joachim Rodenberg)*

Rechts: Das Foto zeigt noch mal sehr schön die Ausbildung des Schaufelrades als zellenloses Rad. Ebenfalls gut zu erkennen der nunmehr hydraulische Schaufelradantrieb.

Bei der Konstruktion der Schaufelradbagger achteten die Konstrukteure auch auf Gleichteile mit den Hydraulikbaggern. Das hatte den Vorteil, dass man auf bereits bewährte Komponenten zurückgreifen sowie andere Stückzahlen einkaufen konnte und Kunden mit beiden Gerätetypen weniger unterschiedliche Ersatzteile bevorraten mussten. *(thyssenkrupp)*

Das zweite Verteilergetriebe trieb ebenfalls eine Doppelpumpe für Schaufelradantrieb und je eine Pumpe für das Schwenkwerk, die Kettenspannvorrichtung und das Steueröl des Oberbauschwenkwerks an.

Die gesamte Hydraulikanlage ist also im Wesentlichen ähnlich den bewährten Hydraulikbaggern. So verwundert es auch nicht, dass man bei den Schaufelradbaggern ebenfalls auf Rothe Erde-Kugeldrehverbindungen auch im Schaufelrad setzte.

Die im Gerät vorhandene Leistungsregelung (wie bei Hydraulikbaggern) sorgte zudem dafür, dass bei zu hohem Grabwiderstand sich die Drehgeschwindigkeit des Schaufelrades reduzierte. Somit erhöhte sich die Grabkraft und es konnten größere Widerstände am Schaufelrad überwunden werden. Und bei zu hohem Widerstand hätten die Druckbegrenzungsventile das Rad abgeschaltet.

Das Schaufelrad bestand aus einem auf einer Rollendrehverbindung gelagerten Radkörper. Dieser ist durch eine bis zum Entleerungspunkt reichende Schurre abgeschlossen. Unter dem Entleerungspunkt saß eine weitere Schurre, die das Fördergut auf das Band ableitete. Somit waren die Schaufelräder der hydraulischen Schaufelradbagger ebenfalls zellenlos ausgeführt.

Der SH 400 war das erste Gerät einer Reihe, die zunächst einen kleineren sowie einen größeren Typen vorsah. Anfang der Achtzigerjahre bestand das Produktprogramm dann aus den hydraulischen Schaufelradbaggern SH 250, SH 400 und SH 630 mit Dienstgewichten von 95 t, 200 t und 345 t. Die Zahl in der Typenbezeichnung stand dabei ebenfalls für den Eimerinhalt in Litern.

Angetrieben wurden die Bagger von einem Deutz-Diesel-Motor beim SH 250 mit 250 kW, zwei Dieselmotoren im SH 400 mit insgesamt 500 kW und

Nächst größerer Schaufelradbagger war ab 1984 der S 160. Die Aufnahme zeigt den Bauplatz im Werk. Insgesamt fünf Geräte mit den Baunummern 1388 bis 1392 wurden nach Libyien in die Sandgewinnung geliefert. Der S 160 wog 70 t und konnte stündlich 720 m³ baggern. Zwei weitere Geräte folgten an denselben Kunden 1987.

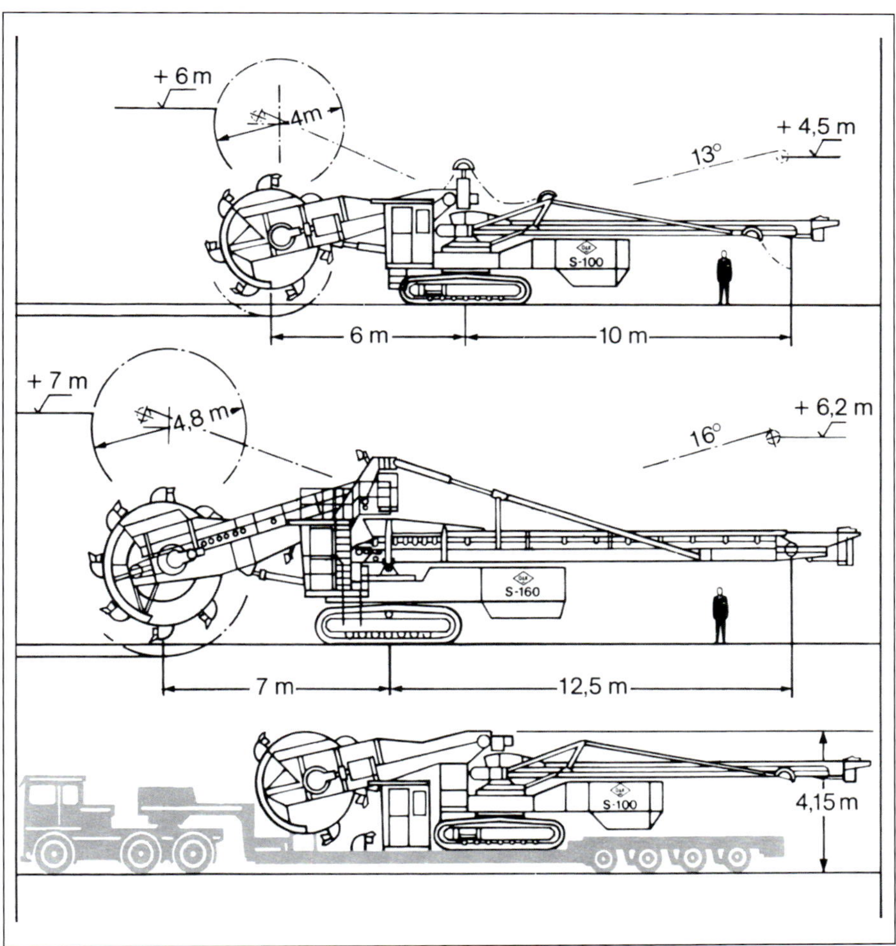

Die Zeichnung zeigt einige Maße dieser Standardbagger. Das Verwenden von vielen Standardteilen führte auch dazu, dass diese Geräte keine Bezeichnung „SchRs" nach der DIN-Norm mehr trugen.

Von oben nach unten:

Auch in die USA wurden Geräte geliefert. 1992 gelangte dieser S 160 mit Baunummer 1429 nach Arizona. Die Cyprus Bagdad Copper Corporation betrieb hier einen großen Kupfererztagebau nahe Phoenix. Der Bagger war Teil eines gesamten Pakets mit Bandwagen und diversen Förderbändern. Das Engineering des Baggers kam aus Lübeck, während die Bandanlagen von der damaligen O&K-Tochtergesellschaft Robins Engineers & Constructors koordiniert wurde.

Dieser S 160 ist mit mobiler Siebanlage von Orenstein & Koppel in der Kiesgewinnung im Einsatz. Die Schaufeln hatten eine Größe von 160 l und die stündliche Leistung betrug 720 m³.

1984 lieferte das Werk Lübeck gleich fünf Geräte des Typs S 160 nach Lybien aus. Kunde der Baunummern 1388 bis 1392 war das Dong Ah Consortium in London.

(Joachim Rodenberg)

Die Geräte wurden dort für das Gret-Man-Made-River Projekt eingesetzt. Es war das weltweit größte Trinkwasserprojekt für eine bessere Wasserversorgung. Zu sehen ist Baunummer 1388 des Auftrages, zu dem auch noch Bandwagen gehörten.

(Joachim Rodenberg)

Es galt, riesige Mengen an Sand zu bewegen. Diese wurden über den Bandwagen an die schönen MAN-Hauber übergeben.
(thyssenkrupp)

Das Foto zeigt die harten Einsatzbedingungen in der Wüste Sahara. Die dortigen Sandstürme stellten eine Belastung für die Bagger dar.
(thyssenkrupp)

Die 70 t schweren Schaufelradbagger konnten pro Stunde 720 m³ fördern. Zu sehen ist ebenfalls wieder der MAN-Rundhauber. (thyssenkrupp)

So gruben sich die fünf Geräte durch den Wüstensand. Zu sehen ist Baunummer 1388 vorne und im Hintergrund eines der anderen Geräte.
(thyssenkrupp)

Der Bagger verfügte über acht Schaufeln. Jede hatte eine Kapazität von 160 l. Zu sehen ist auch die riesige Weite in der Wüste, was sicher keine einfachen Arbeitsbedingungen bedeutete.
(thyssenkrupp)

Der rund 87 t schwere SH 250 erweiterte ab 1974 das Angebot. Der anfangs 87 t schwere Bagger konnte 1.150 m³ pro Stunde fördern.

im SH 630 waren vier Cummins-Motoren mit insgesamt 1.160 kW installiert.

Bei der Konstruktion der Bagger wurde ferner auch darauf geachtet, möglichst viele Gleichteile zu verwenden. So werden sechs nahezu gleiche Getriebe im SH 400 für den Antrieb des Schaufelrades und Schwenkwerkes verwendet. Auch werden manche Komponenten ebenfalls in den anderen Hydraulikgeräten wie Baggern verwendet. Die Fahrantriebe des SH 250 stammten vom bewährten RH 25 und die zwei Fahrantriebe des SH 400 bzw. vier Antriebe des SH 630 stammten vom RH 75 aus Dortmunder Produktion. Weitere Fahrwerksteile der Raupenbagger wurden ebenfalls für die hydraulischen Schaufelradbagger verwendet.

Seit den Fünfzigerjahren wurden von den insgesamt seit 1934 ausgelieferten 250 Schaufelradbaggern rund 50 Geräte als Standardbagger ausgeliefert. Die Vorteile dieser Gerätegeneration lagen im kurzen Ausleger, dem tiefliegenden Ballast und der hohen Servicefreundlichkeit durch die Gleichteile. Gerade letzterer Punkt spielt besonders heute in der Miningindustrie eine bedeutende Rolle.

Später, Mitte der Achtzigerjahre, wurden diese Geräte aufgewertet und die zweite Gerätegeneration war lieferbar. Das „H" in der Typenbezeichnung verschwand mit dieser Generation. Der S 250 hatte bei bis zu 130 t Dienstgewicht eine Förderleistung von bis zu 1200 m³ pro Stunde, der S 400 war mittlerweile auf 2.000 m³ verdoppelt worden und wog nunmehr zwischen 190 t und 250 t.

1985 erfolgte dann die Ergänzung der Reihe nach unten mit den beiden Typen S 100 und S 160. Die beiden 40 t und 68 t schweren Kompaktschaufelradbagger waren für 450 m³ bzw. 720 m³ stündlicher Leistung ausgelegt. Die beiden neuen Geräte waren für leichtes Material entwickelt, wo homogenes Material ohne großen Grabwiderstand gefördert werden musste, dazu gehörte zum Beispiel Sand, Kies oder Kalk, das ohne lockernde Sprengungen gefördert werden konnte.

Ab den frühen Achtzigerjahren verschwand das „H" aus der Typenbezeichnung und der S 250 wog nunmehr bis zu 120 t. Auch war eine Version für normales Material (S 250 N) oder schweres und abrasives Material (S 250 S) lieferbar. Jedenfalls war bei den hydraulischen Schaufelradbaggern die Kabine sehr geräumig.

Das Foto zeigt einen typischen Einsatz dieses Baggers. Das Material wurde über das 1 m breite Förderband zunächst auf der Halde zwischengelagert.

Das Erstgerät hatte Baunummer 1346 und war ein SH 250, der 1974 an die Amberger Kaolinwerke in Hischau (Oberpfalz) geliefert wurde. Eingesetzt wurde der 87 t schwere Bagger mit seinen 250-l-Eimern in der Kaolingewinnung. Die Verladung des Materials erfolgte hier mittels Bandwagen. Angetrieben wurde der Bagger von einem Dieselmotor mit 320 kW beim S 250 N und 400 kW beim S 250 S. Beachtenswert ist auch der schöne Volvo BM Radlader. *(Joachim Rodenberg)*

Die beiden anderen Geräte des SH 250 wurden 1975 nach Südafrika zur Abraumbeseitigung einer Goldmine geliefert (Baunummer 1353) und 1979 nach Großbritannien (Baunummer 1370) in die Tonerdengewinnung.

Baunummer 1353 wurde 1975 nach Südafrika an die Rand Mines Ltd. geliefert. Der 94 t schwere Bagger wurde in der Blyvoorutzig Goldmine in der Abraumbeseitigung eingesetzt.

Links: Das interessante an diesem Gerät war, dass die Montage des Baggers nicht in Lübeck erfolgte. Da das Dortmunder Werk im Konzern in den späten Siebzigerjahren Auslastungsproblem hatte, erfolgte der Bau in Dortmund. Die Aufnahme zeigt den Bagger auf dem Werksgelände, wo sich bis 2021 die Verladung der großen Baggerkomponenten befand. Rechts: Beim Aufbau halfen seinerzeit tatkräftig Bundeswehrautokrane und der TH 40. Das Gebäude im Hintergrund beheimatete bis 2021 Besprechnungsräume, die Buchhaltung und die Werkskantine.

Der S 100 hatte am Schaufelrad mit 4 m Durchmesser sieben Schaufeln mit je 100 l Kapazität und wurde von einem 100-kW-Diesel- oder Elektromotor angetrieben. Der größere S 160 besaß sechs 160-l-Schaufeln am 4,8 m großen Schaufelrad.

Anfang der Neunzigerjahre bestand die Reihe der kompakten O&K-Schaufelradbagger aus neun verschiedenen Modellen. Kleinster war der S 100 mit mittlerweile 45 t Dienstgewicht und einer Förderleistung von 420 m³ pro Stunde; größter war der S 2000 mit bis zu 1.700 t Dienstgewicht und 7.800 m³ stündlicher Förderleistung. Allerdings war der S 100 weniger erfolgreich als seine größeren Brüder.

Und den S 400 mit 220 t Dienstgewicht und 2.000 m³ Förderleistung gab es auch als schönes Maßstabsmodell von NZG in 1:100. In einer späteren Version wurde es dann sogar in Weiß als Krupp-Modell produziert.

Die beiden ersten S 800 gingen 1985 und 1986 nach Südafrika und nach Namibia. Kunde war Anglo American of South Africa und das Gerät in Südafrika arbeitete im Abraum, während das Gerät in Namibia im Sand einer Diamantenmine eingesetzt wurde. 1990 und 1991 folgten drei weitere S 800 in die thailändische Braunkohlemine Mae Toh. Von den beiden Modellen S 1000 und S 1250 finden sich keine verkauften Einheiten in den Referenzlisten.

Am erfolgreichsten war der S 630; die 19 Geräte wurden nach Polen, Italien, Indonesien, Australien, Singapur, die USA und das frühere Jugoslawien geliefert. Zwei SH 630 mit den Baunummern 1368 und 1369 wurden 1979 nach Singapur geliefert. Nach rund elf Monaten im Einsatz erhielt das Lübecker Werk dann eine Meldung, dass die Schaufelradgetriebe (fünf Planetengetriebe mit hydraulischem Antrieb im Schaufelrad) Geräusche machen. Zufällig war ein Monteur aus Lübeck gerade in Hongkong. Er flog noch am selben Tag nach Singapur und war am nächsten Morgen auf der Baustelle.

Bei der Kontrolle des Schaufelrades hätte sich der Monteur fast die Hände verbrannt, als er die heiß gewordene Getriebeabdeckung demontieren wollte. Bei der Kontrolle der Leistungsdaten im Betriebssystem ergab sich dann, dass der Kunde bereits vier Wochen nach Inbetriebnahme die Leistungsbegrenzung herausgenommen hat. Der Bagger arbeitete seitdem auf etwa 140 Prozent der angegebenen und verkauften Leistung. Hinzu kam das schwere Baggergut von Granit. Zudem war der Bagger pausenlos im Einsatz, 23 Stunden am Tag, das an sieben Tagen in elf Monaten seit Inbetriebnahme. Die verbliebene Stunde wurde für Wartungsarbeiten genutzt. Dadurch konnte das Öl nicht abkühlen und wurde zu heiß.

Typ	S 100	S 160	S 250	S 400	S 630	S 800	S 1000	S 1250	S 1500	S 2000
Leistung (Kubikmeter/h)	420	720	1.250	2.000	3.000	3.600	4.200	5.400	5.680	7.800
Max. Gewicht (t)	45	65	110	220	520	700	800	1.200	1.110	1.724
Gelieferte Maschinen	5	9	4	10	19	5	0	0	1	1

Ebenfalls zur Unterstützung des Lübecker Werkes wurde dieser Absetzer mit Baunummer 338 in Dortmund geschweißt. Das 216 t schwere Gerät war vollhydraulisch ausgeführt und trug daher die Bezeichnung AHRs 1200/15+35 x 13,5. Er ging an denselben Kunden im früheren Jugoslawien.

Ebenfalls in den Dortmunder Hallen wurden seinerzeit Bandwagen produziert. Dieser BH 30 war genau genommen ein BRs 1200/11+19 x 11,3 und wog 54 t bei 2.850 m³ Förderleistung pro Stunde.

Der Bandwagen wurde mit der Baunummer 340 1977 an die Titovi Rudnici Kreka Banovici in Tuzla, dem früheren Jugoslawien, geliefert. Auf seinem Bauplatz wurden später bis 2021 die Bagger RH 200 und RH 340 montiert.

Leider tauchten diese Bilder erst auf, als der Teil über die Bordkrane schon gedruckt war und sollen daher an dieser Stelle gezeigt werden, wo Dortmund das Lübecker Werk unterstützte. Denn Bordkrane wurden in Dortmund ebenfalls für einige Jahre produziert. Dies geschah im hinteren Bereich des Werkes nahe der Lehrwerkstatt.

Der Transport aus dem Dortmunder Werk erfolgte per Tieflader. Hier wartet ein Bordkran auf die Abfahrt. Direkt rechts vom Tieflader befindet sich das Verwaltungsgebäude der Miningbagger. Hinter dem weißen Kessel stand die Halle, in dem der RH 400 gebaut wurde.

Der SH 250 mit der Baunummer 1366 ging 1979 in die Abraumbeseitigung zur Braunkohlegewinnung in Australien. Kunde war damals die Blackwood Hodge Pty. Ltd. für Jack Legge, Granville im australischen Bundesstaat New South Wales. Die Mine liegt in der kleinen Küstenstadt Anglesea, etwa 120 km südwestlich von Melbourne.

Der kompakte Bagger S 250 räumte die Deckschicht ab und legte so die wertvolle Kohle frei. Anschließend wurde die Kohle von zwei Hydraulikbaggern RH 40C gewonnen. Besonderheit beider Bagger aus dem Jahr 1985 war der elektrische Antrieb.

Der allererste Vertreter der neuen hydraulischen Schaufelradbagger war der SH 400. Mit der Baunummer 1331 wurde der erste Bagger dieser neuen Reihe an die Hemmoor Zement AG in Hemmoor/Stade geliefert. Der 173 t schwere Bagger konnte stündlich 140 m³ baggern.

Mit dem SH 400 (später S 400) entstand 1972 der Grundstein einer neuen Baureihe hydraulisch angetriebener Schaufelradbagger. Der elektrische Antrieb war bis dato noch die Regel und einzelne hydraulische Antriebe waren dann Einzelfälle und Sonderanfertigungen. Je nach Einsatz war der S 400 als S 400N für normalen bis leichten Boden lieferbar und als S 400S für schweres Material.

Im südafrikanischen Feinsand wurde ab 1974 dieser SH 400 eingesetzt. Baunummer 1336 ging an die Anglo American Corp. Of South Africa. Das Material wurde über die Bandbrücke abtransportiert. *(Joachim Rodenberg)*

Der sechste SH 400 hatte Baunummer 1339 und wurde 1974 nach Jugoslawien geliefert. Die Beocinska Fabrica Cementa in Beocin nahe Novi Sad (dem heutigen Serbien) setzte den Bagger in der Kreidegewinnung ein. *(Joachim Rodenberg)*

Mit im Lieferumfang war dieser Bandwagen BH 30 oder korrekt BRs 1200/11+19 x 11,3. Das Gerät mit Baunummer 335 wog 54 t und konnte 2.200 m³ pro Stunde fördern. Der Bandwagen hatte also ein 1.200 mm breites Förderband. Der Zuführungsausleger hatte eine Länge von 11 m und der Abwurfausleger 19 m Ausladung. *(Joachim Rodenberg)*

Ins ferne Neuseeland gelangte 1983 Baunummer 1380. Dieser S 400 wurde bei der New Zealand Steel Development Ltd. in der Gewinnung von Eisensand eingesetzt. Der Bagger wog 170 t und konnte 1.800 m³ pro Stunde fördern. Der Materialtransport erfolgte per Förderband. Angetrieben wurde der Bagger von zwei 250 kW starken Dieselmotoren. Der 2.000-l-Kraftstofftank garantierte ein 16-stündiges Arbeiten, das heißt im Zweischichtbetrieb musste nur einmal aufgetankt werden. (Joachim Rodenberg)

Alternativ konnte der Bagger auch mit einem elektrischen Antrieb für 6.000 V geliefert werden. Die Stromzufuhr erfolgte entweder über eine Kabeltrommel am Unterwagen oder über ein Kabel entlang dem Verladeband. (Joachim Rodenberg)

Aus der geräumigen Kabine hatte der Fahrer einen optimalen Blick aufgrund der großen Verglasung. In der Lieferliste von 1989 sind die letzten beiden S 400 mit den Baunummern 1380 und 1381 für das Jahr 1983 gelistet; Kunde war die New Zealand Steel Development Ltd. in Neuseeland, wo die Geräte beim Eisensandabbau eingesetzt wurden.

Die beiden Fahrantriebe des S 400 stammten vom Hydrauligbagger RH 75 aus Dortmunder Produktion. Dadurch konnte die Ersatzteilbevorratung optimiert werden. Dieses Gerät wurde gerade in Betrieb genommen. Noch unbenutzt sind die Schaufeln am zellenlosen Schaufelrad.

An der Übergabestelle hört die innere Ringschurre auf und das Material gelangt auf das Schaufelradband und anschließend auf das Verladeband. Beide Förderbänder hatten eine Geschwindigkeit von 4,0 m/sec.

Der Kunde beauftragte im Anschluss das Werk Lübeck, Getriebe zu entwickeln, die dieser Situation gewachsen waren. In kürzester Zeit wurde ein neuer Getriebetyp entwickelt, auf Basis von synthetischen Schmierstoffen (die damals noch relativ neu waren) und einer Zwangsbelüftung. Für das Werk Lübeck war das Geschäft sehr lukrativ und die neuen Getriebe hatten die erforderliche Lebensdauer sogar noch überlebt.

Die kleineren Typen S 100 und S 160 waren für leichtes Material vorgesehen. S 250 und S 400 waren in zwei Versionen lieferbar, als S 250 N oder S 400 N für ebenfalls leichtes Material oder als S 250 S und S 400 S für mittelschweres Material.

Nach der Übernahme des Lübecker Standortes durch Krupp wurden die Schaufelradbagger in das Krupp-Programm integriert und waren dort auch in den Referenzlisten aufgeführt.

Im Motorraum stand ein separater geschlossener Raum für die Steuerung des Verladebands zur Verfügung. Hier waren die Hydraulikanlage, Schmier- und Steueranlage untergebracht. Zudem fungierten die Verladebänder auch generell zum Teil als Gegengewicht und wurden auch als Gegengewichtsausleger bezeichnet.

Beide Förderbänder im Schaufelradträger und Abwurfausleger hatten eine Breite von 1200 mm. Aus der geräumigen Kabine war ein deutlich komfortableres Arbeiten möglich.

Oben: 1989 lieferte das Werk Lübeck diesen S 400 an die Teutonia Zement in Hannover. Der 180 t schwere Bagger wurde im Mergel eingesetzt. Das Material zeichnete sich durch eine besondere Härte aus und stellte somit besondere Herausforderungen an die Schaufeln. *(Joachim Rodenberg)*

Mitte: Aus diesem Grunde wurden am Schaufelrad viele kleine Eimer montiert. Diese frästen das harte Material zunächst ab und es konnte so besser gefördert werden. *(Joachim Rodenberg)*

Unten: Die Gesamtaufnahme zeigt den Bagger komplett vormontiert. Gut zu erkennen ist die Fahrerkabine sowie die Materialübergabe vom Schaufelradausleger zum Abwurfband. *(Joachim Rodenberg)*

Der nächst größere kompakte Schaufelradbagger war der S 630. Der Bagger wog 355 t und konnte stündlich 2.580 m³ bewegen. Das Gerät von 1975 hatte die Baunummer 1354 und wurde in den Braunkohletagebau Cirikovac im früheren Jugoslawien ausgeliefert. *(Joachim Rodenberg)*

Rechts: 1983 wurde dieser S 630 nach Australien geliefert. Die State Electricity Commission of Victoria setzte den 491 t schweren Bagger in der Braunkohleförderung ein. Seine stündliche Förderleistung lag bei 3.100 m³. *(Joachim Rodenberg)*

Unten: Der elektrisch angetriebene Bagger ist hier direkt in der Braunkohleförderung im Einsatz. Die Stromzufuhr erfolgte mittig zwischen den Raupenketten. Das zellenlose Schaufelrad verfügte über 17 Schaufeln. Jede hatte eine Kapazität von 630 l. Der Bagger mit diesel-hydraulischem Antrieb verfügte über zwei je 580 kW starke Dieselmotoren. *(Joachim Rodenberg)*

Oben: 1978 gelangte dieser SH 630 mit Baunummer 1363 in die Captain Mine in den USA der Arch Mineral Corporation. Der damals noch 345 t schwere Bagger wurde hier in der Abraumförderung eingesetzt. (Joachim Rodenberg)

Mitte: Derselbe Kunde erhielt ebenfalls Baunummer 1364 als Teil seiner Bestellung. Zu dieser gehörten auch drei Bandwagen. Vier Antriebsmotoren mit je 160 kW waren für die Hydraulikanlage vorgesehen, zwei mit je 132 kW für die Förderbänder. (Joachim Rodenberg)

Unten: Zu sehen ist Baunummer 1364 mit dem Bandwagen BH 40 oder BRs 1400/12,5 + 27,5 x 13,7. Die Bandwagen hatten somit einen Abwurfausleger von 27,5 m Länge und wogen 129 t. (Joachim Rodenberg)

Die Ohbayashi-Gumi Ltd aus Tokyo setzte diesen S 630 bei der Landgewinnung in Singapur ein. Der 359 t schwere Bagger war Teil einer Lieferung von zwei Geräten. Zu sehen ist hier Baunummer 1368. (Joachim Rodenberg)

Das zweite Gerät hatte Baunummer 1369. Beide Geräte wurden 1979 ausgeliefert und konnten 3.100 m³ pro Stunde fördern.

(Joachim Rodenberg)

Rechts: 1982 erhielt das Werk Lübeck einen Auftrag über fünf S 630. Kunde war die P.T. Tambang Batubara Bukit Asam in Indonesien. Eingesetzt wurden die Bagger in der Air Laya Lignite Mine bei der Braunkohleförderung.

(Joachim Rodenberg)

Unten links: Aus der geräumigen Kabine hatte der Fahrer einen optimalen Überblick. Zu sehen ist auch der starke Antrieb des Schaufelrades.

(Joachim Rodenberg)

Unten rechts: Insgesamt 15 Schaufeln waren am Schaufelrad montiert. Die Arbeiter verdeutlichen die Größe des gewaltigen Schaufelrades.

(Joachim Rodenberg)

„Arbeiten, wo andere Urlaub machen", hieß es in der Orenstein & Koppel Kundenzeitschrift O&K Echo. Denn dieser S 630 ist Teil von zwei Geräten, die 1987 und 1988 an das Unternehmen ENEL in Rom geliefert wurden und im Braunkohletagebau Santa Barbara am Fuße der Chianti-Berge, etwa 30 km südöstlich von Florenz zum Einsatz kamen.

Die beiden 420 t schweren Geräte hatten die Baunummern 1415 und 1416. Der Tagebau wurde bereits 1955 erschlossen und seitdem waren bereits zwei ältere Schaufelradbagger der Typen SchRs 165/0,5 x 10,5 von 1963 sowie ein 70-l-Bagger im Einsatz. Und diese Geräte waren 1991 sogar immer noch aktiv.

Oben: Das Schaufelrad hatte einen Durchmesser von 6,3 m und war mit zwölf 630-l-Schaufeln ausgestattet. So betrug die theoretische Förderleistung 3200 m³ pro Stunde. Beide Förderbänder hatten eine Geschwindigkeit von 4,4 m/sec.

Rechts: Gut zu erkennen ist der hydraulische Antrieb des Schaufelrades, das ebenfalls zellenlos ausgebildet ist. Der Arbeiter im Vordergrund vermag zudem eine Vorstellung von der Größe des Baggers geben.

Einsatzgebiet der beiden neuen Bagger war hauptsächlich die Restauskohlung, da die Vorräte 1991 ziemlich erschöpft waren. Danach erfolgte die ebenso wichtige Rekultivierung und die beiden Bagger waren haupsächlich dafür vorgesehen.

1983 erhielt O&K einen Auftrag über fünf Bagger des Typs S 630-S aus Sumatra/Indonesien. Die 560 t schweren Bagger mit den Baunummern 1382 bis 1386 wurden im Braunkohleabbau eingesetzt.

1985 waren bereits zwei Bagger im Einsatz und die drei anderen in der Montage. Diese wurden von zwei Montageleitern aus Lübeck begleitet.

Insgesamt fünf Geräte des Typs S 800 wurden verkauft. Baunummer 1394 ging nach Südafrika an die Anglo American Corp. Of South Africa und wurde dort in der New Vaal Mine in der Abraumbeseitigung eingesetzt. Der S 800 wog 445 t.

(Joachim Rodenberg)

Das zweite Gerät hatte Baunummer 1396 und wurde von demselben Kunden in Namibia eingesetzt. Einsatzort ware die Consolidated Diamond Minees of South West Africa. Die stündliche Leistung des Baggers lag bei 3.500 m³.

(thyssenkrupp)

Dieser S 800 kam ab 1990 in Thailand zum Einsatz. Der Kunde Sahakol setzte den 840 t schweren Bagger in der Mae Moh Mine ein. Dort wurde Braunkohle gefördert. Für das Material war das Schaufelrad des Baggers mit 24 kleinen Schaufeln ausgerüstet. So konnte das Material ähnlich wie bei Baunummer 1426 abgefräst werden. Das Foto zeigt den Bagger kurz nach der Montage. (Joachim Rodenberg)

1990 wurde der Bagger des Typs S 1500 bei der australischen State Electricity Commission of Victoria (SECV) fertig gestellt. Mit 1.110 t Dienstgewicht und einem 25-m-Schaufelrad war der Bagger mit Baunummer 1414 sogar einer der größten bis dato gebauten Kompaktschaufelradbagger der Welt.

Der Bagger wurde in der Morwell Mine in Australien eingesetzt. Die Gegend der Mine ist eine der regenreichsten Australiens. Deswegen verfügte der Bagger über besonders große Raupen von 13 m Länge und 4,5 m Bodenplattenbreite.

Wettbewerber im Bereich der kompakten Schaufelradbagger war unter anderem Lauchhammer. Dieser SchRs 430/11 x 0,5 wog 132 t und wurde 1966 ausgeliefert. Insgesamt wurden fünf Bagger gebaut, drei gingen nach Übersee, einer ging an die Blatzheimer Kieswerke (Nowotnik) und einer an die Quartzwerke Frechen. Der Blatzheimer Bagger wurde durch Nowotnik bei der Restkohlegewinnung im Tagebau Bergheim genutzt. (Sven Ullrich)

Der Abraum muss weg

Kapitel 6

Bevor in einem Tagebau oder einer Mine der wertvolle Rohstoff, wie Kohle, Gold oder Kupfer, gewonnen werden kann, muss zunächst der Abraum oder die Deckschicht entfernt werden. Seit dem Entstehen der ersten Tagebaue bestand die Aufgabe darin, die zum Teil noch in Handarbeit oder von Baggern gewonnenen Deckgebirgsmassen zur Kippe zu transportieren und sie dort zu verstürzen. Mit den immer größer werdenden Tagebauen und den daher eingehenden steigenden Fördermengen, wuchs auch die Menge der anfallenden Abraummengen. Es mussten also maschinelle Lösungen her, den Abraum zu verkippen.

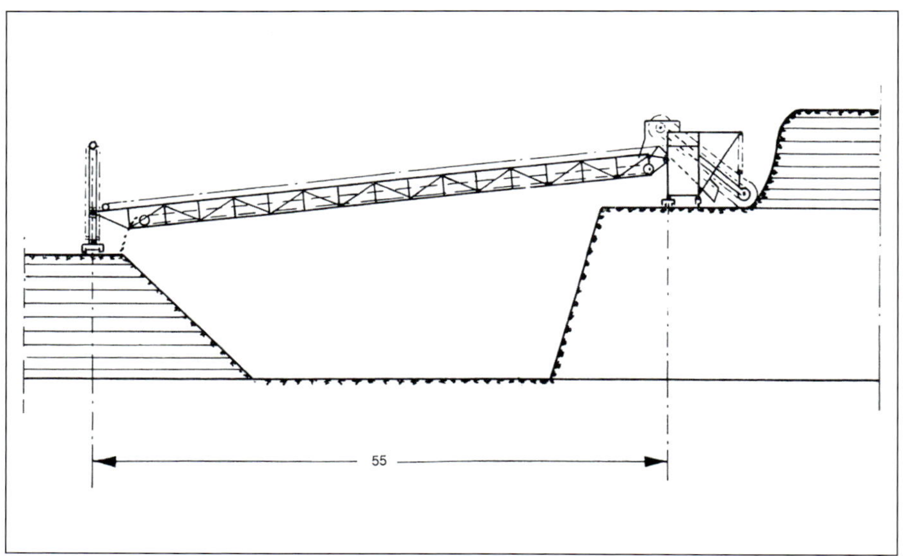

Die Skizze zeigt den ersten Entwurf einer Förderbrücke, den die LMG um 1884 projektiert hat. Die Anlage war für die damalige Gewerkschaft Brühl vorgesehen, wurde aber nicht realisiert.

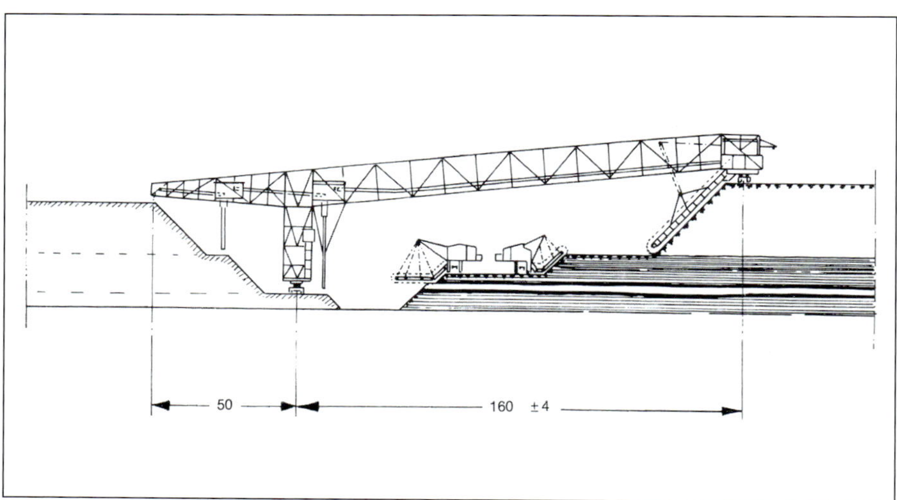

Von 1926 bis 1933 war diese Abraumförderbrücke im Tagebau Neurath im Einsatz. Die Brücke wurde von der ATG Leipzig geliefert und musste aufgrund von nicht beachteten geologischen Verhältnissen bei der Planung nach nur kurzer Betriebszeit wieder abgerissen werden.

Direktversturz

Eine bedeutende Neuerung waren sogenannte Abraumförderbrücken. Auch wenn diese in Lübeck so gut wie gar nicht gebaut wurden, sollen sie der Vollständigkeit halber kurz erwähnt werden. Diese arbeiteten im Direktversturz und waren der billigste Weg. Dies lag einfach daran, dass es manchmal unwirtschaftlich war, das Material über lange Züge oder später Bänder zu transportieren. Direktversturz kann ausgeführt werden durch konstruktiv mit dem Grabgerät eine Einheit bildende Auslegerförderer, durch nur fördertechnisch mit dem Grabgerät verbundene Bandwagen und durch den Tagebau überspannende Förderbücken oder Kabelbagger.

Eine auf Schienen verfahrbare Brücke überspannte dabei den Tagebau. Auf der Brücke laufende Förderbänder transportierten den vom Bagger gelösten Abraum dann auf direktem Wege in den ausgekohlten Bereich, wo er verstürzt wurde. Dies hatte den Vorteil, dass der darunter liegende Kohleförderungsprozess ungehindert weitergehen konnte.

Die erste Idee, den Direktversturz mittels Förderbrücke umzusetzen, hatte die LMG bereits im Jahr 1884 für die damalige Gewerkschaft Brühl. Jedoch kam diese Idee nicht zur Verwirklichung. 1897 hingegen baute die LMG dann den ersten Auslegerförderer für die Tongrube von Ludowici in der Rheinpfalz.

Aufgrund der Gegebenheiten entstehen im mitteldeutschen Braunkohlerevier bis 1945 insgesamt 25 dieser Großförderanlagen, zumeist geliefert durch Bleichert aus Leipzig oder der ATG.

Im rheinischen Braunkohlebergbau wurden erst 1924, also 30 Jahre nach der Entstehung des Konzeptes, Förderbrücken eingesetzt. Allerdings wurden nur vier Brücken in den Tagebauen Hürtherberg, Zukunft und Frimmersdorf sowie der Brückenkabelbagger Vereinigte Ville realisiert. Die Einsatzdauer der Brücken war aufgrund der schwierigen Ablagerungsverhältnisse nur kurz und sie konnten sich im rheinischen Revier nicht durchsetzen.

Lediglich die Förderbrücke Hürtherberg (Hersteller war ATG) war von 1932 bis 1958 deutlich länger im Einsatz, ebenso wie der Brückenkabelbagger Vereinigte Ville von 1929 bis 1952. Nach dem Zweiten Weltkrieg wurden im rheinischen Braunkohlerevier keine Förderbrücken mehr realisiert. Dies lag unter anderem auch an der Lage der Kohleflöze und den deutlich verworfenen Schichten im Vergleich zum mitteldeutschen Revier der früheren DDR.

Der Kabelbagger war sicher ein äußerst interessantes Konzept und basierte quasi auf dem Prinzip des Schleppschaufelbaggers. Im Unterschied zur reinen Förderbrücke war eine Schleppschaufel an eine Laufkatze montiert und förderte so den Abraum. Der Bagger blieb allerdings der einzige seiner Art. Hersteller war der seinerzeit bei Seilbahnen führende Hersteller Bleichert aus Leipzig; für den hatte ja auch Ludwig Rasper kurzzeitig gearbeitet.

Eine weitere Möglichkeit bei der Verkippung von Abraum war in der Zeit nach 1910 auch die Anlage von Spülkippen. Diese boten ein kostengünstiges Verfahren, um Abraummassen effektiv abzulagern. An der Böschungskante wurde der Abraum durch Druckwasser fortbewegt und in die ausgekohlten Tagebaubereiche gespült. Vor dem Ersten Weltkrieg wurde beispielsweise im Tagebau Vereinigte Ville die Abraumverkippung ausschließlich über Spülkippen vorgenommen.

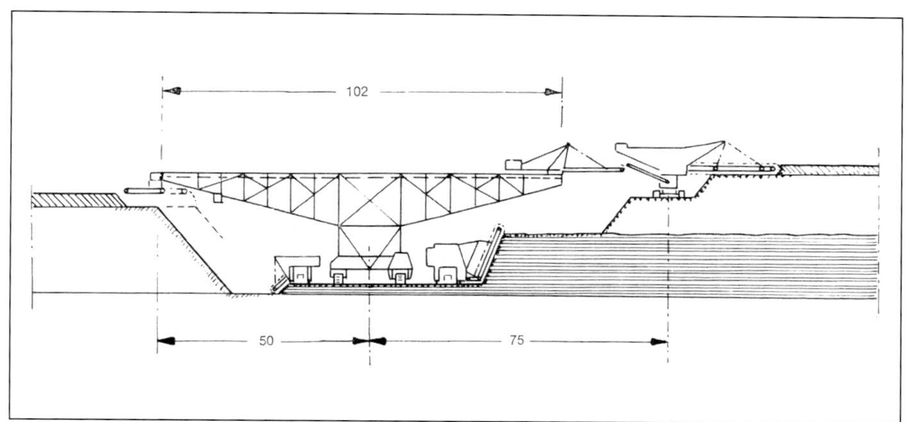

Erfolgreicher war die Abraumförderbrücke der Gewerkschaft Hürtherberg in Hermülheim. Die Anlage war wie der Eimerkettenbagger nunmehr auf Raupenfahrwerken gebaut und so deutlich beweglicher.

Gebaut wurde die Förderbrücke Hürtherberg von ATG (Allgemeine Transportanlagen Gesellschaft) aus Leipzig und war von 1932 bis 1958 deutlich länger im Einsatz. Die ATG verfügte zu der Zeit über ein ähnliches Produktprogramm wie Bleichert und baute zum Beispiel auch die Seilbahn auf den Fichtelberg im Erzgebirge.

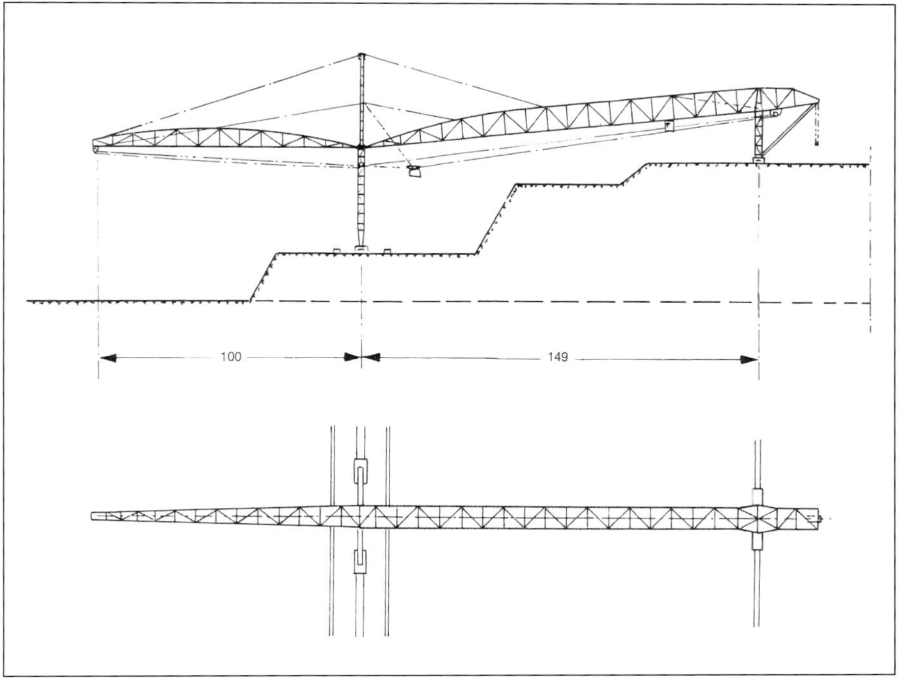

Bleichert aus Leipzig war für seine Material- und Personenseilbahnen bekannt und realisierte 1929 den Kabelbagger auf der Grube Vereinigte Ville der Roddergrube. Der Bagger förderte die schwache Abraumdecke über dem Kohlenstoß und war bis 1952 in Betrieb.

Links: Die Spannweite war mit 249 m gewaltig und der Bagger funktionierte wie ein Schleppschaufelbagger. Die Förderleistung des Kabelbaggers lag bei 150 m³ pro Stunde. Die geringen Förderleistungen dieser diskontinuierlich arbeitenden Kabelbagger bedeuteten, „daß sie bei dem heutigen Großabbau ausscheiden müssen" – wie Ludwig Rasper 1967 schreibt. *(Historisches Konzernarchiv RWE)* Rechts: Schön anzusehen sind diese Aufnahmen vergangener Zeiten. Der Kabelbagger wirft das Material auf die Kippe. Im Vordergund arbeitet ein Lübecker Kratzbagger und im Hintergrund ein Eimerkettenbagger der LMG im Tiefschnitt. *(Historisches Konzernarchiv RWE)*

Dieser hydraulische Schaufelradbagger SH 400 mit Baunummer 1336 wurde mit Förderbrücke 1974 an die Consolidated Diemond Mines of South West Africa geliefert. Die Förderdistanz betrug hier rund 120 m.

Der Bagger kam so auf eine duschschnittliche Leistung von 1.000 m³ pro Stunde und ein Maximum von sogar 1.400 m³. Das Material wurde dann vom Verladeband in weitere Förderbänder und Absetzer übergeben. Diese Bandförderer wurden ebenso im Lübecker Werk produziert.

(Joachim Rodenberg)

Abraumverkippung mit Absetzern

Vielversprechender sollten sich da Absetzer entwickeln, die sich ab 1915 durchsetzen sollten. Die ersten Geräte wurden noch als Absetzapparate bezeichnet. Auch hier war die LMG Wegbereiter dieser sich durchsetzenden Geräte. Der seinerzeitige Oberingenieur Jakob Uihlein entwickelte 1915 einen Absetzer, der nach der Böschungsmethode arbeitete; Uihlein erhielt dafür auch ein Patent.

Bei dieser Methode wurde der Abraum zwischen Fahrgleis und Böschungskante vor dem Absetzer abgekippt und anschließend von den Eimern der Kratzerkette erfasst und so über die Böschungskante geschoben. Ein erster Einsatz erfolgte um 1917 in einer Grube der Bubiag (Braunkohlen- und Brikett-Industrie Aktiengesellschaft) nahe Lauchhammer in der Niederlausitz.

Dieser erste Einsatz war noch nicht erfolgreich und so gelangte der Absetzer in die Grube Gruhlwerk der RAG. Aus dem dortigen Betrieb resultierten konsequente Verbesserungen. So wurde die Ausladung der Eimerkette vergrößert und das Maschinenhaus für eine Zugdurchfahrt modifiziert. Entscheidender Vorteil war nun, dass der Absetzmechanismus dem Abraumzug nicht mehr in die Quere kam und sich die beiden gegenseitig nicht mehr behinderten.

Im Jahr 1917 gelangte ein weiterer Absetzer nach der Bauart Uihlein in die Grube Prinzessin Victoria in Neurath. 1922 entstand der erste Absetzer mit einem Abwurfband aus Gummi. Jakob Uihlein war in der Zeit auch Direktor der LMG und der spätere Vorstand Hermann Runte (1925 bis 1931) verhalf dem Großabsetzer so zum Durchbruch.

In den folgenden Jahren wurden die Absetzer immer größer und die Förderbänder transportierten den Abraum zur

1917 entstand der erste Absetzer bei der LMG vom Typ Uihlein, benannt nach seinem Konstrukteur Jakob Uihlein. Das kleine Gerät war noch in keiner Weise mit den späteren Großabsetzern zu vergleichen. Anhand der Tür zum Maschinenraum kann man einen Eindruck von der Größe bekommen.

Das Prinzip des Gerätes war einfach. Die Züge entleerten den Abraum vor dem Absetzer. Dann fuhr dieser entlang der Schienen und schob das Material mittels der Kratzerkette einfach in die Abraumgrube. (Historisches Konzernarchiv RWE)

Das Funktionsprinzip dieser Absetzer wurde noch einige Zeit beibehalten und die Geräte hatten langsam auch größere Förderleistungen. Leider war zu diesem Gerät keine Baunummerinformation mehr vorhanden, es dürfte aber auch aus der Zeit um 1920 stammen. (Historisches Konzernarchiv RWE)

Absetzapparat D. R. P.
Auf vielen Braunkohlengruben mit bestem Erfolg im Betriebe!
Zweck:
Verwendung:
Vorteile:
Lübecker Maschinenbau-Gesellschaft
Lübeck

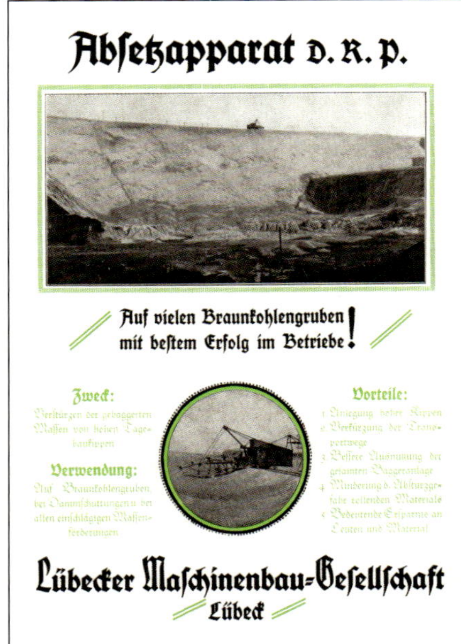

Das neue Gerät wurde in einem besonderen Prospekt beworben. Die riesige Abraumhalde mit dem kleinen Gerät oben sollte wohl auf den Einsatzzweck hinweisen. Das Foto vom Gerät unten war nur sehr klein.

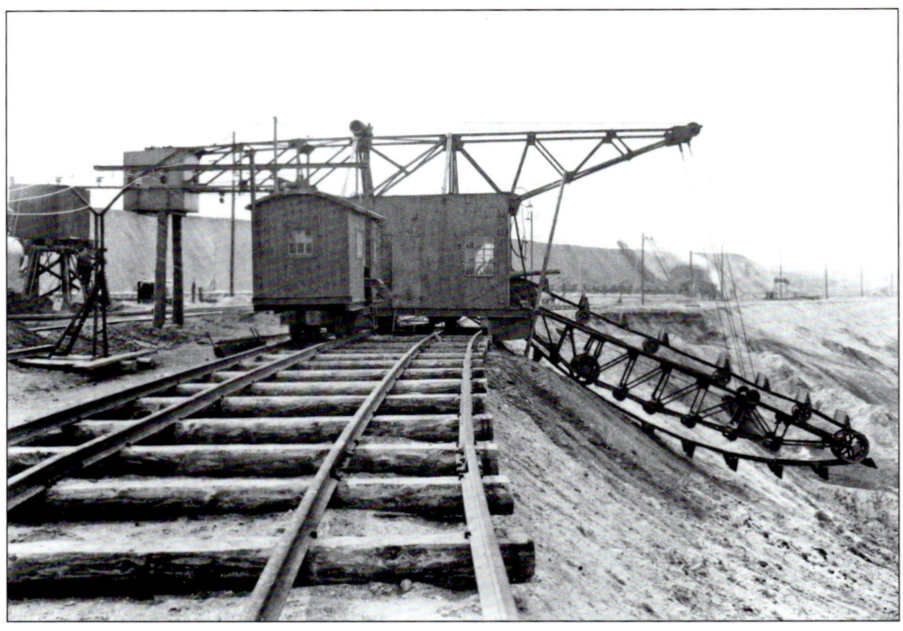

Zu diesem Foto waren ebenfalls leider keine Bauinformationen mehr zu finden. Gut zu erkennen ist aber die Kratzerkette mit den umgekehrten Kratzerplatten. Diese schieben das Material dann in die Abraumgrube.

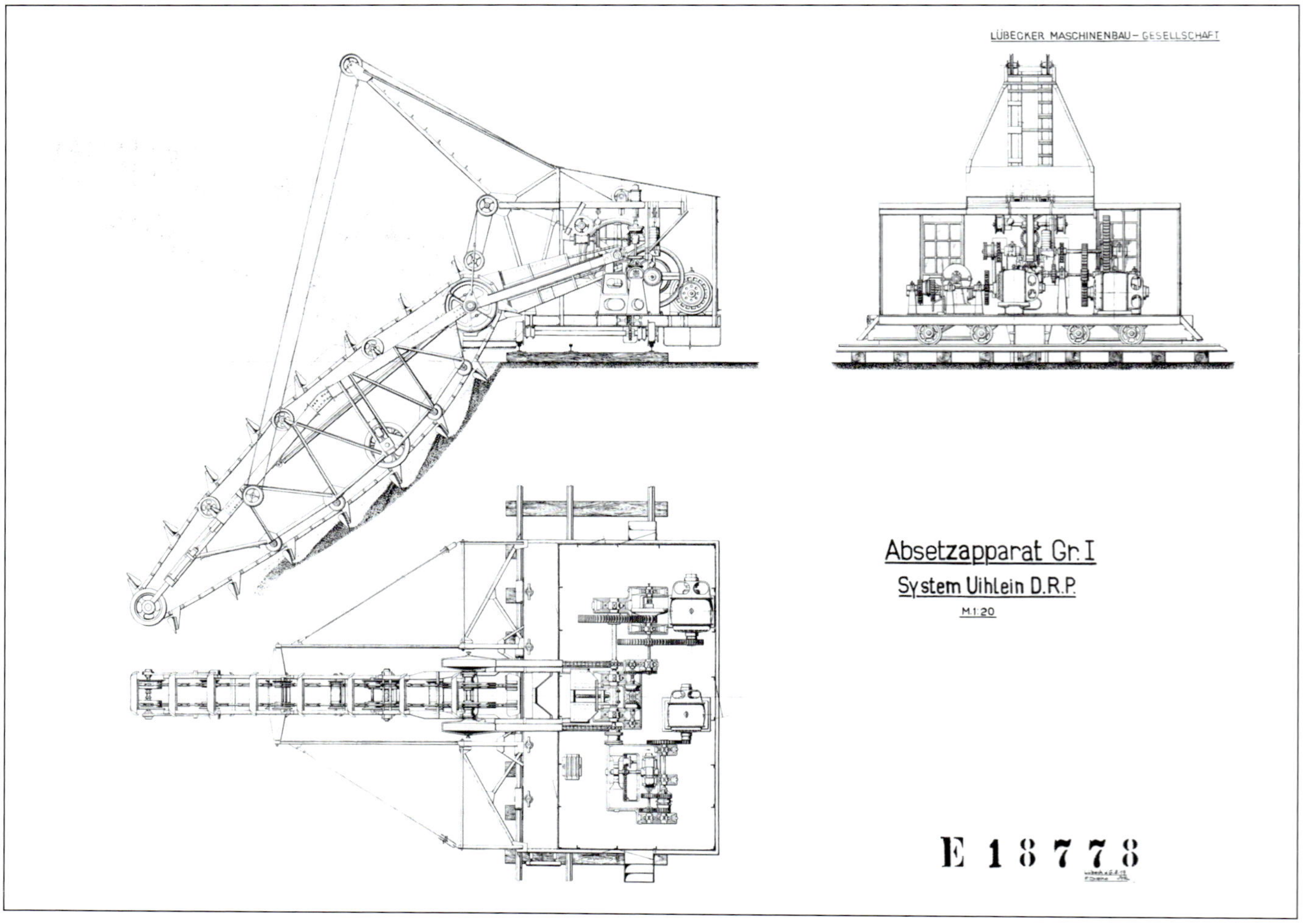
LÜBECKER MASCHINENBAU-GESELLSCHAFT
Absetzapparat Gr. I
System Uihlein D.R.P.
M.1:20
E 18778

Die Skizze zeigt den Aufbau des Absetzers, der sogar mit einem Patent versehen war. Der Antrieb erfolgte elektrisch. (VOSTA LMG)

Links: Die Aufnahme zeigt Absetzer 706 um 1965 im Tagebau Frechen. Die LMG-Baunummer ließ sich leider nicht zweifelsfrei zuordnen. Das Gerät hatte eine Gesamtlänge von knapp 60 m. Die maximale Abwurfreichweite lag bei 43 m. (Historisches Konzernarchiv RWE)

Rechts: Das Rücken der Gleise war immer eine aufwändige Sache. Denn jede neue Strecke musste eben sein. Die rechten vier Gleise nutzte der Absetzer und das linke Gleis der Zug, um Material zu bringen. (Historisches Konzernarchiv RWE)

Diese frühe Aufnahme von 1930 aus der Grube Donatus dürfte Baunummer 80 zeigen. Die Typenbezeichnung des Absetzers ist lediglich mit AsE angegeben. Gut ist aber die Arbeitsweise erkennbar. Das Aufnahmegerät nimmt den Abraum vom Graben auf und fördert ihn über das Band zum Verkippen. (Historisches Konzernarchiv RWE)

Kippenböschung, wo er aus großer Höhe abgeworfen und so beim Aufprall entsprechend verdichtet wurde. Dadurch wurde die Kippenböschung entsprechend stabiler.

Ab 1920 nahm auch die Vielfalt der Absetzer zu. Die LMG baute einen Schwenkabsetzer, der ein Drehen der Eimerkette zur Fahrtrichtung erlaubte und so einen größeren Bereich abdecken konnte. Bis Ende der 1920er-Jahre setzten sich dann aber Bandabsetzer durch. 1927 waren in den deutschen Braunkohlengebieten bereits 120 Absetzeranlagen in Betrieb. Hersteller waren die LMG, aber auch Lauchhammer, Buckau oder Krupp.

Um 1930 war die Standardbauform der auf Gleisen fahrende Bandabsetzer mit Kippgraben als einteiliges oder dreiteiliges Gerät. Der Abraum wurde dabei von den Zügen in einen kleinen Kippgraben neben dem Absetzer verkippt und anschließend mittels Eimerleiter vom Aufnahmegerät wieder aufgenommen.

Beim einteiligen Absetzer gelangte der Abraum aus den Eimern direkt auf das Band des schwenkbaren und höhenverstellbaren Abwurfauslegers und

Rheinbraun-Nummer 705 war ein AsE 400/50 und hatte Baunummer 90. Er kam ab 1927 zunächst in der Grube Herbertskaul (später Frechen) zum Einsatz. Die Aufnahme entstand um 1956. Weitere zehn Jahre später erfolgte die Verschrottung. (Historisches Konzernarchiv RWE)

wurde von hier direkt auf die Kippe verstürzt. Bei diesen Geräten war das Aufnahmegerät konstruktiv mit dem Absetzer verbunden.

Bei den dreiteiligen Geräten wurde der Abraum ebenfalls vom Aufnahmegerät aus dem Graben aufgenommen, wurde dann aber zunächst an den zweiten Geräteteil übergeben. Dieses war ein auf einer Verbindungsbrücke laufender Zwischenbandförderer. Der Zwischenbandförderer übergab den Abraum dann ebenfalls dem Abwurfausleger. Aufnahmegerät und Absetzer waren hier durch die Zwischenbandbrücke gelenkig miteinander verbunden. Dadurch konnten die Geräteteile relativ zueinander verfahren.

Die Perspektive zeigt den Absetzer schön im Einsatz. Das Material wurde von der Eimerleiter aufgenommen und verkippt. Ein Dozer als Hilfsgerät überanahm die Verteilung. Für den gewaltigen Abwurfmechanismus samt Eimerkette musste ausreichend Gegengewicht vorhanden sein. (Historisches Konzernarchiv RWE)

Anfangs erfolgte die Aufnahme aus dem Graben noch durch eine Eimerkette, später setzte sich auch hier das Schaufelrad durch. Die Abraumzüge haben dabei das Material kontinuierlich gebracht. Anschließend erfolgte die Verkippung der Massen an dem gewünschten Punkt.

So dominierten in den Jahren bis etwa 1950 noch diese gleisgebundenen Absetzer mit Eimerkette, während sich bei den Schaufelrad- und Eimerkettenbaggern das Raupenfahrwerk durchsetzte. Zwischen 1922 und 1950 lieferte die LMG 48 Absetzer mit Dienstgewichten von 45 t bis 1.900 t. Die ersten Geräte wurden noch in ostdeutsche Braunkohlegebiete geliefert. Ab 1956 finden sich in den Referenzlisten dann nur noch Absetzer mit Bandbetrieb.

Die Zugförderung wurde in Deutschland seit den Sechzigerjahren dann durch die Bandförderung ersetzt und Anfang der Neunzigerjahre gänzlich eingestellt. Somit kamen dann nur noch Absetzer mit Bandförderung zum Einsatz.

Die Gründe lagen einfach in den größer werdenden Tagebauen, die zudem in größere Tiefen vordrangen. Da die Züge nur geringe Steigungen fahren konnten, mussten die Wege entsprechend lang sein.

Mit dem Aufkommen der Raupenfahrwerke begannen die gleisgeführten Absetzer ebenfalls unwirtschaftlicher zu werden und es wurden nur noch Absetzer auf Raupen ohne separates Aufnahmeschaufelrad produziert. Letzter Absetzer auf Schienen mit Aufnahmegerät war 1950 ein AsE 300/35 x 15 mit Baunummer 169, der nach Belgien geliefert wurde.

In den 1920er-Jahren lag die stündliche maximale Förderleistung der Absetzer bei maximal 1.000 m³ und stieg bis 1950 auf 2.500 m³. Mitte der Fünfzigerjahre wurden dann 3.850 m³ erreicht, mit einem Absetzer, der in den Tagebau

Der 270 t schwere Absetzer ist hier Mitte der Sechzigerjahre in Frechen im Einsatz. Seine stündliche Leistung lag bei übersichtlichen 500 m³. (Historisches Konzernarchiv RWE)

Frechen ging. So war die Entwicklung der Absetzer größenmäßig im Einklang mit den Schaufelradbaggern und deren steigender Leistungen von 100.000 m³ ab den 1950er-Jahren.

Mitte der Siebzigerjahre erreichten die Leistungen dann einhergehend mit der Entwicklung der Schaufelradbagger 27.500 m³ pro Stunde oder 240.000 m³ pro Tag.

Dieser Absetzer wurde innerhalb von drei Jahren in Gemeinschaft der O&K mit Krupp entwickelt. Er trug die Bezeichnung ARs 3200/(80+100) x 41,5 und hatte die Baunummer 328 oder RBW-Nummer 739. Es handelte sich also um einen schwenkbaren Absetzer auf Raupen mit einem 80-m-Zuführungsausleger und einem 100-m-Abwurfausleger bei einer Abwurfhöhe von 41,5 m. Das Dienstgewicht lag bei 5.043 t; insgesamt waren 7.000 kW Motorleistung vorhanden.

So erhielt die Rheinische Braunkohlenwerke AG neun Absetzer zwischen 1949 und 1978 für die Tagebaue Hambach, Fortuna, Frimmersdorf, Inden, Berrenrath und Frechen.

Das Foto vermittelt einen guten Eindruck der komplizierten Funktionsweise des Gerätes. Das gesamte Gewicht wurde auf die Schienen verteilt. Und mit jedem Verstellen des Abwurfbandes änderte sich der Schwerpunkt des Gerätes, so dass der Gegenballast entsprechend variierte. (Historisches Konzernarchiv RWE)

Auch der Wettbewerb produzierte Absetzer, so Krupp diesen unter der RBW-Nummer 701. Das Material wurde links vom Aufnahmegerät aus dem Graben entnommen und über den Abwurfausleger in die Kippe verworfen. Leider ist nicht bekannt, wann die Aufnahme entstand, dürfte aber in den Zeitraum um 1930 bis 1940 einzuordnen sein.

(Historisches Konzernarchiv RWE)

Absetzer 720 verkippt das Material hier im Tagebau Neurath. Um welche Baunummer es sich handelt, ging aus den Referenzlisten nicht hervor, da der Eintrag fehlte. Es könnte aber Absetzer 102 von 1931 gewesen sein, der an die Gewerkschaft Neurath ohne Angabe des Tagebaus verkauft wurde. Es wäre dann ein AsE 800/53. Der 600 t schwere Absetzer konnte pro Stunde 1.340 m³ fördern. Das Aufnahmegerät hatte 800-l-Eimer und einen Abwurfausleger von 53 m.

(Historisches Konzernarchiv RWE)

Die Grube Espenhain der Aktiengesellschaft Sächsische Werke Dresden erhielt 1939 mit Baunummer 114 den ersten Absetzer AsGE 1200/26+50 x 18. Ausgeführt wurden acht Geräte; der gezeigte wog 995 t und fuhr auf 104 Laufrädern für eine Spurweite von 1.435 mm. Die Aufnahme des Materials erfolgte über ein Schaufelrad.

(Stefan Materna)

Dieser AsE 1150/61 x 18 wurde 1932 an die Riebeck'sche Montanwerke AG in Halle/Saale geliefert. Das 600 t schwere Gerät mit einer Förderleistung von 1.250 m³ pro Stunde kam in der Grube Pirkau zum Einsatz. *(Stefan Materna)*

Baunummer 119 war ein AsGE 1000/20+50 x 20 und wurde 1941 an die Braunschweigische Kohlenbergwerke Helmstedt für die Grube Wulfersdorf geliefert. Das Aufnahmegerät mit 1.000-l-Eimern und der Bandwagen waren durch einen Zwischenförderer verbunden. 84 Laufräder verteilten die 800 t Dienstgewicht auf die Schienen mit 900-mm-Spur. *(Stefan Materna)*

Im mitteldeutschen Braunkohlerevier kam ab 1941 dieser AsE 1800/60 zum Einsatz. Der 1.900 t schwere Absetzer mit Baunummer 120 wurde an die Riebeck'sche Montanwerke AG in Halle/Saale für die Grube Otto Scharf geliefert. Die Förderleistung lag bei 2.500 m³ pro Stunde. Der Absetzer lief auf 160 Laufrädern und verfügte über eine Eimerkette als Aufnahmegerät. *(Stefan Materna)*

Links: Das elektrische Schalthaus mit Hochspannungsanlage, Leonard-Ward-Umformer und Schützenschränken. *(Stefan Materna)* Rechts: Im Bildtext dieses Absetzers AsE 1800/60 war zeitgenössisch sogar vom Baggermeisterstand die Rede. Gut erkennbar ist das elektrische Schaltpult mit den Schaltern der einzelnen Antriebe samt Verriegelungslampen. *(Stefan Materna)*

Auf dieser Detailaufnahme ist das gewaltige Fahrwerk gut zu erkennen. Das leiterseitige Fahrwerk hatte eine Länge von 63 m. Die beiden 28-achsigen Fahrwerke verteilten das Gewicht auf die Schienen mit 1.435-mm-Spur. *(Stefan Materna)*

Oben: Der Blick in den Materialgraben von Baunummer 138 im Tagebau Frimmersdorf verdeutlicht die Funktionsweise. Die Züge kippen das Material in den Graben und dort nimmt es die Eimerkette mit 1.400-l-Eimern auf. Der Absetzer wurde 1950 ausgeliefert.

Mitte: Der Absetzer AsGE 1400/60 x 26 wog 1.342 t und konnte 2.500 m³ pro Stunde fördern. Der Abwurfausleger konnte das Material dann bei 60 m Reichweite verstürzen.

Unten: Aus diesen frühen Absetzapparaten entwickelte sich dann der spätere Typ mit Aufnahmegerät und Bandausleger. So konnte der Abraum weiter in die Grube verkippt werden. Von der Straße war Absetzer 727 oder Baunummer 138 gut einzusehen.

(Historisches Konzernarchiv RWE)

Oben: Baunummer 149 war bei Rheinbraun Absetzer 725 und wurde ab 1949 im Tagebau Gotteshülfe eingesetzt. Er wog 595 t und war ein AsE 1000/46,5 x 6.

Links: Die stündliche Kapazität des Gerätes lag bei 2.300 m³.

(Historisches Konzernarchiv RWE)

Unten: Links im Bild ist gut die Eimerkette als Aufnahmegerät zu erkennen. Ein Radlader steht als Hilfsgerät zum Randsäubern zur Verfügung.

(Historisches Konzernarchiv RWE)

Im Vordergund verläuft das Gleis, von dem die Züge den Abraum in den Graben verkippen. Von dort nimmt ihn dann die Eimerkette mit den 1.450-l-Eimern auf. Baunumer 156 oder Absetzer 734 wurde 1954 in den Tagebau Frechen geliefert. (Historisches Konzernarchiv RWE)

Der 1.123 t schwere Absetzer konnte 3.850 m³ pro Stunde fördern. Gut zu erkennen ist auch das separate Aufnahmegerät mit Eimerkette. Die korrekte Typenbezeichnung lautete AsGE 1450/60 x 26. 1969 erfolgte die Verschrottung. (Historisches Konzernarchiv RWE)

Im Tagebau Berrenrath kam Absetzer 722 ab 1957 zum Einsatz. Das Gerät mit Baunummer 162 war ein AsGE 1000/50 x 22 und verfügte ebenfalls über ein separates Aufnahmegerät.

(Historisches Konzernarchiv RWE)

Die Züge im Vordergund bringen ausreichend Material zu dem Gerät. Beachtenswert ist auch der großzügig dimensionierte Servicekran am Heck.

(Historisches Konzernarchiv RWE)

Im Jahr 1950 wurde im Tagebau Gruhlwerk Absetzer 724 oder Baunummer 168 in Betrieb genommen. Der AsGE 500/60 x 17 wog 525 t und konnte pro Stunde 1.080 m³ fördern."

(Historisches Konzernarchiv RWE)

Der AsGE 1000/50 x 22 wurde 1947 unter der Baunummer 162 ausgeliefert. Er konnte das Material bei 50 m Reichweite in 22 m abwerfen.

(Historisches Konzernarchiv RWE)

Links: Der AsGE 500/60 x 17 (Baunummer 168) wurde 1950 in den Tagebau Vereinigte Ville geliefert. Bei einem Dienstgewicht von 525 t konnte er pro Stunde 1.080 m³ fördern.

Rechts: Baunummer 168 lief bei Rheinbraun unter der Nummer 724. Irgendwann wurde das Gerät nicht mehr benötigt und verschrottet. Das Bild aus dem Tagebau Ville datiert um 1957.

(Historisches Konzernarchiv RWE)

Der Absetzer mit Baunummer 175 kam zusammen mit Schaufelradbagger Nummer 1125 in einem italienischen Braunkohletagebau zum Einsatz. Der Absetzer wog 568 t und war ein ARs 1000/26+70 x 30, der Bagger war ein SchRs 300/5 x 21 x 6; hatte also einen Vorschubausleger mit 6 m Vorschublänge.

(Joachim Rodenberg)

Absetzer 737 war ein ARs 100 und wurde von Lauchhammer 1958 in den Tagebau Frimmersdorf geliefert. Der Absetzer wog 2.592 t und konnte 110.000 m³ pro Tag fördern. Die Aufnahme zeigt ihn 1993 beim Tagebau Inden.

(Historisches Konzernarchiv RWE)

Ebenfalls ein ARs 100 war Absetzer 740, geliefert von Lauchhammer 1959 in den Tagebau Frechen. Das Gerät wog 2.720 t und wurde später verschrottet.

(Historisches Konzernarchiv RWE)

Einer der Wettbewerber war auch Krupp mit Absetzer 735. Das Gerät kam ab 1955 im Tagebau Fortuna zum Einsatz. Das Gerät war ein AsE 4500/90 x 34 und wog 2.600 t. Die Förderleistung lag bei 70.000 m³ pro Tag. (Historisches Konzernarchiv RWE)

Absetzer 723 wurde ebenfalls von Krupp geliefert und arbeitete ab 1925 ebenfalls in Berrenrath. Das Gerät war ein AS 720/20. Interessant ist hier die Ausführung des Abwurfbandes. Dieses kann nicht über Flaschenzüge verstellt werden, sondern ist schwenkbar ausgeführt. (Historisches Konzernarchiv RWE)

Absetzer 745 mit Baunummer 177 war ein ARs 1200/17+60 x 22 mit 525 t Dienstgewicht. Der Absetzer ist hier auf der Halde Nierchen im Einsatz. Die Halde entstand als Außenkippe des Tagebaus Inden. Heute befindet sich dort ein Windpark.
(Historisches Konzernarchiv RWE)

Im Tagebau Treue der Braunschweigischen Kohlenbergwerke Helmstedt kam ab 1957 dieser ARs 1200/16+52 x 20 zum Einsatz. Der 555 t schwere Absetzer konnte 2.850 m³ stündlich fördern. Das Gerät war ein reiner Absetzer auf Raupen und hatte bereits kein Aufnahmegerät mehr.

Die Goltsteinkuppe ist ebenfalls eine durch den Abbau von Braunkohle entstandene Abraumhalde. Absetzer 746 war ein ARs 1200/17+60 x 22 mit Baunummer 194 und kam ab 1958 hier nahe dem Tagebau Inden zum Einsatz.
(Historisches Konzernarchiv RWE)

Absetzer 744, ein ARs 2200/45+100 x 40,3, kam ab 1963 im Tagebau Frimmersdorf zum Einsatz. Später reiste er nach Garzweiler und 2004 in den Tagebau Hambach. Das besondere an dem Absetzer war sein Fahrwerk, denn dieses wurde vom Bagger 279 (LMG Baunummer 1151) übernommen.

(Historisches Konzernarchiv RWE)

Hier ist Absetzer 744 mit Baunummer 195 oben rechts auf dem Bild vom Tagebau Hambach zu erkennen. Das Bild wurde vom Aussichtspunkt im September 2020 aufgenommen. Im Bild unten ist Absetzer 759 zu erkennen, ein Gerät von Krupp.

Der Absetzer mit Baunummer 211 wurde 1960 nach Togo geliefert. Er wurde beim Abbau von Phosphat eingesetzt. Seine Typenbezeichnung lautete ARs 1200/28,5+82,5 x 33. Das 736 t schwere Gerät hatte eine Stundenleistung von 2.000 m³ und sein Abwurfausleger hatte eine Reichweite von 82,5 m. (Joachim Rodenberg)

Dieser Absetzer ARs 1400/22+60 x 21 wurde mit Baunummer 336 im Jahr 1976 nach Jugoslawien in den Tagebau Tamnava geliefert. Sein Dienstgewicht betrug 641 t und die stündliche Förderleistung lag bei 4.850 m³. (Joachim Rodenberg)

Ab 1978 kam dieser ARs 3200/80+100 x 41,5 im Tagebau Hambach zum Einsatz. Absetzer 757 mit Baunummer 341 wog 27.500 t und konnte pro Stunde 5.346 m³ fördern. (Joachim Rodenberg)

Anglo American Corp. Of South Africa bekam 1985 diesen As 1500/22. Das Dienstgewicht betrug 428 t; eingesetzt wurde er im Tagebau New Vaal. (Joachim Rodenberg)

Sehr stark im rheinischen Braunkohlerevier als Wettbewerber der LMG war auch Lauchhammer. 1958 wurde dieser ARs 100 in den Tagebau Frimmersdorf geliefert. Das Gerät wog 2.592 t und konnte 110.000 m³ täglich fördern. Das Foto zeigt ihn an seinem späteren Standort im Tagebau Inden 1993. (Historisches Konzernarchiv RWE)

Mit 5.042 t Dienstgewicht zählte Absetzer 739 oder Baunummer 328 zu den größten Absetzern überhaupt. Der ARs 3200/80+100 x 41,5 war eine gemeinschaftliche Entwicklung mit Krupp und ging 1975 in Betrieb. Alleine der Servicekran am hinteren A-Bock konnte 35 t heben. (Historisches Konzernarchiv RWE)

Zugeinsatz

Mit diesen insgesamt größer werdenden Ladegeräten stieg auch die zu bewegende Abraummenge. Der Zugbetrieb soll hier allerdings nur sehr grob zur Komplettierung dargestellt werden und auch vor dem Hintergrund, dass der O&K-Konzern im Werk Dortmund lange Zeit selber Waggons produzierte.

Um 1900 stieß der zumeist auf Handarbeit gestützte Abraumbetrieb an seine Grenzen. Die dabei anfangs eingesetzten hölzernen Transportloren wurden größer und schließlich auch aus Stahl gefertigt. Bewegt wurden sie zunächst von Hand.

Im nächsten Schritt wurden Kettenbahnen eingeführt, so dass die Wagen ähnlich wie bei Standseilbahnen durch die Kette gezogen wurden. Die Wagen wurden dann in den Brikettfabriken und Grubenkraftwerken durch einfaches Umdrehen entleert.

Danach folgte dann der Einsatz von Lokomotiven zum Transport der Loren und Wagen. Die Lokomotiven waren elektrisch oder dampfbetrieben und fuhren anfangs auf 600-mm-Gleisen. Als Spurweiten für die Großraumförderung hatten sich später dann 900 mm und 1.435 mm durchgesetzt.

Hand in Hand mit der Vergrößerung der Baggerleistung geht die Entwicklung der Abraum- und Kohletransportwagen samt Gleisanlagen. Bis zum Ersten Weltkrieg stiegen die Fassungsvermögen auf bis zu 5,3 m³. Zu dieser Zeit erfolgte die Leerung von Hand und war zeit- und personalintensiv.

Um 1918 hatte ein zweiachsiger Kastenkipper noch eine Kapazität von 5 bis 8 m³. Ab 1925 gelang der Durchbruch der Großraumwagen mit 900 mm Spur und Druckluftbetätigung und Wageninhalten bis 16 m³, später 25 m³.

Bei der Suche nach effizienteren Möglichkeiten wurden mechanische Kippvorrichtungen entwickelt. Diese fuhren auf einem neben dem Abraumzug liegenden Gleis entlang und kippten die einzelnen Wagen durch ein elektrisches Windwerk. So ließ sich die Kippzeit massiv verkürzen. Die LMG war bei diesem System ebenfalls Wegbereiter. Langfristig setzten sich Selbstentlader durch.

Die finale Lösung waren dann Wagen mit 30 m³ und später bis zu 60 m³ Kapazität auf 1.435-mm-Gleisen. Bis Mitte der 1940er-Jahre hatte sich die

Dampflokomotiven beherrschten lange Baustellen, Tagebaue und Bergbau. Holz war auch lange ein beliebter Werkstoff, da er günstiger als Stahl war. Der Verschleiß an den Loren und Waggons war jedoch sehr groß.

Das Foto zeigt einen typischen Feldbahnwagen aus Holz. Solche und auch welche aus Stahl wurden ab 1876 von Orenstein & Koppel angeboten.

Das Abkippen des Abraummaterials erfolgte am Rand des Tagebaus. Stolz präsentieren sich die Arbeiter für die Fotoaufnahmen um 1900.

Mühsam musste das Material mit Hacken und Schaufeln verteilt werden. Diese schwere Handarbeit wurde erst durch Absetzer deutlich vereinfacht und vor allem sicherer gestaltet.

Zugförderung von Kohle und Abraum durchgesetzt. Aber mit Einführung der großen Schaufelradbagger mit 100.000 m³ Förderleistung und mehr war die Grenze erreicht, den Abraum neben dem Absetzer in den Vorratsgraben zu verkippen und von dort aufzunehmen. Es wurden stationäre Zugbela-

Links: Das Abkippen der Loren war lange Zeit ebenfalls mühsame Handarbeit. Kaum vorstellbar, dass diese Technik genauso modern war für die damalige Zeit wie heute entsprechende Tagebautechnik. Mitte: Stetig wuchsen die Waggoninhalte. Um 1914 waren um die 5 m³ üblich, 1933 bereits 25 m³. 1951 werden 74 m³ erreicht und 1955 sogar 96 m³. Rechts: Solche Waggons wurden bei Orenstein & Koppel noch bis in die Fünfzigerjahre gebaut. Fertigungsstandort hierfür war das Dortmunder Werk.

Links: Um 1905 wurden in dieser spanischen Mine die oben stehenden Seitenentleerer entladen. Das Material fiel in die unten stehenden Güterwagen zum Weitertransport. Im Einsatz waren 110 Seitenentlader, die ein Ladegewicht von 10 t hatten und ein Eigengewicht von 5,6 t. Rechts: In einer zeitgenössischen Übersicht der frühen Dreißigerjahre bewirbt O&K die Waggons. Der Prospekt war unter anderem für die Vertriebsregionen Spanien, Argentinien oder Chile vorgesehen.

dungen errichtet, über die der Abraum direkt vom Band des Baggers auf den Zug umgeschlagen wurde. Ab 1960 ging der Zugbetrieb in seiner Bedeutung in der Braunkohle aufgrund der steigenden Förderleistungen deutlich zurück. Zudem war der Bandbetrieb effizienter.

Auch die Braunkohlenwerke Leonhardt aus Zipsendorf – einem Stadtteil von Meuselwitz in Thüringen – nutzte Selbstentlader von Orenstein & Koppel zum Transport der Kohle in die Brikettfabrik. Die Kapazität lag bei 35 m³. Die Brikettfabrik war bis in die Sechzigerjahre in Betrieb. Nach der Wende wurde die Ruine abgerissen.

Links: Die Waggonbeladung mit Löffelbaggern war ebenfalls weit verbreitet. Hier ist ein Menck & Hambrock-Modell Gr mit der Beladung beschäftigt. Interessant ist der Arbeiter auf dem Bagger; bei recht spartanischer Absturzsicherung steht er am Rollenkopf für die Fotoaufnahmen. Mitte: Im rheinischen Braunkohlerevier wurden die Sattelwagen auch in der Grube Vereinigte Ville eingesetzt. Dieser Großraum-Braunkohlen-Sattelwagen hatte eine Kapazität von 27 m³ und fuhr auf 900-mm-Gleisen. Rechts: Bei der Entladung wurde dann auch Druckluft eingesetzt. Dies erleichterte die Arbeit sehr und war zudem weitaus weniger gefährlich.

Produktionsstandort für die Güterwaggons war bis in die Achtzigerjahre der Standort Dortmund. Im Hintergrund begannen die Werkshallen für die Miningbagger.

Dieser Waggon war für die Rheinbraun zum Einsatz im rheinischen Braunkohletagebau vorgesehen. Fertig lackiert wartet er auf seine Auslieferung.

Baugleiche Waggons waren im rheinischen Braunkohlerevier im Einsatz. Das Foto zeigt die Entladung der Waggons. Es waren die größten Waggons auf vier Achsen. Die Kapazität lag bei 114 m³ oder 93 t.

Schwimmbagger aus Lübeck

Kapitel 7

Schwimmbagger waren – neben dem Schiffbau – für das Lübecker Werk ebenfalls immer ein wichtiger Produktzweig und zählten von Anfang an zum Produktprogramm. Unter dem Begriff Nassbaggern oder auch im englischen Sprachgebrauch „dredging“ bezeichnet man „das Aufbrechen der Kohäsion zwischen Partikeln eines Sedimentes und der senkrechte bzw. waagerechte Transport und Standortwechsel des Baggergutes.“

Anwendungsgebiete der Nassbaggerung liegen in Unterhaltungsarbeiten zur Sicherung der Schiffbarkeit von Wasserstraßen. Im Rahmen von Gewinnungsbaggerungen geht es darum, unter Wasser lagernde Mineralien zu gewinnen. Hierzu zählen beispielsweise alle Arten von Sand oder Kies. Aber auch die einmaligen Baggerungen zur Erweiterung von Häfen oder zur Landgewinnung sind klassische Einsatzgebiete von Schwimmbaggern.

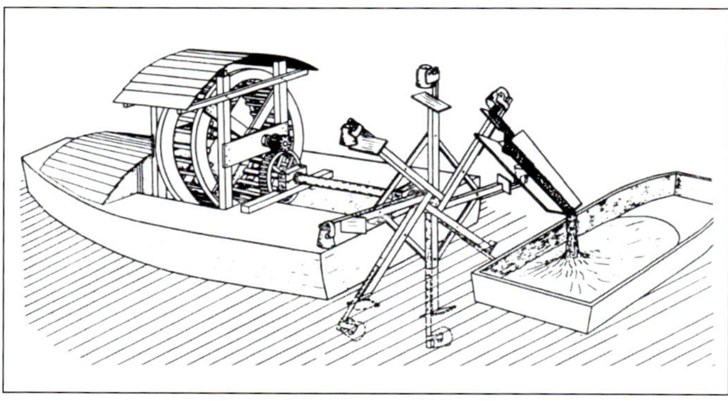

Bereits um 1816 wurden primitive schwimmende Schaufelradbagger auf der Trave bei Lübeck eingesetzt.

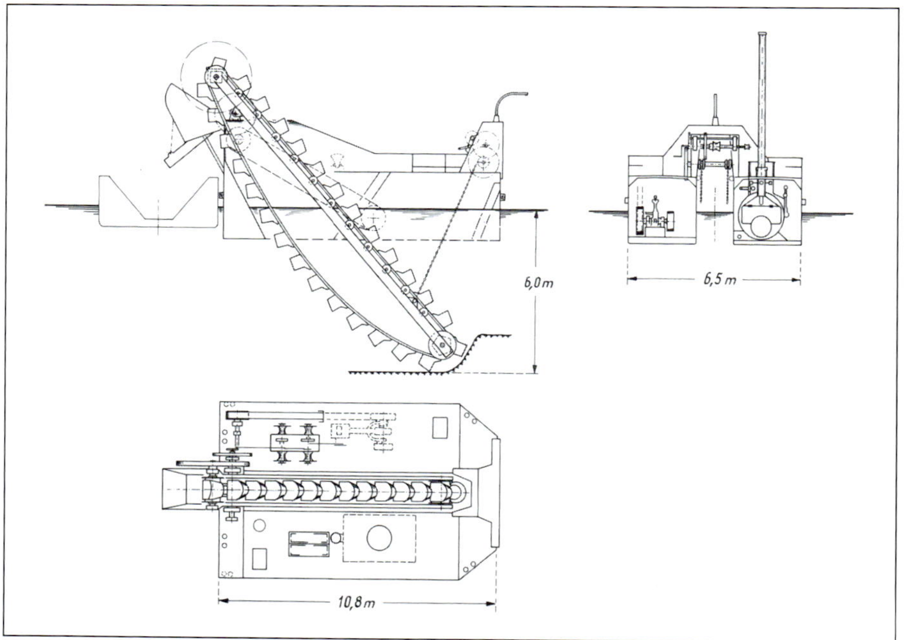

1877 legt die LMG mit dem 30-m³-Schwimmbagger den Grundstein einer beginnenden Erfolgsgeschichte. Der kleine Bagger hatte die Baunummer 1 und konnte 6 m tief baggern. Kunde war die Drätselkammer in Nystad/Finnland. (VOSTA LMG)

Dabei kommen dann Hydraulikbagger zum Einsatz, ein einfacher Bagger mit langer Ausrüstung auf einem Ponton. Die Ursprünge der Schwimmbagger liegen aber in Eimerkettenbaggern sowie Saugbaggern. Letztere verfügen zumeist über einen Laderaum, in den das Material gefördert wird, um dann an einem anderen Ort wieder entladen zu werden. Dies geschieht durch starke Pumpen. Schwimmbagger waren bereits ab 1900 ein zentrales Standbein der Lübecker Maschinebau Gesellschaft und in diesem Bereich zählte die LMG auch zu den Marktführern.

Ebenso erwähnenswert wie der „Baggerpapst“ Ludwig Rasper ist natürlich auch Dr. Ing. Alfred Welte. Er prägte ebenso die Entwicklung des Unternehmens, allerdings von der „nassen“ Seite her. Durch ihn wurde die Entwicklung im Schiff- und vor allem Schwimmbaggerbau maßgeblich vorangebracht und Alfred Welte war ebenso Geschäftsführer in Lübeck. Dr. Welte übernahm nach dem altersbedingten Ausscheiden Dr. Raspers einige Zeit lang die Gesamtleitung des Werkes Lübeck. Er war damals auch Mitglied des Gesamtvorstandes von Orenstein & Koppel. Dr. Alfred Welte verstarb am 3. März 2020 im Alter von 91 Jahren in New Jersey.

Zwischen 1955 und 1973 lieferte das Lübecker Werk nicht weniger als 26 selbstfahrende Schleppkopf-Laderaumsaugbagger, 49 Schneidkopfsaugbagger, 25 Eimerkettenschwimmbagger, 8 Saugbagger sowie 80 Baggerpumpen samt Zubehör. Grundsätzlich werden zwei Schwimmbaggertypen unterschieden: Eimerkettenschwimmbagger und Saugbagger.

Hauptunterschied der schwimmenden Eimerkettenbagger zu den Geräten an Land ist dabei die Drehrichtung der Eimerleiter. Denn das Gemisch aus Fördergut und Wasser kann nur in den Eimern verbleiben, wenn es auf der Oberseite nach oben befördert wird.

Die Eimerkettenschwimmbagger

Die Anfänge im Schwimmbaggerbau lagen dabei lange zurück. Ein sehr früher Schwimmbagger wurde als Schaufelradbagger um 1816 vom Schifffahrtsamt Lübeck auf der Trave eingesetzt. LMG hatte bereits seit der Firmengründung als einer der wenigen Hersteller von Schwimmbaggern jahrzehntelange Erfahrung und produzierte den ersten Schwimmbagger, einen Eimerkettenbagger, 1876. Der erste deutsche Schwimmbagger geht auf Ferdinand Schichau für 3,5 m Baggertiefe in das Jahr 1841 zurück.

Den ersten Exportauftrag erhielt die LMG um 1877 von der Firma Drätselkammer in Nystad/Finnland. Der Eimerkettenbagger war für 30 m^3 pro Stunde ausgelegt und konnte 5 m tief baggern; die Auslieferung erfolgte ein Jahr später.

1878 folgte eine Order der Baudeputation Lübeck für einen Preis von damals 144.000 Mark. So begann diese neue Produktlinie an Bedeutung zu gewinnen und im selben Jahr waren bereits neun Ingenieure mit der Entwicklung und Konstruktion von Schwimmbaggern beschäftigt.

Ende der 1890er-Jahre konnten bereits elf dampfbetriebene Schwimmbagger nach Japan und weitere sieben nach Russland geliefert werden. 1905 entstand der erste elektrisch betriebene Schwimmbagger für das Schifffahrtsamt Weichsel, ein Eimerkettenbagger.

Sogar ein kleiner schwimmender Eimerbagger mit Handantrieb findet sich in den frühen Prospekten. Seine Leistung betrug 5 m^3 bei einem Eimerinhalt von 15 l und einer maximalen Baggertiefe von 2,5 m. Die Nutzung dieses Baggers war sicher eine schweißtrei-

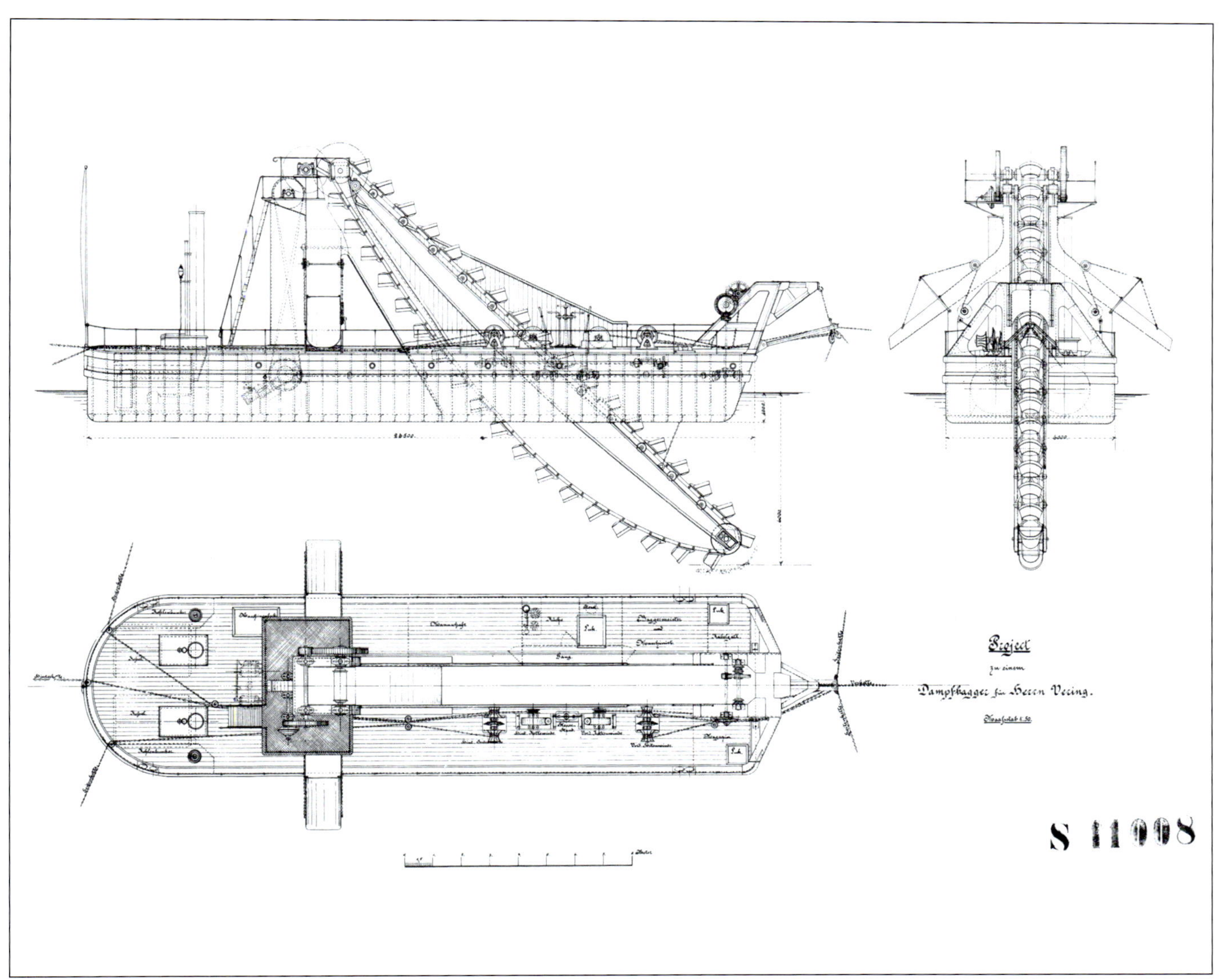

Die Zeichnung zeigt einen Schwimmbagger für den Unternehmer C. Vering, der um 1875 ausgeliefert wurde. Er hatte eine stündliche Förderleistung von 100 m^3 und konnte bis zu 6 m tief baggern. Er war der zweite Bagger der LMG.

Sehr gemächlich dürfte es wohl zugegangen sein auf diesem frühen Schwimmbagger. Angetrieben über eine kleine Dampfmaschine, war der Bagger komplett aus Holz gefertigt. Immer wieder interessant sind auch die Anzüge der Personen auf diesen frühen Aufnahmen um 1900.

bende Angelegenheit. Ein früher Prospekt um 1930 führt dann einige Typen mit Namen wie „Elbe III" an. Die Eimerkette der Elbe III hatte einen Eimerinhalt von 150 l und konnte bis zu 6 m Tiefe baggern.

Natürlich hielt auch die Hydraulik Einzug bei den schwimmenden Eimerkettenbaggern. Wichtige Funktionen wurden dann hydrodynamisch angetrieben. Für den Antrieb sorgten Dieselmotoren, oftmals von Deutz geliefert. Anfang der Achtzigerjahre waren acht verschiedene Eimerkettenschwimmbagger lieferbar. Die Baggertiefe betrug 4 m beim kleinsten Typ BS 45 und 32 m beim größten Typ BS 1000. Der Eimerinhalt betrug dabei 45 l bis 1.000 l.

So waren bei diesen dieselbetriebenen Schwimmbaggern stündliche Förderleistungen von 55 m³ bis 1225 m³ möglich. Die installierte Motorleistung begann bei 20 PS beim kleinsten BS 45 bis hin zu 1.574 PS beim BS 1000. Ab dem 400-l-Bagger BS 400 war die Eimerkette hydrodynamisch angetrieben.

Die technischen Daten der Bagger zeigt die Tabelle.

Der letzte Eimerkettenbagger findet sich in den Lieferlisten im Jahr 1981. Mit den Baunummern 758 und 759 wurden die Baggerschiffe „Jinjani" und „Agung" nach Indonesien geliefert. Sie waren für eine Baggertiefe von 18 m ausgelegt und verfügten über 700-l-Eimer.

Die stetig geforderten höheren Fördermengen über 1.000 m³ pro Stunde ließen diese mechanisch fördernden Eimerkettenbagger unwirtschaftlich werden.

Typ	BS 45	BS 120	BS 250	BS 400	BS 550	BS 750	BS 850	BS 1000
Eimerinhalt (l)	45	120	250	400	550	750	850	1.000
Baggertiefe (m)	4	6	9	12,2	15,24	18	20	32
Motor (PS)	20	139	372	537	745	1.157	1.218	1.574

Kleine Schwimmbagger waren um 1900 eine wesentliche Erleichterung für die damaligen Arbeiter. Mit fast zehn Arbeitern war der Personaleinsatz trotz Maschine dennoch recht intensiv. (VOSTA LMG)

Um 1900 waren handbetriebene Schwimmbagger noch verbreitet. Die Eimer dieses Baggers fassten 215 l und konnten 2,5 m tief baggern. So war eine stündliche Leistung von 5 m³ machbar.

Dieser dampfbetriebene Schiffsentlader wurde 1893 für die Wasserbauinspektion Bremen geliefert. Das Gerät hatte eine stündliche Leistung von 90 m³ und entlud die Schuten mittels zweier Eimerketten. Die untere war hierzu verstellbar ausgeführt. (VOSTA LMG)

1898 lieferte die LMG an das Straßen- und Flussbauamt Rosenheim diesen dampfbetriebenen Eimerkettenbagger. Er war für eine Baggertiefe von 5 m ausgelegt und konnte stündlich 50 m³ baggern. (VOSTA LMG)

Oben: Dieser dampfbetriebene Eimerkettenbagger diente zum Ausbaggern von Flüssen. Die Aufnahme entstand um 1904. Genau zuordnen ließ sich die Aufnahme nicht mehr, allerdings führt die Lieferliste im Jahr 1903 einige Geräte an die Baudeputation Lübeck und Stadt Wismar an. (VOSTA LMG)

Mitte: Dieser Schwimmbagger mit Dampfantrieb war um 1909 in Betrieb auf dem Berliner Wannsee. Geliefert wurde er an eine Bauunternehmung, die nicht näher spezifiziert wurde.

Unten: Die Skizze zeigt einen Bagger um 1921. Die Länge betrug rund 15 m bei einer Breite von 4 m. Die Höhe bis zum Schornstein betrug 2,75 m. Die Baggertiefe lag bei 2,6 m. (VOSTA LMG)

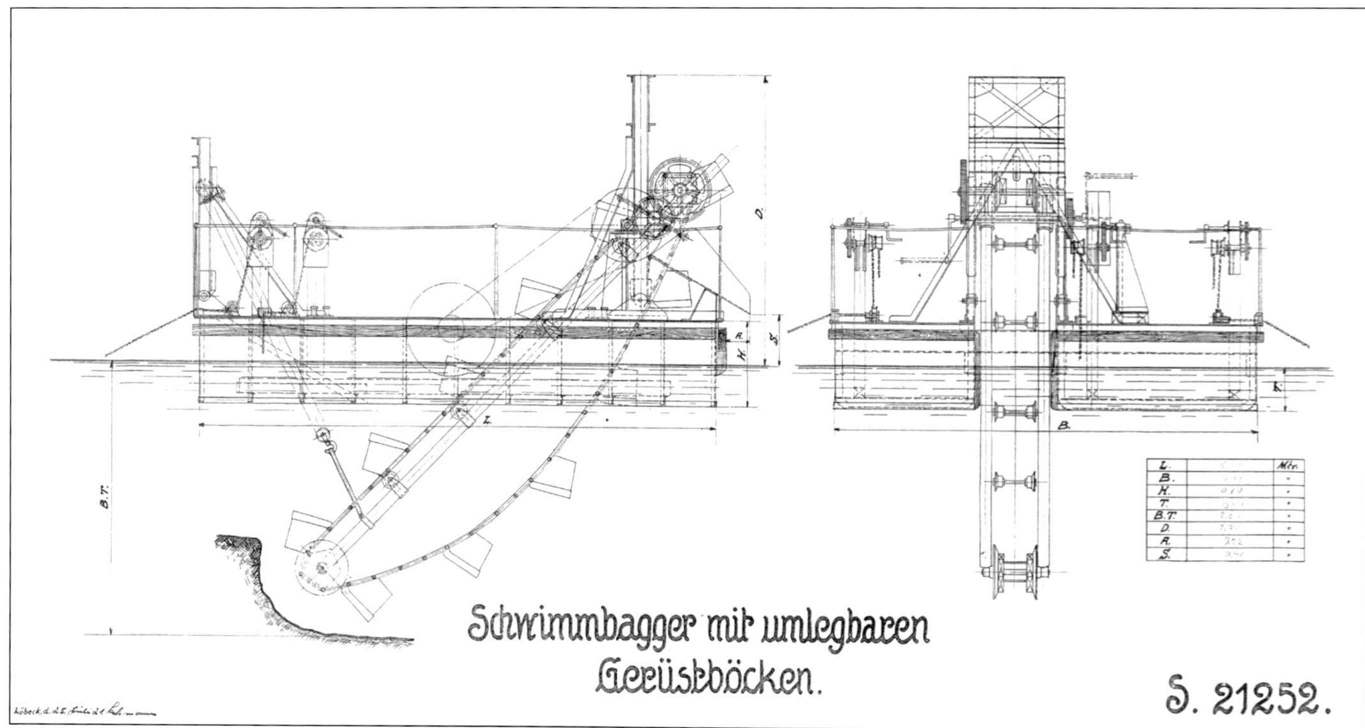

Um 1915 wirbt die LMG mit einem eigenen Prospekt für die Schwimmbagger. Das zeitgenössische Prospektbild zeigt einen Eimerkettenschwimmbagger.

Der Eimerkettenbagger „Montevideo" war dampfbetrieben und wurde 1927 an die Hafendirektion Montevideo ausgeliefert. Der 56 m lange Bagger hatte eine Breite von 10 m und war mit 800-l-Eimern ausgerüstet. Eine parallele Saugvorrichtung für 14 m Tiefe war ebenso vorhanden. (Vosta LMG)

Rechts: Dieser motorbetriebene Eimerkettenschwimmbagger wurde mit der Baunummer 268 im Jahr 1928 nach Kairo geliefert. Er konnte pro Stunde 20 m³ baggern. Das Baggergut wurde anschließend über das Rohr an Land transportiert. (VOSTA LMG)

Baunummer 319 wurde 1931 nach Russland geliefert. Der selbstfahrende Eimerspülbagger hatte eine Stundenleistung von 400 m³. (VOSTA LMG)

Dieser kleine Bagger war für 23 m³ Förderleistung ausgelegt und bereits dieselgetrieben. Mit der Baunummer 337 wurde er 1934 an Jebsen & Co., Hongkong ausgeliefert.

(VOSTA LMG)

Dieser 60-m³-Bagger wurde 1935 ausgeliefert. Der Bagger mit Baunummer 350 wurde nach Dresden geliefert und sollte dort vermutlich auf der Elbe zum Einsatz kommen. Ein Kunde wird nicht gelistet.

(VOSTA LMG)

Ein besonderer Eimerkettenbagger war dieser Elevator No. 2, der vermutlich um 1900 bis 1920 erschien. Er konnte Schuten entladen, die von anderen Baggern beladen wurden und das Material dann über den Ausleger samt Förderband bis zu 55 m weit verbringen. Seine stündliche Leistung betrug 450 m³; der Eimerinhalt betrug 500 l.

(Henning Dreyer)

1929 wurde der dampfbetriebene Schwimmbagger „Senegal" an die Hafenbehörde von Dakar geliefert. Die Eimerkette des 46 m langen Schiffes hatte 400-l-Eimer und konnte bis zu 13,5 m tief baggern. (VOSTA LMG)

Der Motoreimerbagger „Alster" mit Baunummer 424 wurde an das Tiefbauamt Hamburg geliefert. Kiellegung des Baggers war im März 1949 und der Stapellauf erfolgte Ende Juli 1949. (VOSTA LMG)

Der Eimerkettenbagger „Izmir" wurde für das Arbeitsministerium der Türkei in Ankara im Jahr 1953 gebaut. Der Eimerinhalt betrug 500 l und es konnte bis in eine Tiefe von 20 m gebaggert werden. Interessanterweise wurde dieser Bagger noch mit Dampfantrieb ausgeliefert. Der Schwimmbagger hatte die Baunummer 470. Kiellegung des 477 BRT-Schiffes (unten rechts) war im Januar 1953, der Stapellauf erfolgte Ende Februar 1955. (VOSTA LMG)

Im Oktober 1952 war Kiellegung für Baunummer 474, deren Name in der Lieferliste kaum lesbar war. Stapellauf des 132 BRT Schiffes war einen Tag vor Weihnachten desselben Jahres. Hilfe holte man sich dabei von einem Schwimmkran der Lübecker Flender Werke, der wohl gut ausgelastet war. (VOSTA LMG)

Ab Mai 1953 wurde der Schwimmkran zur Montage der Eimerleiter für die „Margadjaja" benötigt. Der 51 m lange Bagger hatte seinen Stapellauf im August 1953 und wurde im Januar mit der Baunummer 483 an den Kunden in Indonesien ausgeliefert. (VOSTA LMG)

Unten: Auch die „Margadjaja", ein 625 BRT-Schiff, war noch dampfbetrieben. Gut zu erkennen ist hier auch der Flaschenzug samt großem Zahnrad zum Absenken der Eimerleiter. (VOSTA LMG)

Oben: Der Dieselmotor des 10 m breiten und 54 m langen Schiffes leistete 360 PS. 14 Mann Besatzung sorgten für einen reibungslosen Betriebsablauf. (VOSTA LMG)

Oben: Beim Einbau der schweren Getriebezahnräder Anfang der Fünfzigerjahre musste auch der Schwimmkran wieder helfen. Die Welle des Zahnrades verdeutlicht die Größe. *(VOSTA LMG)*

Unten: Kunde des Schiffes war die indonesische Marine, die das Schiff im Januar 1954 erhielt. Der Stapellauf erfolgte Anfang Oktober des Vorjahres und Baubeginn oder Kiellegung war im Mai 1953. *(VOSTA LMG)*

Stolz zeigt sich der LMG-Mitarbeiter vor dem gewaltigen Zahnrad des Schwimmbaggers. Es müsste sich hier um einen 600-m³-Bagger im Jahr 1931 gehandelt haben, der natürlich dampfbetrieben war und nach Macao geliefert wurde. *(VOSTA LMG)*

Das Foto zeigt einen 600-l-Eimer eines Schwimmbaggers in den Fünfzigerjahren. Auch wenn ein Größenvergleich fehlt, der Eimer hatte immerhin ein beachtliches Eigengewicht von 7,7 t. *(VOSTA LMG)*

Einen ähnlichen Eimer wie oben rechts präsentieren diese sieben LMG-Arbeiter um 1952. Welches Fassungsvermögen der Eimer hatte, ist nicht überliefert. Aber die Arbeiter geben auch so einen tollen Größenvergleich.

Die „Semeru III" hatte die Baunummer 532 und wurde im Dezember 1957 nach Indonesien geliefert. Die Kiellegung erfolgte rund vier Monate vorher. Dieser 37 m lange und 7,5 m breite Bagger war ein Nachbau von Nummer 514, der „Semeru II", die 1955 nach Indonesien geliefert wurde. *(VOSTA LMG)*

1965 erhielt das traditionsreiche Bauunternehmen Philipp Holzmann den Eimerkettenbagger „Herkules" mit der Baunummer 603. Die Baggertiefe betrug 24 m bei einem Eimerinhalt von 900 l. Der Bagger hatte eine Länge von 54 m und war 12 m breit. Der Antrieb der Eimerkette mit der Bezeichnung BS900 war 550 PS stark. *(VOSTA LMG)*

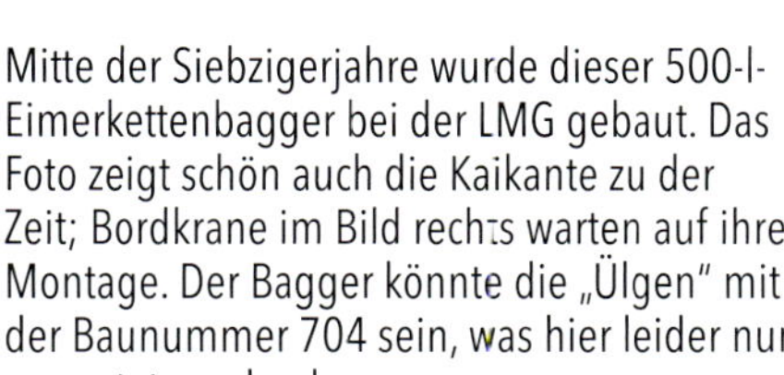

Mitte der Siebzigerjahre wurde dieser 500-l-Eimerkettenbagger bei der LMG gebaut. Das Foto zeigt schön auch die Kaikante zu der Zeit; Bordkrane im Bild rechts warten auf ihre Montage. Der Bagger könnte die „Ülgen" mit der Baunummer 704 sein, was hier leider nur vermutet werden kann. *(VOSTA LMG)*

A

B

C

Schiffslänge, durch herausnehmbares Zwischenstück A je nach Baggertiefe veränderlich

bei 5 m Baggertiefe	31,5 m
bei 12 und 15 m Baggertiefe	36,5 m
Breite auf Spanten	8,5 m
Seitenhöhe	2,2 m
Fördermenge bei 26 Schüttungen und 85 % Eimerfüllung	400 m³/h
Gesamte installierte Diesel-Leistung	460 PS

Größte Baggertiefe durch herausnehmbare Zwischenstücke B + C in der Haupteimerleiter veränderlich auf 5 m, 12 m und 15 m

Eimerkettenantrieb diesel-elektrisch mit nachgeschaltetem Drehmomentwandler

Niederlegen des Mittelbockes durch 2 Hydraulikzylinder

Die Konstruktion der Schwimmbagger der Baureihe BS war modular ausgeführt. So konnte die Baggertiefe durch Verlängerung von 5 m auf 12 m und 15 m geändert werden. Dann war auch ein Zwischenstück im Schiff zu montieren. Gezeigt in der Zeichnung ist der Schwimmbagger des Typs BS 300. *(Dirk Bömer)*

Der Eimerkettenbagger Wels wurde 1936 bei der LMG im Lübecker Werk mit der Baunummer 364 gebaut. Der insgesamt 20 m lange Bagger kann schön restauriert im Lübecker Holstenhafen bestaunt werden. (VOSTA LMG)

Der letzte Eigentümer der Wels, das Wasser- und Hafenbauamt der Hansestadt Lübeck, musterte den Bagger im Jahr 1991 aus und bot ihn zum Verkauf an. Der Verein Museumshafen zu Lübeck e.V. bemühte sich daraufhin bei den Behörden der Stadt, den Bagger als technisches Kulturdenkmal für Lübeck zu erhalten und bot an, den Wels nach einer notwendigen Renovierung als „Museumsschiff" zu übernehmen. (VOSTA LMG)

Ein besonderes Baggerschiff – die Wels

Ein besonderes Baggerschiff ist sicher der Eimerkettenbagger Wels. Das Schiff wurde von der Lübecker Maschinenbau Gesellschaft mit der Baunummer 364 im Jahr 1936 an die Stadt Eutin geliefert und war dort lange Zeit im Einsatz.

Bei einer Länge von 14 m hatte der Bagger eine Baggertiefe von 4 m und konnte unter anderem auf der Trave, der Wakenitz (Nebenfluss der Trave) und dem Mühlenteich eingesetzt werden. Die zunehmenden Anforderungen für den ausschließlichen Einsatz auf der Trave machten 1957 einen grundlegenden Umbau auf der Werft bei O&K und LMG notwendig. Der Bagger hatte nun eine Pontonlänge von 18 m und eine Baggertiefe von 8 m.

Rechts: Die hölzerne Kabine der Besatzung aus den Dreißigerjahren strahlt auch heute noch den Zeitgeist dieser Jahre aus und ist schön anzusehen. Gut erkennbar ist auch das LMG-Logo. (VOSTA LMG)

Unten: Bei einer Länge von anfangs 14 m hatte er eine Baggertiefe von 4 m und konnte unter anderem auf der Trave, der Wakenitz und dem Mühlenteich eingesetzt werden. Die zunehmenden Anforderungen für den ausschließlichen Einsatz auf der Trave machten 1957 einen grundlegenden Umbau auf der Werft bei O&K und LMG notwendig. Der Bagger hatte nun eine Pontonlänge von 18 m. Die Skizze zeigt den Bagger nach dem Umbau. (VOSTA LMG)

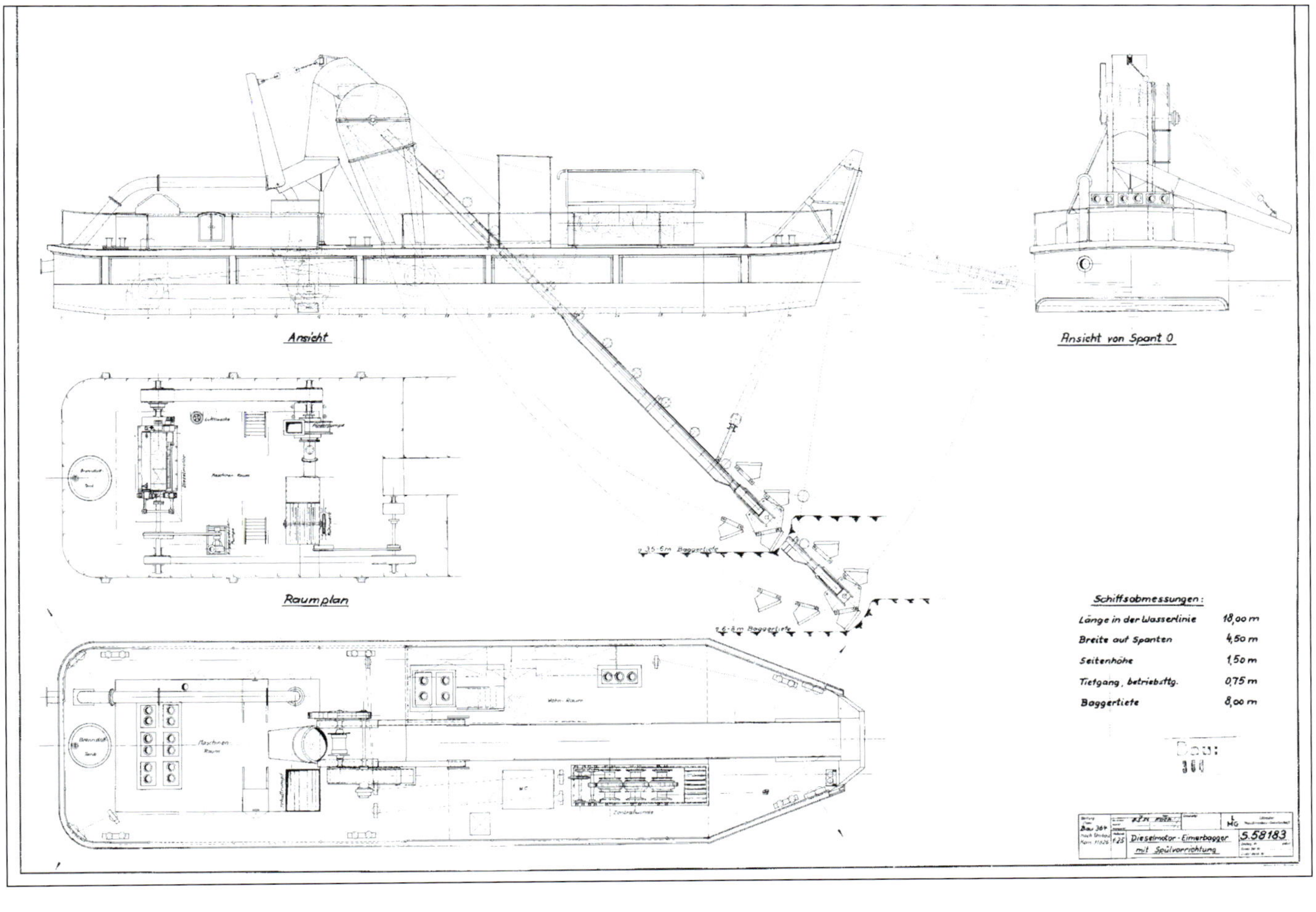

Nach dem Umbau betrug die Baggertiefe 8 m. Gut erkennbar ist auch die genietete Konstruktion des Flaschenzuges zur Eimerleiterverstellung. (VOSTA LMG)

Letzter Eigentümer war das Wasser- und Hafenbauamt der Hansestadt Lübeck, das den Wels im Jahr 1991 ausmusterte und ihn zum Verkauf anbot. Der Verein Museumshafen zu Lübeck e.V. bemühte sich daraufhin bei den Behörden der Stadt, den Bagger als technisches Kulturdenkmal für Lübeck zu erhalten und bot an, den Wels nach einer notwendigen Renovierung als „Museumsschiff" zu übernehmen.

In Zusammenarbeit mit dem Arbeitsamt Lübeck und einem speziellen Programm zum Erhalt kulturell wichtiger Geräte wurden Mittel bereitgestellt, damit der Wels von 15 älteren Mitarbeitern des Werkes Lübeck ab dem 3. November 1994 in Stand gesetzt werden konnte.

Eine Tafel weist auf die Restaurierung unter Beteiligung des Lübecker Werks hin. (VOSTA LMG)

Der Zugang zum Schwimmbagger erfolgt durch die seitliche Zugangsplattform. Gut zu erkennen ist auch die Kraftübertragung der Eimerleiter an den beiden Zahnrädern. (VOSTA LMG)

Am 29. April 1996 wurde der Bagger dem Verein von den beteiligten Stellen voll funktionsfähig übergeben und liegt seit dem 1. Juni 1996 im Lübecker Holstenhafen. Umso erfreulicher ist es, dass das Schiff dort auch heute noch besichtigt werden kann und als Stück Zeitgeschichte der LMG erhalten blieb.

Schwimmsaugbagger

Bis etwa 1890 bestand das Orderbuch der Lübecker Maschinenbau Gesellschaft bereits aus acht Schwimmbagger- und 40 Stahlbargen-Bestellungen für die Finanzdeputation Hamburg. Der Gesamtwert betrug 500.000 Mark.

Rund fünf Jahre später wurden dann die ersten Saugbagger mit Centrifugalpumpe vorgestellt. Dieser Pumpentyp wurde zuerst beim Bau des Mississippi-Kanals eingesetzt und auch beim Bau des Nordseekanals bei Amsterdam (Amsterdamkanal) in Europa von 1866 bis 1877. 1899 erschien der erste dampfbetriebene Schneidkopfsaugbagger für eine Baggertiefe von 5 m. Weiterer Höhepunkt der frühzeitlichen Fördertechnik war 1896 der erste Pumpenbagger für die königliche Hafenbauinspektion Swinemünde.

Eine besondere Leistung der noch jungen Werft war dann 1901 der Einschraubenladeraumsaugbagger „Seegatt" für die Königliche Hafeninspektion Memel. Beachtet man den noch eingeschränkten Platz der Werft, stellte das 55 m lange und 11 m breite Schiff für 11 m Baggertiefe und 600 m³ stündlicher Förderleistung eine technische Leistung dar.

Der Laderraumsaugbagger „Seegatt" wurde 1901 an die Königliche Hafeninspektion Memel geliefert. Er konnte bis zu 11 m tief baggern und hatte eine stündliche Leistung von 520 m³. Das Schiff war 56 m lang und 11 m breit. (Vosta LMG)

Weitere selbstfahrende seegängige Saugbagger lieferte die LMG dann erst nach dem großen Ausbau der Werft in den Jahren 1907 bis 1909. Dazu gehörten 1913 die Laderaumsaugbagger Titan und Cyclop für das Kaiserliche Kanalbauamt Saatsee.

Ein früher Prospekt um 1920 führt einige Typen mit wohlklingenden Namen wie „Quelimane" an. Quelimane war ein Hoppersauger, bei dem das Material einfach vom Grund gesaugt wurde. Der Laderauminhalt be-

1907 erhielt die Wasserbauinspektion Emden gleich zwei Dampf-Spülbagger mit den Namen „Spüler I" und „Spüler II". Die Bagger hatten die Baunummern 78 und 79. Die Baggerschiffe waren 43 m lang und 9,6 m breit. Das Foto aus dem selben Jahr zeigt „Spüler II". (VOSTA LMG)

Links: Schwimmbagger zählten mit zu den ersten Produkten der LMG. Natürlich waren diese anfangs noch dampfbetrieben. Das Bild zeigt den Schutensauger GG1 mit einer Saugvorrichtung für 25 m Tiefe, einer Spülweite von 1500 m und einer stündlichen Leistung der Baggerpumpe von 3600 m³.

Unten: Der dampfbetriebene Schneidkopfsaugbagger GG 9 wurde 1926 an das Unternehmen Gebrüder Goedhardt geliefert. Er war 44 m lang und 10 m breit. Die Baggertiefe betrug maximal 25 m und mit den Pumpen konnte das Baggergut bis zu 1200 m transportiert werden. (VOSTA LMG)

Oben: Im Jahr 1934 wurde dieser kleine Dieselschneidkopfsaugbagger an das Bauamt Lübeck ausgeliefert. Der Bagger war für 4 m³ Leistung pro Minute ausgelegt und hatte die Baunummer 334. Leider war der Name auf der Bautenliste kaum lesbar. (VOSTA LMG)

Rechts: Das bekannte frühere deutsche Bauunternehmen Philipp Holzmann erhielt 1965 den Schneidkopfsaugbagger „Spüler VI". Das bekannte Logo ist auf dem Schiff in der Bildmitte gut zu erkennen. Der Bagger konnte bis 24 m tief arbeiten und die installierte Motorleistung betrug 3.700 PS. (Dirk Bömer)

Der Laderraumsaugbagger Ramsis wurde ursprünglich 1950 als „Paul Solente" für die Ateliers et Chantiers de Bretagne in Dienst gestellt. Das Schiff sank während der Suez-Krise und wurde nach einem Jahr geborgen und teilweise instand gesetzt. 1959 erhielt dann das Lübecker Werk den Auftrag das Schiff komplett zu überholen und die Baggertechnik wieder herzustellen. Die erfolgreiche Fertigstellung erfolgte dann 1960. (Dirk Bömer)

Mit der „Sumatra II" lieferte Lübeck 1955 einen Saugbagger mit der Baunummer 516 nach Indonesien. Der Bagger verfügte über einen 3000-m³-Laderraum oder 4.250 t leichtem Baggergut und wurde an der Ostküste von Sumatra zur Freihaltung der Fahrrinnen und Häfen eingesetzt. Weitere Einsatzgebiete waren die Westdurchfahrt in der Meerenge zwischen Surabaja und der Insel Madura. (Dirk Bömer)

trug übersichtliche 500 m³ bei 12 m Baggertiefe. Der Antrieb erfolgte seinerzeit noch per Dampfmaschine.

Bei Saugbaggern wird das Material hydraulisch, also durch die Wirkung eines Wasserstroms aufgenommen. Sie kommen dann zum Einsatz, wenn es sich um relativ leichtes Material handelt, das nicht fest im Boden ist.

Eine Pumpe erzeugt dabei den bodenlösenden Saugstrom. Bei Saugbaggern mit Rohrleitung verbleibt dieser am Arbeitsort und pumpt das angesaugte Bodenmaterial mit Wasserzusatz als Baggergutgemisch durch eine schwimmende Rohrleitung zur Ablagerungsstelle. Ein Vorteil von Saugbaggern ist zudem, dass sie das Material auch über längere Distanzen durch Rohrleitungen direkt zum Verbauen transportieren können.

1975 lieferte Lübeck zwei Laderraumsaugbagger in den Irak. Die beiden Schiffe mit den Baunummern 709 und 710 trugen die Namen „Alkahalij Alarabi" und „Alnajaf". Hier läuft die Alnajaf auf der Trave aus in Richtung Irak und der Start einer vierwöchigen Reise begann. Zielort war Basrah im Irak. Den Auftrag erhielt das Werk im Februar 1974. Voll beladen erreichten die beiden Schiffe eine Geschwindigkeit von bis zu 12 Knoten oder 22 km/h. Zwei Baggerpumpen brauchten für eine Laderraumfüllung rund 60 Minuten, die Baggertiefe betrug 27 m. Interessant war zudem, dass der Kunde Unterkunftsmöglichkeiten auf dem Schiff für 92 Mann bestellte, da der Bagger in mehreren Schichten eingesetzt wurde.

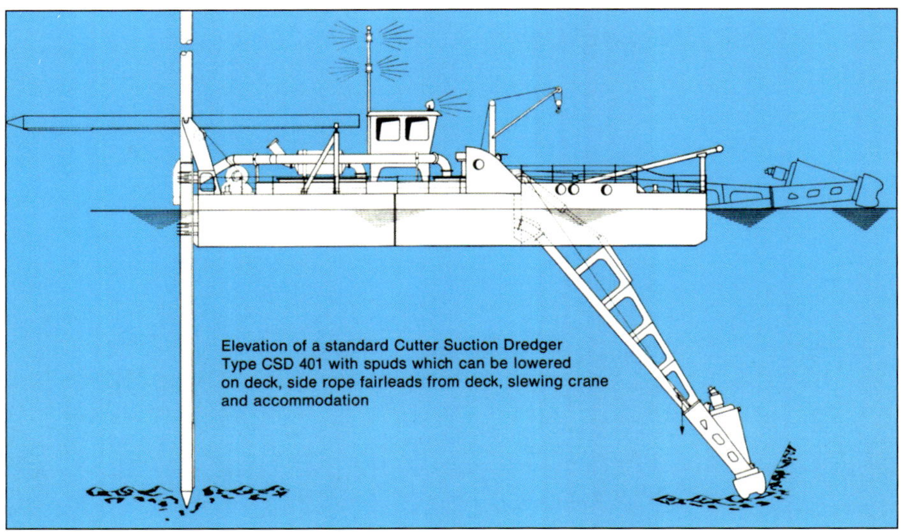

Mit den zerlegbaren Standardsaugbaggern des Typs CSD präsentierte & Orenstein & Koppel eine modulare Saugbaggerreihe für Baggertiefen bis 16 m. Die Geräte bestanden aus den seitlichen Pontons, der Antriebseinheit, Kabine und Saugeinheit. *(Dirk Bömer)*

Der Saugbagger CSD 401 wurde von einem 1.515 PS starken Dieselmotor angetrieben und konnte 12 m tief baggern. Seitliche Winden am Saugrohr sorgten für die Steuerung des Baggers. *(Dirk Bömer)*

Hoppersaugbagger verfügen dagegen über einen eigenen Laderaum. Dieser nimmt das geförderte Baggergutgemisch auf, wobei das mitgeförderte Wasser abläuft. Nach Füllung des Laderaumes fährt der Bagger aus eigener Kraft dann zur Ablagerungsstelle. Ideales Einsatzgebiet für Hoppersaugbagger ist die Offenhaltung von Seewasserstraßen oder Flussmündungen.

Die Vorteile des Schneidkopfsaugbaggers liegen im Schneiden bindiger Böden und dem gleichzeitigen hydraulischen Transport. Der Schneidkopf samt Saugrohr ist dabei an einem Traggerüst angebracht, das über einen Flaschenzug gesenkt werden kann. Durch den Einsatz von Verlängerungsstücken kann die Saugtiefe zudem angepasst werden.

So entstanden in den folgenden Jahren immer weitere Schwimmbagger mit steigenden Förderleistungen. 1955 waren verschiedene Typen lieferbar, für eine Leistung von 120 m^3 bis 1.500 m^3 stündlicher Förderleistung. Die Baggertiefe reichte dabei von 2 m bis 10 m und die Motorleistung von 25 PS bis 639 PS.

In den folgenden zehn Jahren nach 1955 wurden von der LMG 18 Laderaumsaugbagger, 48 Schneidkopfsaugbagger und Pumpstationen sowie 25 Eimerkettenbagger ausgeliefert. Das Hauptaugenmerk im Schwimmbaggerbau nach 1950 lag auch im Bau von hydraulisch fördernden Baggern, also Saugbaggern.

Innovationen wurden in Lübeck immer vorangebracht und so erschien Ende der Siebzigerjahre eine neue Schwimmbaggerreihe CSD. CSD ist eine Abkürzung und steht für „Cutting suction dredgers“ oder einfach Schneidkopfsaugbagger. Die Reihe bestand aus fünf verschiedenen Typen und das zentrale Alleinstellungsmerkmal war das Konzept als Katamaran.

Die Geräte bestanden aus zwei Pontons bei den kleineren Geräten bis 18 m Gesamtlänge und vier Pontons bei den größeren Typen mit 31 m Länge. In der O&K-Kundenzeitschrift Contact wurden die Gerätevorteile 1977 angepriesen. Die Bedienung erfolgte durch eine Person, Montage und Demontage ließen sich einfach mit gängigen Werkzeugen durchführen, die Bagger waren wartungsfrei und bestanden aus bewährten Standardbauteilen aus dem O&K-Programm.

Der früher übliche Maschinenponton wurde bei diesem neuen Katamaran durch eine komplette Maschinenbühne mit Kabine ersetzt. Bestanden Schwimmbagger bis dato aus rund sieben Kollis (vier Seitenpontons, Maschinenponton, Fahrerhaus und Schneidkopf), konnte dies bei der neuen Katamaran-Ausführung auf vier reduziert werden, nämlich zwei Seitenpontons, Maschinenbühne mit Fahrerahaus und Schneidkopf.

Der Erfolg des Konzeptes ließ auch nicht lange auf sich warten, denn noch während der Entwicklung der Reihe traf eine Ausschreibung über 14 zerlegbare Schneidkopfsaugbagger aus dem Irak ein. Im Jahr 1976 wurde der erste Bagger geliefert und im März 1977 der letzte. Diese Baureihe wird heute weiterhin erfolgreich von der Vosta LMG konstruiert.

Zu den ausgelieferten Baggerschiffen aus Lübeck gehörte auch die „Nordsee“. Das Schiff mit der Baunummer 724 wurde im Januar 1977 nach internationalen Ausschreibungen in Auftrag gegeben. Nach umfangreichen Erprobungen auf der Unterelbe wurde es am 25. Mai 1978 an die damalige WSV Wasser- und Schifffahrtsverwaltung des Bundes übergeben. Betrieben wird das Schiff heute vom Wasserstraßen- und Schifffahrtsamt Weser-Jade-Nordsee.

Angetrieben wird die Nordsee durch zwei Achtzylinder-Viertakt-Dieselmotoren von MAK. Die Motoren verfügen über eine Leistung von je 3.530 kW. Der Mitteldieselmotor, ebenfalls von MAK, leistete 2.205 kW und treibt einen Generator an.

Das seinerzeit modernste Baggerschiff der Welt hatte eine Baggerleistung von 4.500 m^3 Boden in 3,5 Stunden. 26 Mann Besatzung sorgten bei Inbetriebnahme für einen reibungslosen Betrieb des Schiffes.

Für den Einsatz als Bagger ist das Schiff mit zwei Seitensaugrohren ausgerüstet, die über einen Durchmesser von je 1 m verfügen. Die maximale Baggertiefe beträgt 29 m. Bei der Beladung des Hopperraums wird überschüssiges Wasser über Überläufe wieder nach außenbord geleitet.

Die Befüllung des Hopperraums dauerte etwa 40 Minuten, für die Verklappung des Baggerguts wurden dann etwa 15 bis 20 Minuten benötigt.

2019 wurde das mittlerweile 41 Jahre alte Schiff in Bremerhaven umfangreichen und mehrwöchigen Wartungs- und Grundinstandsetzungsarbeiten unterzogen. Diese wurden dann erfolgreich abgeschlossen und so wird die Nordsee auch weiterhin im Einsatz sein.

Die Bilberg I war ein Schneidkopfsaugbagger, der an Bilfinger und Berger geliefert wurde. Umfangreiche Tests des Schiffes 1985 konnten Anfang 1986 abgeschlossen werden, so dass die Über-

Durch einen Autokran ließen sich die einzelnen Teile schnell montieren. 1977 bestand die Reihe aus fünf verschiedenen Typen bis 16 m Baggertiefe.

Innerhalb des ersten Jahres nach der Markteinführung konnten bereits 16 Geräte der Typen CSD 401, CSD 351 und CSD 301 verkauft werden. Der CSD 401 wurde seinerzeit sogar auf Lager gebaut. Ein Mann für die Bedienung genügte und man hatte bei der Konstruktion auch auf die Verwendung von Komponenten aus dem übrigen Baumaschinenprogramm von O&K geachtet.

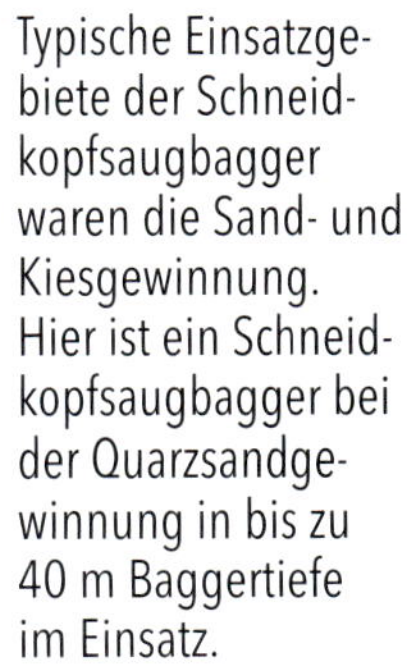

Typische Einsatzgebiete der Schneidkopfsaugbagger waren die Sand- und Kiesgewinnung. Hier ist ein Schneidkopfsaugbagger bei der Quarzsandgewinnung in bis zu 40 m Baggertiefe im Einsatz.

(VOSTA LMG)

Das Bauunternehmen Philipp Holzmann erhielt 1984 mit Baunummer 772 einen kompakten Schneidkopfsaugbagger. Der Bagger hatte eine Gesamtlänge von 34 m und wog 370 t. Ein 1.050 kW starker Dieselmotor sorgte für genug Leistung, um bis zu 6 m tief baggern zu können. Die Verstellung des Schneidkopfes erfolgte hier bereits hydraulisch. (VOSTA LMG)

Links: Für den Nassbaggerspezialisten Grün & Bilfinger wurde 1977 mit der Baunummer 745 die „Langeland" ausgeliefert. Das 60 m lange Schiff verfügte über mehr als 10.000 PS und kam in Warry/Nigeria zum Einsatz, etwa 350 km von Nigerias Hauptstadt Lagos entfernt. Der Schneidkopf hatte einen Durchmesser von 3 m und wurde von 1.200 PS angetrieben. Rechts: Um 1988 konnten die Saugbagger mit den Baggerpumpen sogar bis zu 100 m tief baggern. Hoppersaugbagger waren mit Laderräumen von bis zu 12.000 m³ lieferbar.

gabe des Schiffes an Bilfinger am 18. April 1986 erfolgen konnte. Ausschlaggebend für den im Oktober 1984 unterzeichneten Vertrag war sicher auch die Tatsache, dass O&K/LMG bereits eine ganze Flotte Schwimmbagger an die Bilfinger & Berger Bauaktiengesellschaft geliefert hatte.

Das 114 m lange Baggerschiff war für eine Baggertiefe von 25 m ausgelegt. Insgesamt vier Neunzylinder-Dieselmotoren mit 16.000 kW sorgten für den Antrieb des seinerzeit leistungsstärksten Baggerschiffes. Für Servicearbeiten stand ein O&K 30-t-Bordkran zur Verfügung.

1990 übernahm die niederländische Wasserbau-Reederei Boskalis das Schiff und setzte es als Ursa weiterhin ein. Seit 2013 gehört das Schiff der Huta-Group aus Saudi-Arabien, die es als Huta 14 betreibt.

Es ist mit zwei Ankerpfählen ausgestattet, der Schneidkopf hat eine Antriebsleistung von 3.300 kW und die Unterwasser- und Baggerpumpen eine Antriebsleistung von 9.600 kW.

Die erforderlichen Baggerpumpen produzierte O&K in Lübeck selbst. Sie standen für Förderströme von 1.000 bis 20.000 m³ pro Stunde zur Verfügung bei Antriebsleistungen bis 4.000 kW. Die bis zu 59 t schweren Pumpen waren für Förderhöhen bis 70 m ausgelegt.

Im Schwimmbaggerbau hatte sich insgesamt auch die hydraulische Förderung durchgesetzt, da stündliche Fördermengen jenseits der 1.000 m³ nicht mehr mechanisch (also mit Eimerkettenbaggern) zu erreichen waren.

Das Standardwerkzeug – der Schneidkopf – hatte sich ebenfalls durchgesetzt. Ein Nachteil war jedoch, dass es in Abhängigkeit der Schwenkrichtung zu unterschiedlichen Förderleistungen kam. Dies lag daran, dass sich der Schneidkopf um die Längsachse des Schneidkopfauslegers dreht.

Daher wurde um 1990 ein neues Schneidwerkzeug entwickelt, das in Aufbau und Wirkungsweise einem Schaufelrad vergleichbar war. Dabei wurden zwei Schaufelräder mit L-förmigen Schneiden auf einer horizontalen Welle so montiert, dass das Saugrohr zwischen den Radhälften platziert werden konnte.

Im Jahr 1979 lag in der Werft die „Kiel"; der Stapellauf war bereits erfolgt und der Schneidkopfsaugbagger mit Baunummer 747 wurde komplettiert. Kunde war das Bauunternehmen Strabag. Für den Antrieb des 2.460 t schweren Baggers sorgte ein 2.200 kW starker Dieselmotor.

(VOSTA LMG)

So erhielt Orenstein & Koppel 1991 den Auftrag über den Bau eines Saugbaggers für den Braunkohleabbau unter Wasser. Die Kohleflöze lagen dabei in Tiefen bis 65 m und hatten eine Mächtigkeit von rund 13 m. Der Schneidradbagger hatte die Baunummer 782 und trug den Namen „Kovin I". Er hatte eine Leistung von 12.000 kW und eine Länge über Deck von 55 m. Die Breite betrug 15 m, das gewaltige Schneidrad hatte einen Durchmesser von 4,5 m.

Die Baggertiefe betrug dabei 45 m und konnte bis zu 60 m ausgebaut werden. Ponton, Stahlbau und Installation der von O&K gelieferten Bagger- und Maschinenanlage wurden nach Vorgaben von O&K von einer Binnenschiffswerft in Novi Sad ausgeführt.

Die maximale Baggertiefe des 78 m langen Schiffes lag bei 22 m. Insgesamt sorgten zehn Besatzungsmitglieder für einen störungsfreien Betrieb.

(VOSTA LMG)

Für die Nassbaggerei Grün & Bilfinger wurde 1978 die „Ameland" ausgeliefert. Der Stapellauf des Schneidkopfbaggers mit Baunummer 749 erfolgte im Februar 1978. Der Bagger konnte bis 18 m tief baggern. 54 Zähne waren am 1,8-m-Scheidrad montiert. 16 Mann Besatzung waren während des Einsatzes auf dem Schiff. (VOSTA LMG)

1999 lief in Lübeck noch der weltgrößte Hopperbagger „Vasco da Gama" (Baunummer 815) mit 33.000 m³ Laderaum vom Stapel; dies entsprach rund 48.000 t Kapazität. Zwei Dieselmotoren mit je 12.930 kW sorgten für ausreichend Leistung, auch für die Dieselgeneratoren. Das Schiff war über 200 m lang und 36 m breit.

Die Entwicklung des Baggerschiffs wurde noch von O&K durchgeführt, Verkauf und Abwicklung nachher von Krupp Fördertechnik. Gebaut wurde das 50.500 t schwere Schiff auf der Thyssen-Krupp-Nordseewerft in Emden. Der Kunde und Betreiber ist bis heute Jan de Nul aus Belgien.

Die Entwicklung und der Bau waren eine große Herausforderung, weil die vorhandenen Erfahrungen für einen so großen Saugbagger nicht ausreichend vorhanden waren. Auch für die Werft in Emden war es der erste Saugbagger überhaupt. Da beide Standorte aber zum Krupp-Konzern gehörten, war ein ständiger Austausch zu jeder Zeit möglich und half bei der erfolgreichen Umsetzung des Projektes.

Daraus folgte, dass die Vasco da Gama mit einer der erfolgreichsten Schwimmbagger wurde. Selbst bei der Einrichtung wurden neue Wege gegangen. Die Einrichtung für das Personal an Bord entsprach einem 4-Sterne-Hotel. Jeder Mitarbeiter hat mindestens 1 ½ Zimmer mit einer eigenen Nasszelle. Zusätzlich gab es Gemeinschaftsräume mit einer Bar. Außerdem gab es Werkstatträume in einer Ausstattung, von der jedes andere Unternehmen an Land nur träumen konnte, Drehbänke, Fräsbänke, Schweißstationen etc. Alle Reparaturen konnten an Bord vorgenommen werden.

Später wurde das Schiff in der Mitte durchgesägt und verlängert, sodass der Laderaum auf 40.000 m³ vergrößert wurde. Dies wurde allerdings nicht durch die Vosta LMG umgesetzt.

1978 wurde für die Wasser- und Schifffahrtsverwaltung des Bundes (WSV) die „Nordsee" mit der Baunummer 724 in Betrieb genommen. Aufgrund des Ausbaus der Seeschifffahrtsstraßen seit 1959 wurde es vermehrt notwendig, diese instand zu halten und ihre Solltiefen sicherzustellen. Der Peiner Hafenkran rechts wurde im Oktober 2021 demontiert und erhält ein zweites Leben in einer Werft in Rendsburg. (VOSTA LMG)

Die „Nordsee" war in der Lage das Baggergut im eigenen Laderraum aufzunehmen und sodann über 2,5 km Entfernung an Land zu verspülen. Die Aufnahme des Materials erfolgte dabei über die beiden seitlichen Saugrohre, wobei die Füllung des Laderraums dann 40 Minuten dauerte. Bis 1983 war die ‚Nordsee" ausschließlich auf der Elbe im Einsatz, danach erfolgte die Verlegung an die Ems, wo neben dem Verspülen auch das Baggergut über im Boden vorhandene Schieberöffnungen cirekt verklappt wurde. 2019 wurde die „Nordsee" in Bremerhaven nach fast 30 Jahren Einsatz umfangreich instand gesetzt und ist seitdem wieder im Einsatz. (WSV)

Der Baggerpumpenraum befindet sich vor dem Maschinenraum. Die beiden starken Pumpen waren besonders für den Einsatz mit stark verschleißenden Feststoff-Wassergemischen ausgelegt. (Dirk Bömer)

Unten: Beim Stapellauf der „Bilberg I" waren zahlreiche Gäste eingeladen. An diesem 12. November 1985 erfolgte die Schiffstaufe durch die Gattin des damaligen Bilfinger & Berger-Vorstandes. (VOSTA LMG)

Oben: Die „Bilberg I" hatte eine 30-köpfige Besatzung. Hier ist das Schiff auf dem Weg zum Einsatzort. Heute ist die Bilberg unter dem Namen „Huta 14" im Einsatz.

Links: Mit der Baunummer 775 wurde die „Bilberg I" 1986 an die Bilfinger & Berger Bauaktiengesellschaft übergeben. Das 116 m lange Schiff gehörte zu den leistungsfähigsten Schwimmbaggern der Welt. Kernstück der Baggereinrichtung waren ein 3.700-kW-Schneidkopfantrieb, eine 3.700-kW-Unterwasserpumpe und zwei je 3.700 kW starke Baggerpumpen. (VOSTA LMG) Rechts: 1986 wurde die „Bilberg I" zunächst ausgiebig auf der Ostsee getestet. Die starken Pumpen des 112 m langen Schiffes sorgten für effizientes Baggern bis zu einer Tiefe von 25 m. (VOSTA LMG)

Unten: Die „Guayana" ging mit Baunummer 783 im Jahr 1990 an die CVG Ferrominera Orinoco CA. Das Unternehmen gehört mehrheitlich zum Staat Venezuela und setzte den 12.130 t schweren Laderraumsaugbagger in der Mineralgewinnung ein. Bis zu einer Tiefe von 20 m konnte gebaggert werden, bis der 7.500 m³ fassende Laderraum gefüllt war. (VOSTA LMG)

Oben: Das 141 m lange Schiff hatte eine Besatzung von 48 Personen. Da der Schiffbau in Lübeck ja bereits beendet war, wurde die „Guyana" bei der Flensburger Schiffbau Gesellschaft gebaut. (VOSTA LMG)

Nachdem der Schiffbau 1987 eingestellt worden war, wurden trotzdem noch Schwimmbagger produziert. 1990 wurde die „Nordland" an die Heinrich Hirdes GmbH übergeben. Der Bagger war zerlegbar konstruiert und konnte so leicht transportiert werden. Mit dem Unterwasserschneidrad konnte bis zu 20 m gebaggert werden; mit der zusätzlichen Tiefgrundsaugeinrichtung sogar bis zu 40 m. Die 1.000-l-Hydraulikanlage war bereits mit umweltfreundlichem Öl auf Rapsbasis befüllt.

1991 wurde im Mineralsandbetrieb Jangardrup in Westaustralien dieser Schwimmbagger montiert. Der Bagger trug den Namen „Cobbler" (Baunummer 785), benannt nach dem australischen Süßwasserfisch. Er hatte eine Leistung von 700 t pro Stunde und konnte bis zu 18 m tief baggern. Der Bagger war der erste von zwei geplanten Geräten und zusätzlich kamen dort auch noch zwei Schaufelradbagger des Typs S250 zum Einsatz. Gebaut wurde er bei einer australischen Werft.

Die „Han Jin Young Jong" wurde mit der Baunummer 798 im Jahr 1996 an die Hanjin Engineering & Construction Co., Ltd. ausgeliefert. Der 100 m lange Schneidkopfsaugbagger kann bis zu 30 m tief baggern. 26 Personen an Bord gehören hier zur Crew. Zwei Dieselmotoren mit je 4.500 kW für die Baggerpumpe und ein 3.375-kW-Motor für die Unterwasserpumpe sorgen für ausreichend Motorleistung. *(VOSTA LMG)*

Links: Das gewaltige Schneidrad hat einen Durchmesser von 5,2 m. Zwei mal 70 Zähne helfen das Material unter Wasser zu lösen. *(VOSTA LMG)*
Rechts: Der Schneidkopfsaugbagger „Han Jin Young Jong" entstand in Zusammenarbeit mit dem Kunden; das generelle Konzept einschließlich der Decks sowie die Nassbaggerkomponenten wurden von VOSTA LMG geliefert. Gebaut wurde das Schiff bei der Hanjin Heavy Industries in Korea. *(VOSTA LMG)*

Das 4,5 m große Scheidrad der „Kovin I" (Baunummer 782) verfügte ebenfalls über zwei mal 70 Zähne. Auch hier kamen das allgemeine Design und die Nassbaggerkomponenten aus Lübeck. *(VOSTA LMG)*

Die „Kovin I" hatte eine gesamte Leistung von 12.000 kW und eine Länge über Deck von 55 m. Die Breite betrug 15 m. Bis zu 45 m konnte gebaggert werden, wobei dies bis auf 60 m ausgebaut werden konnte. *(VOSTA LMG)*

Die „Vasco da Gama" mit Baunummer 815 war der weltweit größte Saugbagger mit einem Laderraum von gewaltigen 33.000 m³. Das Schiff hatte eine Länge von 200 m. Das Foto zeigt den Stapellauf des Schiffes. Die Entwicklung erfolgte noch durch das Lübecker Werk und gebaut wurde das Schiff dann 1991 in der Thyssenkrupp-Werft in Emden. Kunde und Betreiber ist bis heute „Jan de Nul" aus Belgien. (VOSTA LMG)

Die Einrichtung für das Personal an Bord entsprach seinerzeit einem 4-Sterne Hotel. Jeder Mitarbeiter hat mindestens ein Zimmer mit eigener Nasszelle. Zusätzlich gab es Gemeinschaftsräume mit einer Bar. (VOSTA LMG)

Die „Cassiopeia V" mit Baunummer 1142 war ein Schneidkopfsaugbagger des Typs CSD 900. Die gesamte Länge des Schiffs betrug 120 m, bei einer Pontonlänge von 102 m und einer Breite von 23 m. (VOSTA LMG)

Die „Cassiopeia V" konnte bis 32 m tief baggern. 3.000 kW Leistung standen dem Schneidkopfantrieb zur Verfügung. Zwei Saugpumpen mit je 4.000 kW waren zudem für das Baggern installiert. Das Schiff wurde 2012 für Penta Ocean gebaut. (VOSTA LMG)

Der Saugbagger „Amazone" war ebenfalls ein Gerät vom Typ CSD 900. Das selbstangetriebene Schiff mit Baunummer 1127 wurde 2012 an DEME geliefert. (VOSTA LMG)

Auch bei diesem Saugbagger „Mazagon" mit der Baunummer 1124 erfolgte das Design ebenfalls durch VOSTA LMG. Den Bau übernahm die ASL Shipyard Pte. ltd. in Singapur. (VOSTA LMG)

Bei der „Mecca" (Baunummer 1098) zeichnete sich VOSTA LMG für alle Nassbaggerkomponenten verantwortlich. Der Laderraumsaugbagger verfügte über einen 10.000 m³ großen Laderraum und wurde 2004 ausgeliefert. Das würde eine Zuladung von rund 16.000 t entsprechen. Im Hauptantrieb sorgten zwei Dieselmotoren mit jeweils 8.400 kW für ausreichend Leistung, um bis 35 m baggern zu können. 74 Mann Besatzung waren auf dem 127 m langen und 17.100 t schweren Schiff eingesetzt. (VOSTA LMG)

Die „Shen Hua" mit der Baunummer 1100 wurde 2004 an die Huanghua Port in Shanghai ausgeliefert. Der Laderraum dieses Saugbaggers fasste 5.000 m³ oder 7.200 t. Auch hier übernahm VOSTA LMG das allgemeine Design sowie die wichtigen Nassbaggerkomponenten. Bis zu 26 m tief konnte gebaggert werden. Auf der „Shen Hua" waren 45 Mann Besatzung. (VOSTA LMG)

Weitere Schwimmbagger

Mitte der Achtzigerjahre waren Laderaumsaugbagger mit Laderauminhalten von 500 bis 12.000 m³ und Baggertiefen bis 80 m lieferbar. Neben diesen Saugbaggern lieferte das Lübecker Werk auch Laderaumbagger mit O&K-Mehrseil-Greifkranen. Diese waren für Baggertiefen bis 23 m und 1.000 m³ Laderaum ausgelegt.

Aufgrund der mittlerweile bewährten Hydraulikbagger aus dem Dortmunder O&K-Werk waren ebenso Pontons mit Hydraulikbagger und langem Monoblockausleger verfügbar.

Alle Baggertypen ab dem RH 30C bis zum RH 300 waren in den Achtzigerjahren als Pontonbagger lieferbar. Die Baggertiefe betrug beim RH 30C maximal 11 m und beim RH 300 sogar 25 m. Ein RH 300 als Pontonbagger wurde aber nie ausgeliefert.

Die LMG gehörte sicher zu den führenden Herstellern von Schwimmbaggern und der Name war und ist auch heute noch weltbekannt. Zwar wurde der Schiffbau eingestellt, doch die Schwimmbagger hatten sich ihren Namen erarbeitet und genossen einen exzellenten Ruf. Wie hoch diese Erfahrung und Kernkompetenz war, lässt sich auch daran erkennen, dass der Name LMG sogar heute noch existiert. Im Jahr 2002 schlossen sich der Bereich der LMG Schwimmbagger mit dem holländischen Unternehmen Vostas aus Delft zusammen. Beide gehörten zwischenzeitlich zum Krupp Konzern. Seit dem Rückzug von Krupp aus Lübeck heißt das Unternehmen Vostas LMG und der traditionsreiche Name eines Weltmarktführers im Schwimmbaggerbau ist nach wie vor existent. Und auf die Geschichte der LMG wird sogar auf der Firmenwebsite hingewiesen.

Bereits in den Anfangsjahren bei Orenstein & Koppel wurden auch dampfbetriebene Seilbagger auf einen Ponton montiert. Dieser Typ 6 arbeitet um 1925 mit einem 1-m³-Löffel am verlängerten Löffelstiel auf der Donau.

In den Dreißigerjahren präsentierte O&K den kleinen 21 t schweren Typ D. Dieser Bagger ist mit Baggerarbeiten in Westdeutschland beschäftigt. Sein Löffel fasste 0,5 m³.

Als Raupenbagger hatte Typ 9 ein Dienstgewicht von 56 t und bis zu 1,5 m³ Löffelgröße. Bei diesem Einsatz in China arbeitet der Bagger auf einem Ponton mit einem 1-m³-Greifer in bis zu 10 m Tiefe.

Auch dieser Dampfbagger wird auf einem Ponton eingesetzt. Das Foto zeigt den Bagger mit 0,5-m³-Greifer und es könnte sich um einen L 3 handeln, der um 1935 fotografiert wurde.

Eigentlich ist auf diesem Foto kein richtiger Schwimmbagger. Aber es ist einfach zu schön anzusehen in der Konstellation. Auf dem Ponton wird ein RH 6 auf der Traun bei Traunstein zur Flussbaggerung eingesetzt. Warum aber die kleinere Schmiedag-Raupe auf dem Ponton steht, erscheint fraglich.

Der RH 60 als Bagger wurde lediglich mit Hochlöffel gebaut. Nur als Schwimmbagger bekam er eine Tieflöffelausrüstung. Für den Antrieb sorgten zwei Deutz-Dieselmotoren mit jeweils 259 kW.

Dieser RH 75 wurde als Pontonbagger nach Schweden geliefert. Die maximale Reichtiefe des Baggers betrug mit 15-m-Monoausleger und 10,3-m-Stiel knapp 20 m.

Alle Raupenbagger ab dem RH 30C standen auch als Pontonbagger zur Verfügung. Der RH 75 wurde von einem Cummins-Dieselmotor angetrieben, der beim RH 75C 435 kW Leistung besaß und beim RH 75A 500 kW.

Am maximal 14 m langen Monoausleger und 7,5 m langen Stiel beim RH 75A konnte noch ein 2,5-m³-Tieflöffel eingesetzt werden. Ohne Unterwagen wog der Bagger dann knapp 90 t. Beim RH 75A konnte sogar ein 15-m-Monoausleger mit 10,3-m-Stiel und 2,6-m³-Löffel eingesetzt werden.

Für kleinere Hilfsarbeiten stand auf dem Ponton auch ein kleiner Seilbagger. Stündlich verbrauchte der RH 75 zwischen 80 und 100 l pro Stunde.

Natürlich wurden auch die Hydraulikbagger als Schwimmbagger eingesetzt. Hier arbeitet ein 40 t schwerer RH 18LC auf einem Ponton beim Uferschutz auf der Ems. Seltener waren Einsätze wie dieser, da der Bagger mit verstellbarem Unterwagen auf dem Ponton stand. Für bessere Sichtverhältnisse mit dem 9-m-Monoausleger und 5,2-m-Stiel war der Bagger mit hochfahrbarer Kabine ausgerüstet.

1982 wurde auch diese RH 40 Oberwagen auf einen Ponton montiert und mit langer Tieflöffelausrüstung bei der Ausbaggerung von Fahrrinnen eingesetzt. So konnte der Bagger bis in maximal 15 m Tiefe baggern. Maximale Schaufelgröße war hier 3,3 m³. (VOSTA LMG)

Gerätelisten Tagebaugeräte

Die folgenden Aufstellungen der Geräte samt Baunummern und Baujahr basieren auf Lieferlisten der Lübecker Maschinenbau Gesellschaft ab 1880. Aufgrund der vereinzelt schlechten Lesbarkeit, handschriftlicher Ergänzungen und kopierter Unterlagen sind vereinzelte Ungenauigkeiten leider nicht ganz auszuschließen. Maßgeblich sind immer die LMG-Baunummern.

Geräteliste Baufirmen – Eimerkettenbagger

Bauunternehmer C. Vering, Hamburg

Jahr	LMG-Baunummer	Typ	Art
1880	1	A	Hochbagger
1882	2	A	Hochbagger
1884	4	B	Tiefbagger
1884	5	B	Tiefbagger
1888	17	A	Hochbagger
1889	32	B	Tiefbagger
1891	43	B	Tiefbagger
1898	78	B	Tiefbagger

Phillip Holzmann AG, Frankfurt			
Jahr	**LMG-Baunummer**	**Typ**	**Art**
1885	6	B	Tiefbagger
1889	19	B	Tiefbagger
1889	20	B	Tiefbagger
1889	29	B	Tiefbagger
1890	36	B	Tiefbagger
1890	37	B	Tiefbagger
1889	88	B	Tiefbagger
1890	95	B	Tiefbagger
1903	140	B	Tiefbagger
1903	142	B	Tiefbagger
1906	256	C	Tiefbagger
1907	299	B	Tiefbagger
1907	300	B	Tiefbagger
1907	313	B	Tiefbagger
1907	350	C	Tiefbagger
1909	400	B	Tiefbagger
1909	404	B	Tiefbagger
1909	411	B	Tiefbagger
1910	Nicht vorhanden	C	Tiefbagger

Arthur Koppel, Berlin			
Jahr	**LMG Baunummer**	**Typ**	**Art**
1901	123	C	Hoch-/Tiefbagger
1906	238	B	Tiefbagger
1906	244	B	Tiefbagger
1906	254	B	Tiefbagger
1907	300	B	Tiefbagger
1907	Keine vorhanden	C	Tiefbagger
1907	302	B	Tiefbagger
1908	320	B	Tiefbagger
1908	333	C	Tiefbagger

Geräteliste rheinischer Braunkohlentagebau – Eimerkettenbagger

RWE Power Systems

(inkl. Vorgängergesellschaften wie Gewerkschaft Brühl, Brühl;
Gruhl'sche Braunkohlen und Brikettwerk, Brühl;
Gewerkschaft Roddergrube, Brühl und Roddergrube AG, Brühl;
Rheinische AG für Braunkohlenbergbau, Köln (bis 1961))

Baujahr	LMG-Baunummer (Rheinbraun-Nummer)	Typ	Art
1891	Keine vorhanden	C	Hochbagger
1897	72	C	Tiefbagger
1898	76	C	Tiefbagger
1900	107	C	Tiefbagger
1904	142	C	Tiefbagger
1906	230	C	Hochbagger
1906	255	A	Tiefbagger
1907	289	A	Tiefbagger
1907	316	A	Tiefbagger
1907	295	Keine Angabe	Hochbagger
1907	400	Vischow	Hochbagger
1908	349	C	Hochbagger
1908	352 (164)	B	Tiefbagger
1909	486	B	Tiefbagger
1910	496	B	Tiefbagger
1911	539	A	Tiefbagger
1912	552	B	Tiefbagger
1912	556	B	Tiefbagger
1912	560 (122)	A	Hochbagger
1912	Angabe fehlt	B	Tiefbagger
1912	593	B	Hochbagger
1912	595 (123)	B	Tiefbagger
1912	596 (124)	B	Tiefbagger
1912	583	B	Tiefbagger
1912	585	C	Hochbagger

Baujahr	LMG-Baunummer (Rheinbraun-Nummer)	Typ	Art
1912	588 (170)	B	Hochbagger
1913	597 (125)	E	Tiefbagger
1914	611	B	Tiefbagger
1914	620	B	Tiefbagger
1914	624	B	Tiefbagger
1914	607	D	Hochbagger
1914	608	B	Tiefbagger
1913	611 (169)	B	Tiefbagger
1914	612	B	Hoch-/Tiefbagger
1914	615	A	Tiefbagger
1914	620	B	Tiefbagger
1914	621	B	Verlader
1914	623 (135)	B	Tiefbagger
1915	630 (183)	B, Umbau auf Raupen 1957	Tiefbagger
1916	631 (127)	B	Tiefbagger
1915	635 (160)	B	Hochbagger
1915	652	A	Hochbagger
1916	663	E	Hochbagger
1916	673	A	Hochbagger
1916	679 (161)	EK	Kratzbagger
1916	680	D	Tiefbagger
1916	681 (120)	E	Tiefbagger
1916	682 (165)	EK	Hochbagger
1916	683 (162)	D	Schrämbagger
1916	684 (121)	D	Kratzbagger
1916	742	E	Tiefbagger
1916	743	E	Tiefbagger
1916	631 (163)	B	Tiefbagger
1916	646	B	Hochbagger
1916	657	E	Hochbagger
1917	685	D	Schrämbagger
1918	701 (167)	EK	Kratzbagger
1918	704	E	Hochbagger

Baujahr	LMG-Baunummer (Rheinbraun-Nummer)	Typ	Art
1918	705	E	Hochbagger
1920	741 (131)	E	Kohlenbagger
1921	742	E	Tiefbagger
1921	750 (100)	R III	Tiefbagger
1921	721 (171)	E	Kratzbagger
1922	770 (132)	E	Kohlenbagger
1922	773 (166)	DK	Hochbagger
1922	777	R III s	Raupenbagger
1922	778 (137)	R III s	Raupenbagger
1926	750 (100)	ER 100/3,4 x 5,4	Hochbagger
1927	845 (185)	ER 400/6,8	Raupenbagger
1928	858 (103)	ER 300/13,3 x 13,3	Tiefbagger
1927	815 (136)	E II	Tiefbagger
1927	845 (185)	ER 400/16,8	Tiefbagger
1928	818 (180)	ER 320/10,5	Raupenbagger
1928	825 (125)	E	Tiefbagger
1928	858 (103)	ERs 300/13,3 x 13,3	Tiefbagger
1931	876 (181)	Angabe fehlt	Angabe fehlt
1931	880 (196)	ERs 200/6,5 x 5,5	Tiefbagger
1931	886 (190)	ERs 750/8-10 x 10-12	Tiefbagger
1931	895	Angabe fehlt	Angabe fehlt
1936	904 (186)	ERs 500/22-26	Tiefbagger
1936	915 (191)	ERs 340/8-10,5 x 10-12	Hochbagger
1939	928 (192)	ERs 450/15-17,4 x 15,4-18	Hoch-/Tiefbagger
1941	934 (193)	ERs 350/8-10,5 x 10-13	Hochbagger
1941	938 (198)	ERs 650/9-11.6 x 14,4	Tiefbagger
1942	950 (199)	ERs 350/11-14 x 16,5	Tiefbagger
1948	979 (105)	ERs 350/9 x 11,5	Hoch-/Tiefbagger
1949	1029 (101)	ERs 500/13-15 x 13-16	Hoch-/Tiefbagger
1949	1068 (194)	ERs 250/8-10 x 8-10	Hoch-/Tiefbagger
1950	1065 (104)	ERs 500/13-15 x 13-16	Hoch-/Tiefbagger
1950	1069 (102)	ERs 500/13-15 x 13-16	Hoch-/Tiefbagger
1959	1129 (106)	ERs 500/20-22 x 20-23	Hoch-/Tiefbagger

Geräteliste rheinischer Braunkohlentagebau – Schaufelradbagger

RWE Power Systems

(inklusive Vorgängergesellschaften Rheinische AG für Braunkohlenbergbau, Köln (bis 1961); Rheinische Braunkohlenwerke AG, Köln (ab 1961); Braunkohlen- und Brikettwerke Roddergrube AG, Brühl; Braunkohlen-Industrie AG „Zukunft", Eschweiler, Gewerkschaft Neurath, Neurath; Braunkohlenbergwerk Neurath; Niederrheinische Braunkohlenwerke AG, Frimmersdorf)

Baujahr	LMG-Baunummer (Rheinbraun-Nummer)	SchRs	Tagebau
1949	961 (251)	200/0,5 x 12	Vereinigte Ville
1942	965 (264)	200/0 x 6,5	Angabe fehlt
1948	978 (202)	400/0,5 x 18 x 3	Neurath
1946	983	250/0,5 x 14,5 x 3	Zukunft
1947	1003 (200)	400/0,5 x 14,5 x 3	Frechen
1948	1025 (283)	200/0,5 x 11	Neurath
1950	1030 (207)	700/3,7 x 26,5 x 9,5	Zukunft
1952	1067 (205)	850/3 x 26 x 11	Frimmersdorf
1950	1073 (265)	200/0,5 x 12	Frimmersdorf
1951	1075 (263)	250/1 x 12	Vereinigte Ville
1952	1088 (208)	700/6 x 27 x 20	Zukunft
1953	1089 (255)	3600/5 x 48	Fortuna
1954	1106 (268)	200/5 x 12	Frimmersdorf
1953	1110 (209)	700/6 x 27 x 20	Zukunft
1954	1111 (281)	4000/20 x 50	Zukunft
1953	1112 (266)	250/1 x 12	Frimmersdorf
1954	1115 (258)	1800/25 x 50	Fortuna
1955	1124 (203)	600/10 x 28 x 18,8	Neurath
1959	1128 (272)	1900/5 x 28	Frimmersdorf
1958	1132 (277)	350/5 x 12	Inden
1958	1133 (278)	350/5 x 12	Inden
1961	1146 (259)	3200/21,5 x 53,5	Fortuna
1961	1147 (261)	3200/21,5 x 53,5	Frechen
1961	1151 (279)	1900/5 x 30	Zukunft
1961	1166 (282)	4500/14 x 38-41	Inden
1974	1329 (286)	4500/12 x 44	Zukunft
1975	1330 (285)	6300/9-17 x 51	Fortuna
1977	1347 (289)	6300/9-17 x 51	Hambach
1988	1420 (292)	6300/9-17 x 51	Hambach

Geräteliste rheinischer Braunkohlentagebau - Absetzer

Baujahr	LMG-Baunummer (Rheinbraun-Nummer)	Typ	Nennförderleistung	Gewicht	Tagebau
1927	80	AsE			Donatus
1927	90 (705)	AsE 400/50	500 m³/h	270 t	
1931	102 (720)	ASE 800/53	1.340 m³/h	600 t	Neurath
1944	137	AsGE 1000/22+50 x 18	1.080 m³/h	800 t	Berrenrath
1950	138 (727)	AsGE 1400/60 x 26	2.500 m³/h	1.342 t	Frimmersdorf
1949	149 (725)	AsE 1000/46,5 x 6	2.300 m³/h	595 t	Gotteshülfe
1954	156 (734)	AsGE 1450/60 x 26	3.850 m³/h	1.123 t	Frechen
1947	162 (722)	AsGE 1000/50 x 22	1.440 m³/h	860 t	Berrenrath
1950	168 (724)	AsGE 500/60 x 17	1.080 m³/h	525 t	Gruhlwerk
1957	177 (745)	Ars 1200/17+60 x 22	2.200 m³/h	525 t	Inden
1958	194 (746)	Ars 1200/17+60 x 22	2.300 m³/h	480 t	Inden
1961	195 (744)	Ars 2200/45+100 x 40,3	1.500 m³/h	3.651 t	Frimmersdorf
1975	328 (739)	Ars 3200/80+100 x 41,5	27.500 m³/h	5.042 t	Fortuna
1978	341 (757)	ARs 3200/80+100 x 41,5	27.500 m³/h	5.346 t	Hambach

Geräteliste kanadischer Ölsand - Schaufelradbagger

Bechtel Corp., San Francisco

Baujahr	LMG-Baunummer	SchRs	Tagebau
1965	1236	70/0,5 x 6,5	Suncor, Fort McMurray
1965	1300	1000/1,5 x 26	Suncor, Fort McMurray
1965	1301	1000/1,5 x 26	Suncor, Fort McMurray

Suncor Inc., Edmonton

Baujahr	LMG-Baunummer	SchRs	Tagebau
1974	1340	S2000	Suncor, Fort McMurray
1974	1341 bis 1344	SchRs 2375/1,5 x 21	Syncrude
1979	1371	1120/1,5 x 26	Suncor, Fort McMurray

Schaufelradbagger Polen

Baujahr	Typ	LMG-Baunummer (RWE-Nummer)	Dienstgewicht	Förderleistung	Tagebau/Land
1980/1981	SchRs 900/7 x 30	1373 (Na)	2030 t	4100 m³/h	Polen
1980/1981	SchRs 4000/18 x 50	1374 (Na)	6870 t	13250 m³/h	Polen
1981/1982	SchRs 4000/2,5 x 37,5	1375 (Na)	5553 t	13250 m³/h	Polen
1982/1983	SchRs 4000/2,5 x 37,5	1376 (Na)	5553 t	13250 m³/h	Polen

Schaufelradbagger Neyveli, Indien

Baujahr	LMG-Baunummer	SchRs	Gewicht	Umbau
1958	1137	350/5 x 12	463 t	2003
1959	1142	350/5 x 12	463 t	
1960	1144	700/3 x 20	1.265 t	1999
1960	1145	700/3 x 20	1.265 t	1997
1965	1193	700/3 x 20	1.300 t	1998
1965	1198	700/3 x 20	1.300 t	1997
1977	1355	1500/2 x 26	2.170 t	2004
1977	1356	1500/2 x 26	2.170 t	
1977	1357	1500/2 x 26	2.170 t	
1988	1400	1400/2 x 30	3.500 t	
1988	1401	1400/2 x 30	3.500 t	
1988	1402	1400/2 x 30	3.500 t	
1996	1440	1400/2 x 30	3.500 t	
2001	1447	1400/2 x 30	3.500 t	
2001	1448	1400/2 x 30	3.500 t	

Soweit nicht anders gekennzeichnet, sind alle Fotos Werksaufnahmen der ehemaligen Orenstein & Koppel AG und Lübecker Maschinenbau Gesellschaft aus der Sammlung des Verfassers. Alle anderen Bildquellen sind entsprechend gekennzeichnet.

Diverse Darstellungen, Prospekte und Veröffentlichungen zur Geschichte des Unternehmens: ■ Die Orenstein & Koppel AG: Aus kleiner Maschinenfabrik mit Eisengießerei entsteht weltweite Werft-, Bagger- und Maschinebaugesellschaft, Ludwig Rasper 1975 ■ Das Werk Lübeck der Orenstein-Koppel und Lübecker Maschinenbau Aktiengesellschaft; Um das Werden der ältesten deutschen Baggerbauanstalt, Ludwig Rasper 1965 ■ 100 Jahre Orenstein & Koppel Werk Lübeck (Dr. Ing. A. Welte), Sonderdruck 1973 ■ 140 years LMG, Veröffentlichung der VOSTA LMG (April 2013) ■ Orenstein & Koppel Werk Lübeck 1965 – 1987 (Heinz-Herbert Cohrs) ■ O&K – eine Lübecker Werft von Rang stellt den Schiffsneubau ein (Schifffahrt International 6/87) ■ Orenstein & Koppel Werk Lübeck – Das Werftportrait (Hempel Information) ■ Referenzlisten zu Schiffen, Schwimmbaggern, Bordkranen, Eimerkettenbaggern, Schaufelradbaggern, Absetzern, Schwimmkranen der O&K Orenstein & Koppel AG und Lübecker Maschinenbau Gesellschaft ■ Der kontinuierlich arbeitende Lübecker Trockenbagger, Ludwig Rasper 1965 ■ 60 Jahre Tagebau-Geräte im rheinischen Braunkohlerevier, Bernhard Zimmermann 1963 ■ Bucket Wheel Units for Tar Sand Mining, Raimond Sukurs und Joachim Rodenberg 1985 ■ Output and availability factors of a bucket wheel excavator under actual mining conditions, Joachim Rodenberg 1990 ■ Bucket wheel excavators working in extreme climatic and severe digging conditions, Joachim Rodenberg 1986 ■ Direct Duming mining systems – Applications and economics; Joachim Rodenberg/S. Winzer/D. Nordin 1988 ■ Ein Schaufelradbagger für den Kanalbau in zwei Kontinenten; Joachim Rodenberg/Pierre Blanc, 1983 ■ Erstmaliges Wagnis des Abbaus von Ölsanden am Athabasca River, Ludwig Rasper 1967 ■ Vom Einsatz zweier Schaufelradbagger zur Gewinnung von Ölsand, Walter Durst 1974 ■ Entwicklung der Montagetechnologie für Großgeräte und ihre Anpassung an immer neue Bedingungen, Siegfried Riedl 1991 ■ Entwicklung eines Unterwasser-Schneidrades für Schwimmbagger, Siegfried Steinkühler 1991 ■ Diverse Vorträge und Fachaufsätze von Joachim Rodenberg

Literatur: ■ Buschmann, Walter; Gilson, Norbert; Rinn, Barbara: Braunkohlenbergbau im Rheinland ■ Cohrs, Heinz-Herbert: Baumaschinen-Geschichte(n), O&K-Portrait ■ Cohrs, Heinz-Herbert: Faszination Baumaschinen: Erdbewegung durch fünf Jahrhunderte ■ Cohrs, Heinz-Herbert: Berühmte Baumaschinen ■ Durst, Walter; Vogt, Werner: Schaufelradbagger ■ Gruhl, Carl, Maschinelle Kohlengewinnung in Tagebauen; in: Braunkohle 1907 ■ Hagelüken, Manfred: Die technische Entwicklung im Braunkohlenbergbau; in: Braunkohle 37 (1985), Heft 9 ■ Kleinebeckel, Arno: Unternehmen Braunkohle ■ Rasper, Ludwig, The Bucket Wheel Excavator ■ O&K Contact; diverse Jahrgänge ■ O&K Echo; diverse Jahrgänge